战·略·性
新兴领域
"十四五"高等教育教材

复合材料成型工程及设计

Engineering & Design of
Composite Moulding

王成忠　李　刚　编著

U0243455

本书配有数字资源与在线增值服务
微信扫描二维码获取

首次获取资源时，
需刮开授权码涂层，
扫码认证

授权码

化学工业出版社
·北京·

内容简介

《复合材料成型工程及设计》是战略性新兴领域"十四五"高等教育教材体系——"先进功能材料与技术"系列教材之一。

本书全面介绍了树脂基复合材料的主要成型工艺技术及工程设计方法，紧密结合树脂基复合材料的最新科研及生产应用动态，将基础理论知识直接面向应用。在树脂基复合材料成型工艺基础上，着重介绍了复合材料成型工程设计及产品开发全流程的基本过程和方法，从复合材料制品分析、树脂基体设计、成型工艺设计、模具设计、计算机辅助设计、安全环境健康分析等工程过程进行综合分析，并结合实际案例进行分析，综合了工程知识、问题分析、解决方案设计开发，以期达到培养解决复杂工程问题的学科交叉型创新人才的目的。

本书适合作为普通高等院校复合材料专业师生的教学用书，对复合材料制品生产企业技术人员也有较大的参考价值。

图书在版编目（CIP）数据

复合材料成型工程及设计 / 王成忠，李刚编著.
北京：化学工业出版社，2024.8. —（战略性新兴领域
"十四五"高等教育教材）. — ISBN 978-7-122-46486
-6

Ⅰ. TB33

中国国家版本馆 CIP 数据核字第 20241ZU094 号

责任编辑：王　婧　　　　　文字编辑：袁　宁
责任校对：田睿涵　　　　　装帧设计：刘丽华

出版发行：化学工业出版社
　　　　　（北京市东城区青年湖南街 13 号　邮政编码 100011）
印　　装：北京云浩印刷有限责任公司
787mm×1092mm　1/16　印张 13¼　字数 296 千字
2025 年 5 月北京第 1 版第 1 次印刷

购书咨询：010-64518888　　　　售后服务：010-64518899
网　　址：http://www.cip.com.cn
凡购买本书，如有缺损质量问题，本社销售中心负责调换。

定　　价：49.00 元

　　战略性新兴产业是引领未来发展的新支柱、新赛道，是发展新质生产力的核心抓手。功能材料作为新兴领域的重要组成部分，在推动科技进步和产业升级中发挥着至关重要的作用。在新能源、电子信息、航空航天、海洋工程、轨道交通、人工智能和生物医药等前沿领域，功能材料都为新技术的研究开发和应用提供着坚实的基础。随着社会对高性能、多功能、高可靠、智能化和可持续材料的需求不断增加，新材料新兴领域的人才培养显得尤为重要。国家需要既具有扎实理论基础，又具备创新能力和实践技能的高端复合型人才，以满足未来科技和产业发展的需求。

　　教材体系高质量建设是推进实施科教兴国战略、人才强国战略、创新驱动发展战略的基础性工程，也是支撑教育科技人才一体化发展的关键。华南理工大学、北京化工大学、南京航空航天大学、化学工业出版社共同承担了战略性新兴领域"十四五"高等教育教材体系——"先进功能材料与技术"系列教材的编写和出版工作。该项目针对我国战略性新兴领域先进功能材料人才培养中存在的教学资源不足、学科交叉融合不够等问题，依托材料类一流学科建设平台与优质师资队伍，系统总结国内外学术和产业发展的最新成果，立足我国材料产业的现状，以问题为导向，建设国家级虚拟教研室平台，以知识图谱为基础，打造体现时代精神、融汇产学共识、凸显数字赋能、具有战略性新兴领域特色的系列教材。系列教材涵盖了新型高分子材料、新型无机材料、特种发光材料、生物材料、天然材料、电子信息材料、储能材料、储热材料、涂层材料、磁性材料、薄膜材料、复合材料及现代测试技术、光谱原理、材料物理、材料科学与工程基础等，既可作为材料科学与工程类本科生和研究生的专业基础教材，同时也可作为行业技术人员的参考书。

　　值得一提的是，系列教材汇集了多所国内知名高校的专家学者，各分册的主编均为材料科学相关领域的领军人才，他们不仅在各自的研究领域中取得了卓越的成就，还具有丰富的教学经验，确保了教材内容的时代性、示范性、引领性和实用性。希望"先进功能材料与技术"系列教材的出版为我国功能材料领域的教育和科研注入新的活力，推动我国材料科技创新和产业发展迈上新的台阶。

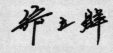

中国工程院院士

　　高性能树脂基复合材料以其质轻高强的特点在航空航天、能源交通、体育用品等领域中已经得到广泛应用，并发挥着至关重要的作用。材料种类和成型方法不断发展，复合材料性能不断提高，其应用范围也在不断扩大。纤维增强的高性能复合材料在高端装备领域中已经成为不可或缺的新材料。

　　复合材料的开发及生产过程是一个系统的工程过程，不但包括成型工艺方法，还包括原材料设计、装备制造、生产管理、检验检测等一系列过程，涉及材料、机械、计算机、经济、管理等多个学科，有较高的学科交叉性。复合材料专业的传统教学往往侧重于知识传授，对复合材料成型工艺的介绍较为详尽。本书遵循国家"十四五"教材建设指导思想，发挥复合材料成型工程中学科交叉、产教融合、科教融合的优势，突出复合材料成型的设计理念，使基础知识与创新性、应用性相结合，将价值塑造、知识传授、能力培养三者融为一体。

　　本书紧密结合树脂基复合材料的最新科研及生产应用动态，将基础理论知识直接面向应用。正文部分首先详细介绍了复合材料用树脂基体、增强纤维以及预浸料的种类与性能，便于在复合材料成型设计中对原材料进行选型；其次介绍了复合材料常用的成型工艺及其衍生方法，通过具体工程案例介绍复合材料成型工程设计及产品开发全流程的基本过程和方法，从复合材料制品分析、树脂基体设计、成型工艺设计、模具设计、计算机辅助设计、安全环境健康分析等工程过程进行综合分析；最后介绍了复合材料成型技术的研究进展和发展趋势。书后附录选取了树脂基复合材料性能测试相关的国家标准，以供查阅。

　　本书以培养解决复杂工程问题的学科交叉型创新人才为导向，综合了工程知识、问题分析、解决方案设计开发，以期达到理论与实际结合的创新能力培养目的。

　　本书的第四章预浸料部分主要由北京化工大学的李刚老师编写，其他内容由王成忠编写，李刚老师对全书进行了校核。由于编著者水平有限，书中难免有不妥之处，诚挚地希望广大读者批评指正。

编著者

2024 年 6 月

目录 CONTENTS

6　复合材料 RTM 成型

7　复合材料模压成型

8 复合材料热压罐成型 - 123 -

9 复合材料缠绕成型 - 135 -

10 复合材料拉挤成型 - 152 -

11 热塑性树脂基复合材料

12 复合材料成型技术进展

附录：树脂基复合材料性能测试相关标准

参考文献

1

绪论

1.1 概述

如果未来有什么能在人类的物质世界掀起一场彻底的革命，那一定是某种新材料。唯有新材料，才能从根本上打开人类的想象力，新材料连通新未来。一代产业需要一代材料，一代材料造就一代产业，复合材料就是随着现代科学技术的发展应运而生的一类具有强大生命力的新材料，现在已经成为材料科学发展的重要分支方向，也是社会进步和经济发展的重要驱动力。

制造复合材料首先要进行设计，按照制品要求设计其结构和功能，确定原材料、工艺方法、生产设备、生产管理措施、经济性要求、环境安全健康要求等，然后根据设计开展工程实施，并进行产品质量确认。复合材料完整的制备过程包含复合材料、工程、设计三个概念。

1.1.1 复合材料的概念

复合材料是由有机高分子、无机非金属或金属等几类不同材料通过复合工艺组合而成的新型材料，它既能保留原组成材料的主要特色，又通过复合效应获得原组分所不具备的性能。

复合材料由基体材料和增强材料两部分构成，基体材料为连续相，增强材料为非连续相。根据基体材料的不同，复合材料分为三大类：树脂基复合材料、陶瓷基复合材料、金属基复合材料。树脂基复合材料以有机高分子材料为基体，纤维或刚性粒子为增强材料；陶瓷基复合材料以特种陶瓷、硅酸盐等无机非金属材料为基体；金属基复合材料以金属材料为基体。

复合材料按用途可分为结构复合材料和功能复合材料。结构复合材料以承受力为主要作用，力学性能是结构复合材料的主要指标；功能复合材料以功能性为主要作用，如导电、透波、吸波、隔热、耐烧蚀等功能。在实际应用中，往往要求结构复合材料同时具备某些功能性。

树脂基复合材料最先开发和产业化推广，应用广泛、产业化程度高，占所有复合材料总量的 90% 以上。以高性能树脂和纤维制备的先进复合材料主要应用于航空航天、风电、汽车、轨道交通等领域,是树脂基复合材料的代表。

本书所论述的复合材料专指树脂基复合材料。

1.1.2 工程的概念

工程是将自然科学原理应用到生产中而形成的各学科的总称,是以科学和技术知识为基础,利用人力、物力、财力等资源,通过计划、设计、施工、管理等一系列活动,以达到预期目标的综合性实践活动。

工程具有科学性和技术性。科学是工程的理论基础;技术则是工程实践中应用科学知识的手段和方法,是将科学成果应用于解决实际问题的过程。工程师不仅要掌握科学知识,还需要具备实际操作和解决问题的能力。

工程是一种综合性活动。工程的实践不仅涉及技术和科学,还涉及经济、法律、管理等多个领域的知识和技能。工程师需要在项目的规划、设计、施工和运营等各个环节中进行综合考虑和决策,以实现预期的目标。

工程是以人为本的活动。工程的实践需要不同领域相关人员的参与和配合,并与项目的利益相关者进行沟通和协调。

工程是一种创新活动。工程的目标是解决实际问题和提供改进方案,需要不断地寻求新的解决方案和技术手段。工程不仅要满足当前的需求,还需要考虑未来的发展和可持续性。

依照工程与科学的关系,工程的分支领域具有如下主要职能。

① 研究:应用数学和自然科学概念、原理、实验技术等,探求新的工作原理和方法。

② 开发:解决把研究成果应用于实际过程中所遇到的各种问题。

③ 设计:选择不同的方法、特定的材料并确定符合技术要求和性能规格的设计方案,以满足结构或产品的要求。

④ 施工:包括准备场地、材料存放、选定既经济又安全并能达到质量要求的工作步骤,以及人员的组织和设备利用。

⑤ 生产:在考虑人和经济因素的情况下,选择工厂布局、生产设备、工具、材料、元件和工艺流程,进行产品的试验和检查。

⑥ 操作:管理机器、设备以及动力供应、运输和通信,使各类设备经济可靠地运行。

⑦ 管理及其他职能:保证在法律法规框架内的安全有序运行。

总之,工程是一种综合性的实践活动,涵盖了多个领域和层面,不仅关注科学和技术,还涉及经济、管理和法律等方面的知识。工程的目标是通过创新和应用科学技术,解决实际问题,并提供持续发展和改进方案。

复合材料成型工程,不但涉及复合材料成型工艺技术,还包含产品研究开发、生产实施、过程管理等一系列活动,要求能够将相关基础知识应用于解决复杂工程问题,运用基本原理和科学方法分析复合材料加工及应用过程的影响因素,掌握复合材料工程设计和产品开发全周期、全流程的基本设计开发方法和技术,了解影响设计目标和技术方案的各种因素。

1.1.3　设计的概念

设计是把一种设想通过合理的规划，通过各种感觉形式表达出来的过程。工程设计是运用科技知识和方法，有目标地形成工程产品构思和计划的过程，是整个工程过程的规划与仿真。

复合材料成型工程设计是根据复合材料制品的性能要求及使用条件，对原材料、工艺方法、设备条件、生产过程、质量控制、经济性及安全生产等整个工程过程进行分析并合理表达出来。设计内容包含材料、机械、计算机、经济、管理等多学科知识，尤其是对复合材料结构特点、原材料性能、工艺方法、成型设备等要有深入了解。

本书首先详细介绍了复合材料常用的热固性树脂的种类、结构与性能，增强材料的种类及性能，以及预浸料的制备方法和性能，作为复合材料成型设计的参考依据。然后按照复合材料制品设计思路的顺序对复合材料的手糊成型、树脂传递模塑（RTM）成型、模压成型、热压罐成型、缠绕成型、拉挤成型等六种典型成型工艺方法进行了介绍，重点介绍利用各成型工艺的工程设计原则和设计思路、衍生工艺方法和创新性方法，并介绍了计算机专业软件在实际工程设计中的使用。第五章至第十章的最后设置了工程设计练习题，要求针对某一具体复合材料制品进行完整的工程设计，从而训练理论与实际结合以解决复杂工程问题的能力，达到学以致用的目的。

1.2　树脂基复合材料的结构与特点

1.2.1　树脂基复合材料的结构

树脂基复合材料由基体树脂和增强材料构成。广义上来说，所有的有机高分子材料都可以作为基体树脂，所有强度或硬度高于基体树脂的纤维状及颗粒状物质都可以作为增强材料。

在高性能复合材料中，基体树脂大多采用热固性树脂以及高性能热塑性树脂。常用的热固性树脂有不饱和聚酯树脂、环氧树脂、酚醛树脂、氰酸酯树脂、双马来酰亚胺树脂、聚酰亚胺树脂、聚氨酯树脂等，热塑性树脂包括通用塑料、工程塑料、特种高性能塑料。随着科技发展，不断有新型聚合物材料被研发应用到复合材料中。

增强材料要求强度或硬度高于基体树脂并能均匀分散在树脂中，具有高强度、高硬度的纤维状及颗粒状物质均能达到要求。纤维类物质如有机的天然或合成纤维、无机非金属纤维、金属纤维，颗粒状物质如氧化铝、碳酸钙、氧化硅、云母片、石墨烯等，均可以作为增强材料。在复合材料中可以同时采用多种增强材料。高性能树脂基复合材料要求增强材料有较高的拉伸强度，一般以纤维为增强材料，主要有碳纤维、玻璃纤维、芳纶、聚对亚苯基苯并双噁唑（PBO）纤维、聚酰亚胺（PI）纤维、超高分子量聚乙烯（UHMWPE）纤维、其他天然或合成纤维。纤维增强树脂基复合材料中最常用的增强材料是碳纤维和玻璃纤维。

在复合材料中，增强纤维主要提供力学性能，树脂基体起到粘接纤维的作用，在复合材料受力时将应力有效传递到增强纤维上，并赋予复合材料耐热性能、耐老化性能等各种功能性。增强纤维分散在树脂中，为非连续相；树脂无论含量高低，都是连续相。图 1-1 为碳纤维增强树脂基复合材料的微观形貌。

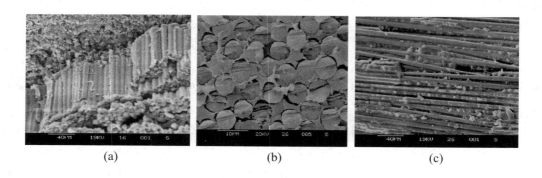

(a)　　　　　　　　　(b)　　　　　　　　　(c)

图 1-1　碳纤维增强树脂基复合材料的微观形貌

1.2.2　树脂基复合材料的特点

1.2.2.1　复合材料的三要素

复合材料的强度由增强纤维和树脂基体共同决定，计算方法为：

复合材料强度 ＝ 纤维含量×纤维强度＋树脂含量×树脂强度

纤维强度一般远远大于树脂强度，纤维含量越高，理论上复合材料的强度就越高。所以，为了提高复合材料强度，要尽量增加纤维含量。在估算复合材料强度时，可以忽略树脂强度，只计算纤维强度。

但是，这种理论模型是基于树脂基体能将所受的力完全传递到整个复合材料的假设，如果树脂与纤维的界面结合不好，不能有效传递应力，部分纤维不能起到有效的增强作用，将极大影响复合材料的整体力学性能。所以，复合材料的性能受三个要素共同影响：纤维、树脂和界面。

界面性能首先由纤维和树脂的特性决定，其次受工艺条件的影响。如果纤维表面有活性官能团与树脂发生反应产生化学键，界面结合将会最强；纤维表面有极性基团，与极性树脂能产生较大的物理作用力，界面结合也很好；如果纤维表面完全是惰性的，或者树脂完全为非极性，二者不能产生任何物理和化学作用力，界面结合将会很差。复合材料成型中的温度、压力及操作方法等工艺条件对界面结合也有较大影响。

为提高复合材料的界面性能，增强纤维往往需要进行表面处理。碳纤维在生产时表面要经过上浆剂处理，绝大部分上浆剂的主要成分为环氧树脂，上浆剂除了能对碳纤维丝束定型外，还能有效提高与环氧树脂基体的界面性能，但是对不饱和聚酯树脂以及部分热塑性树脂的界面性能不理想。玻璃纤维表面经上浆剂处理，上浆剂中的硅烷偶联剂能与玻璃纤维和树脂发生化学反应，有效提高界面性能。芳纶、PBO 纤维、UHMWPE 纤维等表面惰性的纤维即使经过表面处理，界面性能提高也很有限。

1.2.2.2　纤维最大堆积密度与界面层

增强纤维含量越高，理论上复合材料的强度就越高，但是纤维最高含量受到最大堆积密度和界面层厚度限制。纤维的截面可以视为圆形，当圆形紧密排列时达到最大堆积密度，所有圆形面积与整体面积之比为 90.7%，这是理论上的纤维最高体积含量。但是在这个理论最高含量下，树脂基体无法形成连续性，失去了复合材料的意义。

在复合材料中，树脂浸润纤维后包覆在纤维表面，纤维之间的树脂或者树脂与纤维表面的上浆剂相互扩散形成界面层，所有树脂相互连接形成连续相，纤维即使排列紧密也被界面层隔开，成为非连续相。界面层厚度受树脂种类、黏度及上浆剂的影响，树脂黏度较低、树脂与上浆剂扩散性好，形成的界面层厚度相对较低。图 1-2 为纤维理论最大堆积和实际中有界面层堆积的示意图。

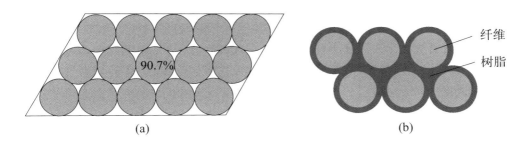

(a)　　　　　　　　(b)

纤维
树脂

图 1-2　纤维理论最大堆积（a）和实际中有界面层堆积（b）示意图

由于界面层的存在，复合材料中纤维的最大体积分数一般不超过 80%，兼顾综合力学性能和成型工艺性，纤维最大体积含量一般在 65% 左右。不同纤维的密度不同，其质量含量相差较大，体积含量同为 65%，玻璃纤维的质量含量为 80%，碳纤维的质量含量则为 73.6%。

1.2.2.3　复合材料性能特点

纤维增强树脂基复合材料的性能特点主要表现在以下几个方面。

① 质量轻：复合材料密度在 $1.5\sim2.0g/cm^3$，如碳纤维复合材料密度约为 $1.6g/cm^3$，玻璃纤维复合材料密度约为 $2.0g/cm^3$，而钢材的密度为 $7.8g/cm^3$，同等体积的碳纤维复合材料质量仅为钢材的 1/5。

② 强度高：碳纤维复合材料的拉伸强度可以达到 2000MPa 以上，玻璃纤维复合材料的强度也能达到 1000MPa 以上，普通钢材的屈服强度约为 600MPa，复合材料的比强度是钢材的 7~12 倍。复合材料的模量也很高，比模量是钢材的 3~5 倍。

③ 抗疲劳性能好：复合材料经过 10^6 次疲劳后，强度保留率仍达 60% 以上，其中高性能碳纤维复合材料强度保留率可在 90% 以上，而钢材经 10^6 次疲劳后强度保留率约为 40%，铝材的强度保留率约为 30%。

④ 破损安全性好：复合材料在拉伸破坏时内部各纤维的应变基本相同，纤维的断裂不会引起连锁反应和灾难性急剧破坏。

⑤ 工艺性能好：复合材料制造工艺灵活，能满足各种类型制品的制造需要，特别适用于大型、形状复杂、数量少的制品制造。

⑥ 可设计性强：复合材料的增强材料和树脂基体种类多，可以添加各种功能性材料，成型方法多样，非常有利于材料的力学性能设计、功能性设计、结构性设计。

1.3　树脂基复合材料的发展与应用

1.3.1　国外树脂基复合材料的发展

树脂基复合材料从产生到现在只有 80 余年。国际上首先是原材料的发展，20 世纪 30 年代初期美国杜邦公司发明了聚酯树脂；虽然卡尔顿·埃利斯（Carleton Ellis）在 1922 年就申请了不饱和聚酯树脂的专利，但直到 1942 年美国橡胶公司才率先投产了不饱和聚酯树脂。1939 年欧文斯伊利诺斯玻璃公司和康宁公司合作研制并生产了玻璃纤维。树脂基复合材料的出现首先是为了满足战争的需求，玻璃纤维增强不饱和聚酯树脂基复合材料的发展推动了二战期间复合材料的军工应用。在二战期间，地面雷达和舰载雷达已经开始应用，但是机载雷达尚无法应用，飞行时靠人眼观察，无法夜间飞行，急需高强度且透波的复合材料机载雷达罩。

美国诺斯罗普公司研制的 P-61 战斗机（图 1-3）首先采用玻璃钢雷达罩，于 1943 年末服役，在欧洲及太平洋战场上主要用于夜间出动攻击重要的地面目标。玻璃纤维增强不饱和聚酯树脂复合材料的军用飞机雷达罩，标志着纤维增强树脂基复合材料发展进入新纪元。

图 1-3　P-61 战斗机及其雷达罩

1936 年瑞士的皮埃尔·卡斯唐（Pierre Castan）和美国的西尔万·O. 格林利（Sylvan O. Greenlee）合成了双酚 A 环氧树脂并分别申请专利，瑞士汽巴（Ciba）公司在 1946 年成为第一家将环氧树脂生产商业化的公司。

1940 年至 1945 年期间，美国首次用玻璃纤维增强聚酯树脂以手糊工艺制造军用雷达罩和飞机油箱，开辟了树脂基复合材料的军事应用。1944 年，美国空军第一次用树脂基复合材料制造飞机机身、机翼。1950 年，以真空袋和压力袋成型工艺成功试制了直升机的螺旋桨，复合材料受到军工界和工程界的关注。1960 年，美国利用纤维缠绕成型技术制造了大型固体火箭发动机的壳体，为航天技术开辟了轻质高强结构的最佳途径。1961 年，片状模塑料（sheet molding compound，SMC）在法国问世，可用于制备汽车、船的壳体及洁具等大型制件，扩大了树脂基复合材料的应用领域。拉挤成型工艺开始于 20 世纪 50 年代，在 60 年代中期实现了连续化生产。70 年代开发了树脂反应注射成型和增强树脂反应注射成型技术，取代手糊成型用于生产两面光滑的制品。国际上复合材料发展应用的开创性工作主要由美国引领，新技术的发展重点以军工需求为牵引。

1.3.2　我国树脂基复合材料的发展

我国在树脂基复合材料方面起步较晚，但发展速度很快。1958 年北京玻璃钢研究院以层压和卷制工艺生产玻纤复合材料火箭筒，以手糊工艺制备了玻璃钢渔船，1961 年研制了远程火箭的耐烧蚀弹头。1962 年引进了不饱和聚酯树脂和喷射成型机等技术，制成了直升机螺旋桨和风机叶片，同年采用缠绕工艺生产出了氧气瓶等压力容器，1970 年采用手糊夹层架构制造了直径 44m 的大型雷达罩。1980 年以后在大量引进国外树脂和生产设备的基础上，树脂基复合材料开始向民用发展。

我国对碳纤维的研究开始于 20 世纪 60 年代，与国外碳纤维的发展几乎同步，但在研发速度和产业化生产方面仍有较大差距。以"7511"会议（1975 年在北京召开的第一次全国碳纤维会）为转折点，确定了由原化学工业部和冶金工业部联合研发碳纤维的思路，但是由于当时处于特殊历史时期，加之当时国内原材料、装备及科学研究的水平都较低，碳纤维技术一直未能突破。我国从 1962 年开始研发碳纤维，与日本研发碳纤维的时间相近，吉林石化在 1962 年开始采用聚丙烯腈（PAN）为原料研制碳纤维，到 1975 年原国防科工委组织二十多家科研和企事业单位组成碳纤维专业组，进展缓慢。20 世纪 80 年代中期，我国也尝试走引进开发的路线，均以失败告终。

1999 年之后，借助于国防军工自主研发的时机，国内开始加大碳纤维国产化研制力度。2001 年两院院士师昌绪先生给江泽民主席写了《关于加速开发高性能碳纤维的请示报告》，重新点燃了中国碳纤维的发展之炬。"中国要想强盛，碳纤维必须要过关，"2001 年师昌绪院士向党中央报告："我国国防科技存在两个隐患，一是微电子芯片落后，二是高性能碳纤维的生产不能立足国内。前者通过与国外或境外合作可以得到缓解，但生产装备仍需依赖于国外，有碍进一步发展。碳纤维是发展先进歼击机和导弹所必需的复合材料的重要组成部分，特别是战略导弹急需高性能碳纤维。但是工业先进国家长期对我实行封锁，既不出售产品，又不转让技术，因而高性能碳纤维的生产必须立足国内。"

2002 年，国家"863 计划"碳纤维专项正式启动，2005 年威海光威复合材料公司率先建设了第一条百吨级碳纤维生产线，生产出了 T300 级碳纤维，高性能碳纤维的工程化自此开始。在国家"十五"至"十四五"的碳纤维专项支持下，我国碳纤维的产业化取得重大进展，通用型高强 T300 级碳纤维（CCF-1）、T700 级碳纤维（CCF-3）和 T800 级碳纤维（CCF-4）均实现了产业化，T1000 级和 T1100 级碳纤维突破了关键技术，开始小批量生产。北京化工大学率先实现了高模型碳纤维（M40，简称 BHM-1）的稳定供货，M40J、M50J 和 M55J 碳纤维实现了工程化，M40X 碳纤维突破了关键制备技术。经过国内工业力量的努力，我国已经构建了工业应用碳纤维的产业基础，形成了一批可以在市场上生存与发展的企业，在相当程度上实现了全面与系统的国产化，大部分技术已经进入自主研发与正向设计的较高水平。我国已经能够生产 T700 级、T800 级、T1000 级等高性能产品。到 2023 年，我国碳纤维年产能已突破 10 万吨，在全球范围内占比达到 43.3%。

复合材料产业是国家鼓励的基础性战略性新兴产业，自 2000 年至今，国家密集出台多项产业政策支持复合材料产业的发展。国家发改委、科技部、工信部等部门均加大了支持力度。国务院《关于加快培育和发展战略性新兴产业的决定》（国发〔2010〕32 号）中指出要提升碳纤维、芳纶、超高分子量聚乙烯纤维等高性能纤维及其复合材料的发展水平。《2011年重点产业振兴和技术改造中央投资年度工作重点》（国家发改委产业〔2011〕62号）中指出，在高性能纤维产业化及其应用方向要加快碳纤维、芳纶、高强聚乙烯、聚苯硫醚等高性能纤维的产业化及产品的开发应用。《国家"十二五"科学和技术发展规划》指出大力培育和发展战略性新兴产业，在新材料产业技术专栏的高性能纤维及复合材料方向，要求促进能源、交通、工业、民生等领域用复合材料的升级换代，建立高性能纤维及复合材料的完整产业链。2012年印发的《"十二五"国家战略性新兴产业发展规划》中指出，大力发展高性能复合材料产业，以树脂基复合材料和碳碳复合材料为重点，积极开发新型超大规格、特殊结构材料的一体化制备工艺，推进高性能复合材料低成本化、高端品种产业化和应用技术装备自主化。2013年工信部《加快推进碳纤维行业发展行动计划》指出，经过三年努力，初步建立碳纤维及其复合材料产业体系，碳纤维的工业应用市场初具规模。2021年印发的《"十四五"原材料工业发展规划》中明确提出，提升先进制造基础零部件用钢、高强铝合金、稀有稀贵金属材料、特种工程塑料、高性能膜材料、纤维新材料、复合材料等综合竞争力。

1.3.3　复合材料的应用

（1）在航天航空及军工产品中的应用

复合材料的产生和发展首先是由军工需求引导，轻质高强的特点和可设计的功能性使复合材料成为航天航空理想的材料，先进复合材料往往最先应用于航天航空和国防工业领域。

在导弹与运载火箭上，碳纤维复合材料被大量使用于导弹弹头、壳体、发射筒与火箭助推器、防护罩、发动机壳体等结构部件，可以减轻结构质量，加大射程并提高落点的精确度。以固体发动机战略导弹为例，一、二、三级发动机壳体结构质量每减轻1kg，将相应地增加射程0.6km、3.0km和16.0km。碳-碳和碳-酚醛复合材料是弹头和发动机喷管喉衬及耐烧蚀部件等的重要防热材料，在烧蚀过程中具有优异的热力学性能，可以维持良好的气动外形，减少非制导误差。例如，美国MX战略导弹的发射筒长22.4m、直径2.5m，选用碳纤维/环氧树脂复合材料时的结构质量仅为21t，较采用高强度钢时减轻超80%。我国东风-31型洲际导弹弹头使用了碳纤维增强复合材料，潜射洲际弹道导弹巨浪-Ⅱ的发动机喷管采用的是碳-碳复合材料。

固体火箭发动机外壳基本全部采用碳纤维复合材料，从T300、T700碳纤维逐渐发展到T800、T1000碳纤维，复合材料强度提高，可以减少壳体壁厚，降低壳体质量，提高容重比，在同样质量下增加燃料填装量，有效提高射程。

碳纤维复合材料常用于人造卫星结构体、太阳能电池板和天线中。卫星结构中主要采用具有一定强度的高模型碳纤维复合材料，在大幅度减轻卫星结构质量的同时，其良好的尺寸稳定性可以满足卫星在太空环境中对材料热膨胀系数的特殊要求。

在航空领域，战斗机采用复合材料的比例越来越大，碳纤维复合材料的应用从尾翼拓展到机翼、前机身、中机身、整流罩等多个部位。例如，美国F-14战斗机碳纤维复合材料用量仅 1%，而 F-22 和 F-35 等第五代战斗机的复合材料用量达到了 24% 和 36%，B-2 隐形战略轰炸机的碳纤维复合材料占比也达到了 38%；法国"阵风"战斗机的碳纤维复合材料用量达到 24%；欧洲的"台风"战斗机碳纤维复合材料用量达到 24% 左右，其中机身表面的 70% 采用碳纤维增强复合材料。我国军用战斗机的碳纤维复合材料使用亦呈现增长态势，我国第四代战斗机歼-10 和歼-11 的碳纤维复合材料用量仅为 6% 和 10%，第五代战斗机歼-20 的碳纤维复合材料使用比例已达到 27%。随着我国新型战机的换代升级，军机碳纤维复合材料的使用比例也将不断提升。

在武器装备方面，复合材料的使用范围不断扩大。各种规格的火箭发射筒已经普遍采用复合材料，有效降低了携载质量，提高了使用灵活性；坦克、武装直升机等采用陶瓷材料/树脂基复合材料的复合装甲；透波复合材料是制造军用雷达天线的重要材料；单兵系统的头盔、防弹衣、便携设备越来越多地采用复合材料。碳纤维复合材料还因其导电、高强度、耐腐蚀等性能，被应用于石墨炸弹、军用机架箱、压力容器、潜艇、鱼雷等领域。另外，复合材料在无人机整体外壳制造、对抗无人机群系统、无人机防护方面也逐渐开始应用。

（2）在体育用品领域的应用

体育用品是复合材料继军工应用之后的重要应用领域。复合材料有质轻高强、耐疲劳的特点，已成为体育用品行业的首选材料。体育竞技是挑战人类体能极限的运动，科技力量的参与越来越多，现代体育竞技除了运动员自身素质之外，新材料、新技术的竞技也越来越重要。

撑竿跳高在第一届奥运会中就被正式吸收为比赛项目，当时的撑竿由山胡桃木制成，跳出的最好成绩只有 3.3m。后来发展了尼龙撑竿、玻璃纤维竿，世界纪录被屡屡刷新。现在的撑竿应用了碳纤维复合材料，可根据撑竿受力的差异来设计不同部位的材质，使整体性能达到最优，创造了 6.22m 的世界纪录。

1972 年美国首先采用碳纤维复合材料制造高尔夫球杆，可减轻质量 10%～40%，利于提高挥杆速度，使球获得较大的初速度。

中高档的网球拍、羽毛球拍大多采用碳纤维复合材料制成，可以承受比金属拍框更强的网线拉力，以保证击球时不变形。减振阻尼性好的碳纤维复合材料，在赋予运动员舒适感的同时也使网球和羽毛球获得了较大的初速度。

碳纤维复合材料制造的自行车有轻便、刚性好、减震好的特点，半碳纤维自行车的车架、前叉等主要结构件由碳纤维复合材料制造，全碳纤维自行车几乎所有配件均由碳纤维材料制成，车体质量进一步减轻，骑乘舒适性更好。

冰雪运动不仅是运动员之间的较量，更是新材料的较量。有舵雪橇、滑雪板、冰球杆等冬季运动专项器材的碳纤维专用复合材料是提高运动成绩的关键因素。有舵雪橇号称"冰上 F1 赛车"，其低摩擦、高减阻、轻质高强的车身主要材料是"轻、刚、强"的碳纤维复合材料。滑雪板的轻量化、减震性能改善、耐疲劳寿命提高和回转特性有赖于新材料的运用。高性能滑雪板板芯通过碳纤维不同的排列和交错层次产生不同的性能，决定了滑雪板的质量、弹性和硬度三个主要性能参数。轻量化、快速储存和释放能量、高刚度杆体及适当刀片阻尼是研制冰球杆的四大要素，使得碳纤维复合材料在高性能冰球杆上得以应用，碳纤维复合材料制成的冰球杆能够在 1000 多次循环中承受非线性动态荷载 1000～1200N 并持续 1.2s 不疲劳。

在射箭项目中，改善射箭用具的性能是提高射箭成绩的重要途径，而改善其用具性能的主要方法就是提高弓和箭的比弹性。碳纤维复合材料制作的弓臂质量轻，可承受的弯曲应力大，可以赋予箭最大的初速度和最远的射程。

体育竞技用品、体育防护用品、体育休闲用品越来越多地采用复合材料。钓鱼竿是体育休闲领域的代表性产品，碳纤维钓鱼竿的产量巨大，全球 70%～80% 的钓鱼竿来自山东威海。

（3）在工业领域的应用

复合材料在工业领域应用广泛，能源、交通、机械、电子、化工、建筑等领域都会用到复合材料。

风力发电机叶片主要由玻璃纤维增强复合材料制备，内有碳纤维复合材料大梁；太阳能板的边框由铝边框逐渐转向采用复合材料边框；新能源电池组的外壳已经使用复合材料制造；拉挤成型的碳纤维复合电缆芯能减少输电线路的磁损和热效应，在电力电网中普遍采用；石油开采中，连续碳纤维抽油杆替代钢质抽油杆可大幅度降低抽油机负荷，减少抽油杆腐蚀，实现节能降耗；氢能源的发展使复合材料储氢瓶成为下一个新材料应用热点。

乘用车轻量化的要求使复合材料大量应用于交通领域。宝马公司率先实现碳纤维在量产车上的突破性应用，开创了车用碳纤维新时代。从 i3、i8 到新 7 系，宝马不断探索采用碳纤维车身并实现量产，端盖、顶盖、内饰、轮毂等零部件使用了碳纤维复合材料。每辆宝马 i3 约使用 200～300kg 碳纤维复合材料，减重 250～350kg，整车质量仅 1224kg，大幅度提升了车辆性能和增加了续航里程。新能源汽车更有轻量化的需求，对复合材料的使用要求尤为迫切。轨道交通方面，由于复合材料具有质轻高强、成型方便的特点，在高铁、地铁车辆外壳、内饰、零部件等大量应用。

复合材料的绝缘、低介电、抗静电等多种功能性使其在电子领域广泛应用，印刷电路板、绝缘板的用量巨大，各种电器外壳及绝缘器件都采用了复合材料；天线、微波器件要求具有较高的电性能和机械性能，碳纤维复合材料的应用范围不断扩大。在机械领域，复合材料的使用相对较少，但随着自动化程度的提高，各种机械臂等结构件逐渐采用质轻高强的复合材料。

化工领域对复合材料的要求重点在于耐腐蚀性。在高腐蚀性环境中，复合材料管道、储罐、格栅都充分发挥其耐腐蚀性能优势；环保领域中污水处理设备、固废处理设备等都大量采用复合材料。

复合材料在建筑领域的应用越来越多。复合材料拉伸强度比混凝土高得多，可用于桥梁、墙体的加固补强；纤维增强锚杆以其轻质高强、耐腐蚀等特点已经逐渐取代传统钢筋，成为拉力型注浆锚杆的主要材料；复合材料建筑模板作为临时支护结构，可在施工中降低劳动强度、提高效率、保证质量和安全；采用复合材料制作的门窗可以显著提升建筑的密封性和保温性。另外，桥梁拉索、建筑承拉结构件等高性能复合材料的应用也越来越多。

（4）在其他领域的应用

复合材料在医疗领域的应用非常多，例如人工关节、牙科种植体、义肢等，这些部件要求具有生物相容性和良好的力学性能，而高性能复合材料能满足这些需求。

碳纤维复合材料具有优异的音质特性，可以用来制造乐器。采用碳纤维复合材料制造小提琴已经成为趋势，不仅音色优美，而且在温湿度变化的情况下也能保持尺寸稳定；利用碳纤维复合材料制造管乐器可以降低材料成本，并能提供更好的形状可控性。

高性能复合材料作为一种新型材料，已经在各个领域得到了广泛的应用。随着科技的发展，高性能复合材料在未来将会发挥更大的作用，推动各行各业的发展。

1.4　树脂基复合材料成型方法

1.4.1　树脂基复合材料成型方法选择依据

复合材料的成型，就是将增强材料和基体材料按一定的比例及结构混合或复合，通过模具或其他方式成为一定形状的过程。

复合材料的成型工艺方法多种多样，一种复合材料可以采用多种方法成型。选择成型方法需要根据制品的结构特点、用途、生产量、成本以及生产条件的综合资料考虑，选择最经济和最简便的成型工艺。成型工艺方法的主要选择依据如下。

① 制品形状：制品形状和尺寸大小首先决定了采用何种成型方法。例如，圆形截面的制品非常适合缠绕成型，用其他方法难以制备；大型复杂形状制品适合手糊成型，而小型复杂形状制品可以采用 RTM 成型。

② 性能要求：制品性能要求决定了采用何种原材料，同时也决定了成型工艺。例如性能要求不高的制品可以采用手糊成型，而性能要求较高的制品需要热压罐成型、模压成型等。

③ 生产批量：制品的生产批量影响成型工艺选择，仅几件的需求量可以根据现有条件选择相对简单的成型方法，较大批量的制品可以采用最优化的成型工艺。

④ 经济效益：制品价格与成型工艺、原材料、设备投入、生产批量等均有关联，生产工艺方法的选择需要考虑整个工程过程。

⑤ 环境安全：采用的工艺方法要符合环保安全的相关法律法规，即使有经济高效的工艺方法，如果不符合相关法律法规也不能采用。

确定成型方法，首先要确定采用的基体树脂是热固性树脂还是热塑性树脂，因为这两类树脂有截然不同的成型机理。

热固性树脂是具有可反应基团的小分子化合物或低分子量预聚物，复合材料成型过程是基体树脂发生化学反应而交联固化的过程，工艺设计中重点考虑的是树脂分子结构及化学反应特性，涉及树脂选型与配方、树脂与增强纤维的匹配性、适用的成型方法及工艺。

热塑性树脂是线型高分子，复合材料成型过程是树脂熔融后与纤维浸润的物理过程，其重点在于设备和工艺方法。

1.4.2　树脂基复合材料主要成型方法

复合材料的成型方法非常多，不同原材料有不同的工艺方法适用性，其中热固性树脂基复合材料的成型方法更加灵活多样。可以根据原材料特性区分常用的成型方法。

对于热固性树脂基体，按所用的纤维形式，成型方法可归纳如下。

① 使用连续纤维的有手糊成型、RTM 成型、模压成型、热压罐成型、缠绕成型、拉挤成型等及其衍生的各种工艺方法。

② 使用短切纤维的有喷射成型、模压成型、压延成型、浇注成型、注射成型等。

对于热塑性树脂基体，按所用的纤维规格，成型方法可归纳如下。

① 使用连续纤维的有模压成型、热压罐成型等。

② 使用短切纤维的有挤出成型、注塑成型、模压成型等。

无论采用何种成型方法，其目的都是使树脂和纤维能充分浸润、排列均匀，通过模具或其他方式固定形状，形成具有一定形状和性能的制品：纤维按设计要求均匀地分布在制品各个部分，树脂适量、均匀地分布在制品各个部位，尽量减少气泡，降低空隙率，提高制品的致密性。要达到这个目的，需要掌握所用树脂的物理化学特性，从而设计合理的工艺方案和成型工艺参数。

1.4.3　树脂基复合材料成型工程的发展方向

复合材料成型工程涉及原材料、设备、成型加工过程等多方面，是数学、机械、电子、计算机、管理学等多学科的综合应用。其发展方向主要有以下几个方面。

① 成型与加工理论的研究：基于数学和高分子物理学的材料加工理论研究，提高现有材料性能，促进新的成型方法开发。

② 先进成型设备的开发：开发各种高效、自动化、大型、微型、高精度成型设备，提高复合材料成型加工效率和精密度，充分发挥复合材料性能。

③ 计算机辅助设计与计算机辅助制造技术：计算机辅助设计与制造是复合材料成型的重要发展方向，是制造先进复合材料不可缺少的环节。配合成型理论和先进设备的计算机软件国外已经有很多应用，但是目前国产化程度非常不足，在航空航天及军工产品制造中仍受到极大限制。

④ 低成本、高性能复合材料制造技术：新型树脂材料、新型增强材料以及新的工艺技术的开发，降低制造成本、提高生产效率，是全面推动高性能复合材料发展应用的重要方向。

⑤ 长寿命经济型模具及其制造设备的开发：成型模具是复合材料成型技术的重要部件，很大程度上影响复合材料制品的质量和工艺过程，同时也是易损易耗品。开发新型模具材料、新型模具加工方法，制造具有高精度的长寿命经济型模具是节约成本、提高制造效率的重要方向，同时也涉及制造成型模具的新工艺、新设备的研发。

1.5　工程伦理与管理体系

复合材料的成型加工是一个工程过程，工程过程的设计与实施必然涉及工程伦理。工程伦理是指在工程设计与实施中，除了专业技术以外，还必须考虑工程对人、社会、自然等多方面的影响，要充分考虑法律、伦理、道德的情况，对工程项目进行统筹兼顾。自觉地担负起对人类健康、安全和福利的责任是工程伦理学的第一主题。

工程活动的伦理责任，是随着科学技术对社会的影响力日益增大而出现的。科学技术力量的强大和高速发展以及后果的不确定性，给人类带来了巨大风险，这构成了需要责任伦理的根本原因。工程伦理涉及工程师在工程过程的设计、实施、维护和管理等各个环节中所面临的伦理问题，要求工程师：①不仅要具备专业知识和技能，还要具备道德素养和责任感；②在设计和施工中必须遵循科学原理和规范要求，确保工程的结构安全、材料安全和施工过程安全；③应该充分考虑工程对环境的影响，尽量减少对环境的污染和破坏；④在工程实践中要遵守诚信原则，坚守职业道德，尊重知识产权。

企业在生产经营活动中，为提高企业管理水平、提高产品竞争力，往往需要建立管理体系并进行认证。通用的三体系认证包括 ISO 9001 质量管理体系、ISO 14001 环境管理体系、ISO 45001 职业健康安全管理体系。建立管理体系，是通过对企业内部各个环节进行有效管控，以实现人员安全、质量保证、环境保护、顾客满意和企业受益的一种宏观的管理理念。

ISO 9001 质量管理体系是迄今为止世界上最成熟的一套管理体系和标准，用于证实组织具有提供满足顾客要求和适用法规要求的产品的能力，目的在于提高顾客满意度。凡是通过认证的企业，在各项管理系统整合上已达到了国际标准，表明企业能持续稳定地向顾客提供预期和满意的合格产品。

ISO 14001 环境管理体系可以帮助企业或组织识别与控制环境影响，降低环境风险；建立环境目标与指标，促使企业不断改善环境管理表现，提高资源利用效率，减少污染物排放；遵守环境保护方面的法律法规，使环境管理成为日常工作的一部分，有利于获得更多客户、社会与市场的信任。

ISO 45001 职业健康安全管理体系要求组织制定并实施一系列政策和程序，来确保职业健康与安全的合规性，包括风险管理、事故预防、紧急响应计划等，目的是帮助企业建立和实施有效的职业健康与安全管理体系，以保护员工免受工作场所中潜在伤害与疾病的威胁。一个安全和健康的工作环境可以减少员工的工伤和疾病，从而保证产品的制造过程安全和高效。

另外，在不同行业中有不同的质量管理体系，例如武器装备产品制造企业需要通过国军标 GJB 9001 质量体系认证，汽车供应行业需要通过 TS 16949 质量管理体系认证，电信行业产品需要通过 TL 9001 质量管理体系认证。石油化工行业普遍采用 HSE 体系或 QHSE 体系，HSE 体系是健康、安全、环境一体化管理体系，QHSE 体系是质量、健康、安全、环境一体化管理体系。

2

基体树脂

树脂基复合材料的原材料主要是基体树脂和增强材料。所有的高分子材料都可以作为树脂基复合材料的基体树脂，无论是热固性树脂、热塑性树脂还是弹性体。

在纤维增强的树脂基复合材料制备中，热固性树脂为主要基体树脂类型，绝大部分复合材料成型工艺是根据热固性树脂的特性进行设计。另外根据制品性能要求可以采用热塑性树脂作为基体材料，其成型工艺需要根据热塑性树脂的特性进行设计。

常用的热固性树脂主要有：不饱和聚酯树脂、乙烯基酯树脂、环氧树脂、酚醛树脂、氰酸酯树脂、双马来酰亚胺树脂、聚酰亚胺树脂等等。热塑性树脂以高性能工程塑料为主，如尼龙（PA）、聚苯醚（PPO）、聚苯硫醚（PPS）、聚醚醚酮（PEEK）、热塑性聚酰亚胺（PI）等。

2.1 不饱和聚酯树脂

不饱和聚酯树脂（unsaturated polyester resin）是由不饱和聚酯低聚物和交联剂组成的混合物，呈黏稠液体状，其中交联剂为苯乙烯或甲基丙烯酸甲酯等含双键的小分子化合物，含量为 20%～50%。

不饱和聚酯低聚物由不饱和二元酸（一般为马来酸酐）、饱和二元酸、二元醇缩聚而成，采用不同的饱和二元酸和二元醇，可以合成不同性能不同牌号的树脂。不饱和聚酯低聚物在常温下黏度很大，甚至呈固体状，为降低树脂黏度、提高固化后的交联密度，需要加入交联剂（如苯乙烯）。不饱和聚酯低聚物缩聚完成后，加入交联剂混合均匀，成为低黏度液体，这种低聚物与小分子化合物的混合物即为不饱和聚酯树脂。

2.1.1 不饱和聚酯低聚物的合成

不饱和聚酯低聚物由不饱和二元酸、饱和二元酸、二元醇缩聚而成，分子量一般控制在 1000～3000。

不饱和二元酸一般采用顺丁烯二酸酐（马来酸酐），也可以采用反丁烯二酸（富马酸）；饱和二元酸有邻苯二甲酸（酐）、间苯二甲酸、对苯二甲酸、己二酸、四溴邻苯二甲酸酐等；二元醇有乙二醇、丙二醇、一缩二乙二醇、新戊二醇、双酚 A 等。不同的原料及组合可以获得不同的性能，表 2-1 是常用原料及树脂基本性能特点。

表 2-1　合成不饱和聚酯树脂的常用原料及树脂基本性能特点

饱和二元酸		二元醇	
种类	基本性能	种类	基本性能
邻苯二甲酸酐	低成本,通用	乙二醇	硬度大
间苯二甲酸	强度高	丙二醇	通用性好
对苯二甲酸	强度高	一缩二乙二醇	柔性好
己二酸	韧性好	新戊二醇	耐热、有光泽
四溴邻苯二甲酸酐	阻燃	双酚 A	耐热、耐腐蚀

不饱和聚酯树脂根据饱和二元酸的种类，分为邻苯型、间苯型、对苯型、特殊型。每种类型的饱和二元酸可以用不同的二元醇，就产生了很多牌号，可用于不同的成型工艺及制品。

不饱和聚酯低聚物的合成为缩合反应，反应过程中放出副产物水，二元醇稍过量，使产物端基为羟基。低聚物分子量由二醇和酸的投料比控制，聚合度控制在 $2\sim10$，一般在 5 左右。

邻苯型不饱和聚酯树脂较为通用，其不饱和聚酯低聚物的典型合成过程如图 2-1 所示。

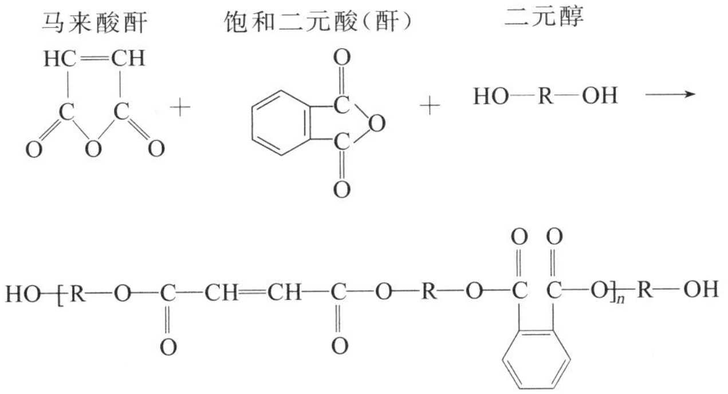

图 2-1　邻苯型不饱和聚酯低聚物的典型合成过程
（其中 $n=2\sim10$，R 为二元醇结构）

2.1.2　不饱和聚酯树脂的固化反应

2.1.2.1　固化反应机理

不饱和聚酯树脂的可反应基团为双键，可按照自由基聚合的机理进行固化反应。低聚物和交联剂中的双键通过自由基引发共聚，由于低聚物中含有多个双键，最终形成体型交联结构。固化反应过程如图 2-2 所示。

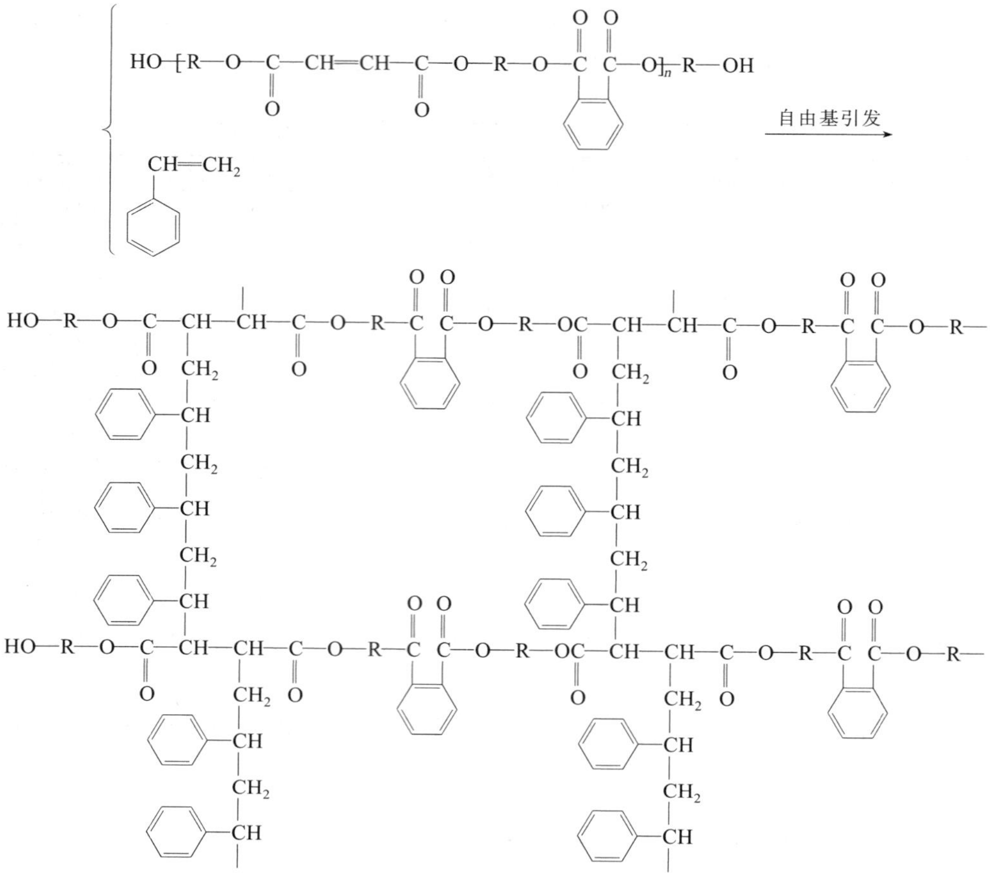

图 2-2 不饱和聚酯树脂的固化反应过程

2.1.2.2 引发剂

不饱和聚酯树脂的自由基引发剂一般为有机过氧化物。常用的有机过氧化物引发剂有：过氧化甲乙酮（MEKP）、过氧化苯甲酰（BPO）、过氧化苯甲酸叔丁酯（TBPB）等。

有机过氧化物引发剂的一个重要参数是 10 小时半衰期温度（10h $t_{1/2}$）。过氧化物在不同温度下有不同的分解半衰期，随温度升高，半衰期缩短，半衰期正好为 10 小时的温度称为 10 小时半衰期温度（10h $t_{1/2}$）。

10h $t_{1/2}$ 是指导确定固化反应温度的重要指标。在自由基聚合反应中，根据反应物的量及体系特性，反应温度可以在 10h $t_{1/2}$ 上下调整，以获得较快的反应速度并在工艺上可控。对不饱和聚酯树脂来说，一般要求尽快且充分反应，固化反应常在高于 10h $t_{1/2}$ 的温度下进行。表 2-2 是几种常用有机过氧化物引发剂的性能。

2.1.2.3 固化反应的助剂

常用的过氧化物反应温度都在室温以上，有些大型复合材料制品无法加热固化，必须常温固化，也有些生产过程需要在寒冷天气下保证较快的反应速度，还有些生产操作过程较长，需要减慢反应速度。对此，需要采用促进剂、加速剂、阻聚剂来控制固化反应。

表 2-2　几种常用有机过氧化物引发剂的性能

引发剂	缩写	结构式	10h $t_{1/2}/℃$	加工温度/℃
过氧化二碳酸双 (4-叔丁基环己)酯	BCHPC	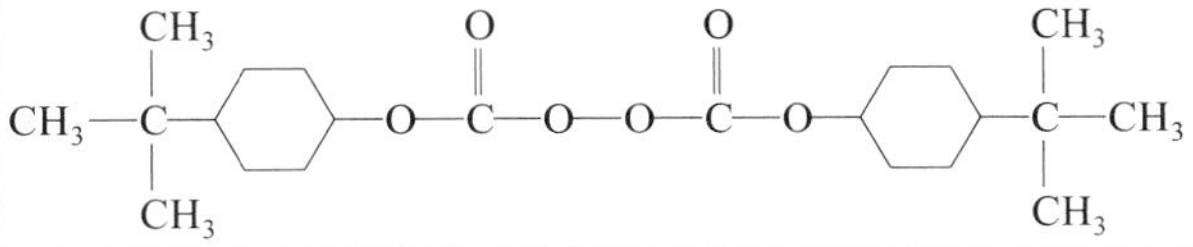 CH_3—C(CH_3)(CH_3)—环己基—O—CO—O—O—CO—O—环己基—C(CH_3)(CH_3)—CH_3	48	60～80
过氧化甲乙酮	MEKP	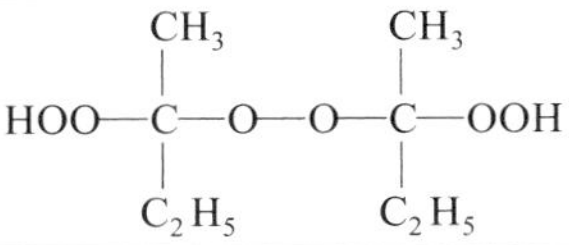 HOO—C(CH_3)(C_2H_5)—O—O—C(CH_3)(C_2H_5)—OOH	80	85～120
过氧化二苯甲酰	BPO	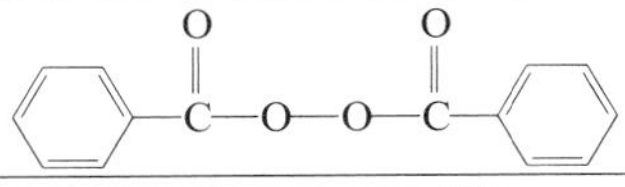 苯基—CO—O—O—CO—苯基	73	80～120
过氧化苯甲酸叔丁酯	TBPB	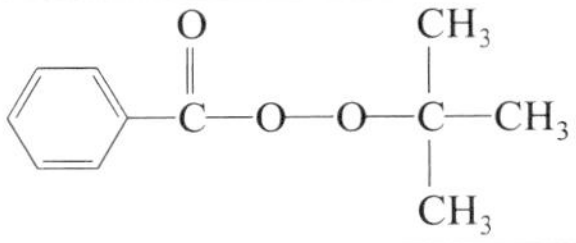 苯基—CO—O—O—C(CH_3)(CH_3)—CH_3	105	110～150

（1）促进剂

有机金属化合物可以促进过氧化物引发剂的分解，使引发剂在常温下快速分解产生自由基，引发双键的聚合，这种化合物称为促进剂。常用的促进剂有环烷酸钴、辛酸钴、环烷酸锰等。促进剂使用量为引发剂的 1%～5%，就可以使固化反应温度降到室温。

（2）加速剂

如果要在低温下加快固化反应，可以在引发剂-促进剂基础上加入加速剂，如二甲基苯胺、2,4-戊二酮等，进一步加快固化速度。

（3）阻聚剂

制备大型制品或一次配料较多时，为延长前期操作时间，常常加入阻聚剂，以控制前期反应速度。常用的阻聚剂有对苯二酚、甲基对苯二酚、对苯醌等。

2.1.2.4　配方实例

配方比例均为质量比，实际操作中可根据配合量按比例增减。

配方例 1：

不饱和树脂　　　100

BPO　　　　　　2.5

基础型配方，可以在 80～100℃固化。

配方例 2：

不饱和树脂　　　100

BPO　　　　　　1

TBPB　　　　　1.5

使用复合引发剂，在宽温度范围内持续引发聚合，可作为拉挤成型的基础树脂配方。可以在 90～150℃固化。

配方例 3:

不饱和树脂	100
MEKP	1.5
环烷酸钴	0.05

添加促进剂降低固化温度,能在室温下固化,可作为手糊成型的基础树脂配方。

配方例 4:

不饱和树脂	100
MEKP	2
环烷酸钴	0.05
对苯二酚	0.01

添加促进剂和阻聚剂,能在室温下缓慢固化,可作为大型制品手糊成型的基础树脂配方。

2.1.3 不饱和聚酯树脂的应用

相对其他热固性树脂,不饱和聚酯树脂固化物的力学性能和耐热性能较低,但其价格相对便宜,可以用于制备工业及生活领域的通用复合材料。

纤维增强复合材料是不饱和聚酯树脂的主要应用领域,增强纤维主要采用玻璃纤维。玻璃纤维强度高、价格便宜,与不饱和聚酯树脂有良好的匹配性。以不饱和聚酯树脂为基体材料时,一般不配合使用其他高性能纤维(如碳纤维)作为增强材料。

不饱和聚酯树脂-玻璃纤维复合材料(玻璃钢)制备工艺灵活,强度良好,工业管道和储罐、游艇和游乐设施、玻璃钢透明瓦和门窗型材等制品中大量采用玻璃钢材料。

不饱和聚酯树脂模塑料是不饱和聚酯树脂与填料和短切玻璃纤维共混而成的中间材料,用于制备工业零件、电器外壳、车用零部件、市政设施等,比工程塑料强度高、耐热性高、制造过程简单、成本低。

浇注型不饱和聚酯树脂可以制备纽扣、仿玉石、人造大理石等制品。

2.2 环氧树脂

环氧树脂(epoxy resin)是含有两个及以上环氧基团的小分子化合物或低聚物。环氧树脂可以通过自聚或与其他可反应化合物共聚形成体型交联高分子,成为环氧树脂固化物。

能与环氧树脂发生共聚反应的化合物称为环氧树脂固化剂,固化剂参与反应并成为交联高分子的部分链段。能催化环氧树脂聚合的化合物一般称为促进剂或催化剂。

环氧树脂种类繁多,固化剂种类也很多,不同搭配形式可以使环氧树脂固化物具备不同性能,满足不同使用要求。

环氧树脂的可反应基团为环氧基团,环氧基团的含量是环氧树脂的重要指标,环氧基团含量可以用来计算固化剂的用量,确定固化体系配方。树脂中环氧基团的含量以环氧值或环氧当量表示。

环氧值:100g 环氧树脂中所含环氧基团的物质的量,单位为 mol/100g;

环氧当量：含 1mol 环氧基团的环氧树脂的质量，单位为 g/mol。

二者的换算关系为：环氧值＝100/环氧当量。

根据环氧值或环氧当量以及树脂官能度 f，可以估算树脂的平均分子量 M：

$$[M]=100f/[环氧值]$$

例如：环氧值为 0.51mol/100g 的双官能环氧树脂，其平均分子量为 $100×2/0.51＝392$。

2.2.1 环氧树脂的种类与结构

环氧树脂按分子结构中的端基类型可分为缩水甘油醚型环氧树脂、缩水甘油酯型环氧树脂、缩水甘油胺型环氧树脂、脂环族环氧树脂、脂肪族环氧树脂、杂环型环氧树脂等几大类。以下重点介绍几种常用的环氧树脂。

2.2.1.1 缩水甘油醚型环氧树脂

缩水甘油醚型环氧树脂主要有双酚型缩水甘油醚环氧树脂、多酚型缩水甘油醚环氧树脂、脂肪族缩水甘油醚环氧树脂。

（1）双酚型缩水甘油醚环氧树脂

双酚型缩水甘油醚环氧树脂主要有双酚 A 型环氧树脂、双酚 F 型环氧树脂、双酚 S 型环氧树脂等多个种类。其中双酚 A 型环氧树脂最为常用，分子结构中环氧基和羟基具有反应性，使固化树脂具有很强的内聚力和黏结力，醚键和碳碳键使大分子具有柔顺性，亚异丙基赋予大分子刚性，苯环赋予大分子刚性和耐热性。其结构式如下：

$$CH_2-CH-CH_2-O-\text{⬡}-C(CH_3)_2-\text{⬡}-O-CH_2-CH(OH)-CH_2-\left[O-\text{⬡}-C(CH_3)_2-\text{⬡}-O-CH_2-CH-CH_2\right]_n$$

双酚 A 型环氧树脂由双酚 A 和环氧氯丙烷合成。在 NaOH 或季铵盐催化下，环氧氯丙烷先开环与双酚 A 生成二酚基丙烷氯醇醚，然后在 NaOH 作用下脱除 HCl，闭环生成环氧树脂。少量二酚基丙烷氯醇醚会继续与双酚 A 反应，产生低聚物。采用不同催化剂及工艺路线，可控制聚合度 n 值。n 值一般为 0～5，随 n 值小幅度增大，树脂黏度会急剧升高。表 2-3 是双酚 A 型环氧树脂的主要牌号及环氧值。

表 2-3 双酚 A 型环氧树脂的主要牌号及环氧值

牌号	平均环氧值/(mol/100g)	环氧值分布/(mol/100g)	聚合度	黏度/(Pa·s)
E-54	0.54	0.52～0.56	0.1	5～10
E-51	0.51	0.48～0.54	0.2	10～20
E-44	0.44	0.41～0.47	0.4	20～40（软化点 15℃）
E-20	0.20	0.18～0.22	2.3	软化点 70℃
E-12	0.12	0.10～0.14	4.7	软化点 90℃

（2）多酚型缩水甘油醚环氧树脂

多酚型缩水甘油醚环氧树脂是一类多官能环氧树脂，分子结构中有两个以上的环氧基团，固化物交联密度大，具有优良的耐热性、强度、模量、电绝缘性、耐水性和耐腐蚀性。

多酚型环氧树脂主要品种有：线型酚醛型环氧树脂、邻甲酚甲醛环氧树脂、间苯二酚甲醛环氧树脂、其他多酚型环氧树脂。

线型酚醛型环氧树脂是多酚型环氧树脂的主要品种（表 2-4），在室温下通常为高黏度半固体状态，平均聚合度 $n=1\sim3$。其分子结构如下：

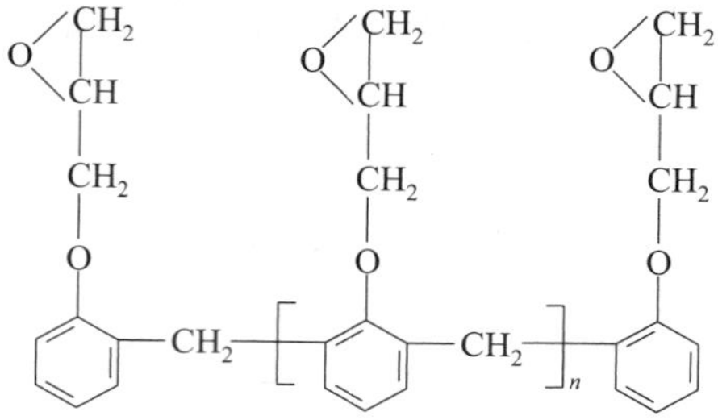

表 2-4　线型酚醛型环氧树脂主要牌号及性状

牌号	环氧值/（mol/100g）	软化点/℃	外观
F-54	0.54～0.57	≤24	黄色或棕红色高黏度液体
F-51	0.51～0.54	≤28	黄色或棕红色高黏度液体
F-48	0.47～0.51	≤35	黄色或琥珀色半固体
F-44	0.43～0.47	≤45	黄色或琥珀色固体

（3）脂肪族缩水甘油醚环氧树脂

脂肪族缩水甘油醚环氧树脂是由两个或两个以上环氧基团与脂肪链直接相连形成的，分子结构中没有苯环、脂环、杂环等环状结构。这类环氧树脂分子链柔顺性好，黏度很小，多数具有水溶性，常作为环氧树脂的活性稀释剂使用，以增强固化物韧性。几种脂肪族缩水甘油醚的结构及特性见表 2-5。

表 2-5　常用脂肪族缩水甘油醚的结构及特性

名称	分子结构	环氧值/（mol/100g）	黏度/（mPa·s）
乙二醇二缩水甘油醚	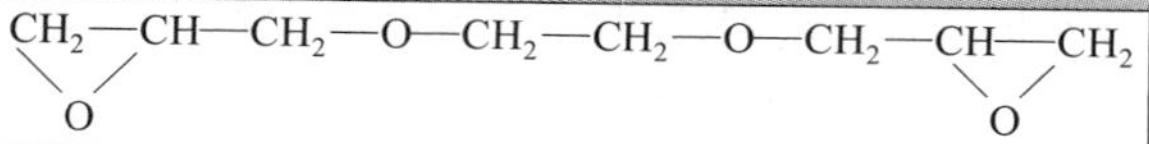	0.70～0.80	20～30
一缩二乙二醇二缩水甘油醚	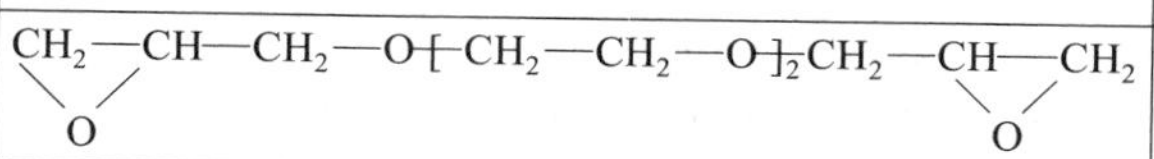	0.60～0.70	30～40
1,2-丙二醇二缩水甘油醚	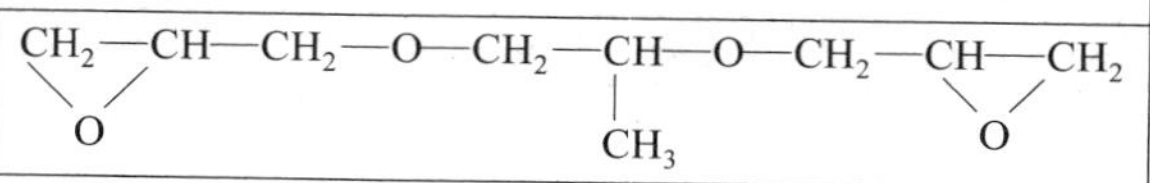	0.65～0.75	约50
1,4-丁二醇二缩水甘油醚	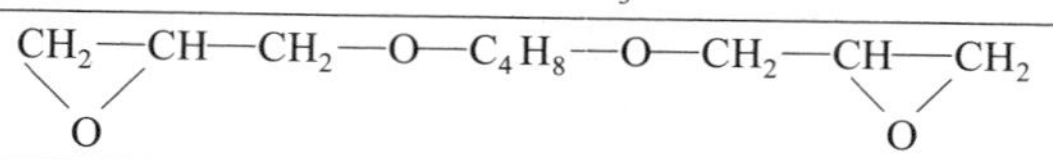	0.68～0.75	约30
丙三醇缩水甘油醚[①]	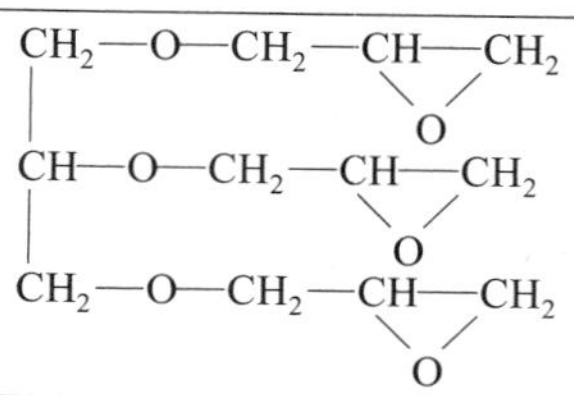	0.60～0.71	100～200

① 丙三醇缩水甘油醚有部分结构为二缩水甘油醚。

2.2.1.2 缩水甘油酯型环氧树脂

缩水甘油酯型环氧树脂是分子结构中含有两个或两个以上缩水甘油酯基的化合物，主要特点是极性大、黏度小、反应活性大。代表品种主要有 711、TDE-85。

四氢邻苯二甲酸二缩水甘油酯（711）为浅黄色液体，黏度 0.35～0.7Pa·s，环氧值 0.58～0.66mol/100g，分子结构如下：

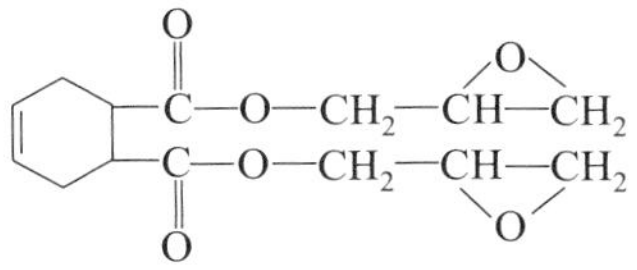

1,2-环氧环己烷-4,5-二甲酸二缩水甘油酯（TDE-85）为浅黄色液体，黏度 1.6～2.0Pa·s，环氧值 0.84～0.87mol/100g，平均环氧值 0.85mol/100g，分子结构如下：

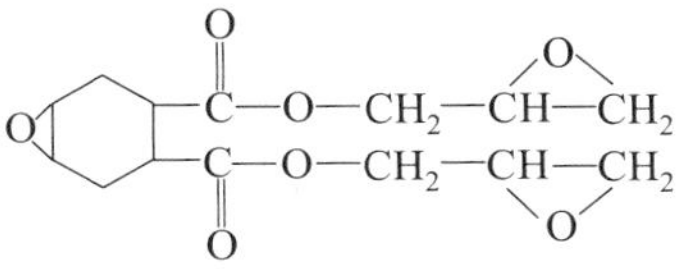

2.2.1.3 缩水甘油胺型环氧树脂

缩水甘油胺型环氧树脂是分子结构中含有两个或两个以上缩水甘油胺基的化合物，主要特点是极性大、耐热性强、固化物交联密度大。代表品种主要有 AG-80、AFG-90。

4,4'-二氨基二苯甲烷四缩水甘油胺（AG-80）是一种四官能环氧树脂，为琥珀色黏稠液体，50℃黏度为 3.5～5.0Pa·s，环氧值 0.75～0.85mol/100g。主要用于制备高性能碳纤维复合材料，AG-80/DDS（二氨基二苯基砜）体系已成为 180℃ 固化的碳纤维复合材料典型树脂基体。AG-80 树脂的分子结构如下：

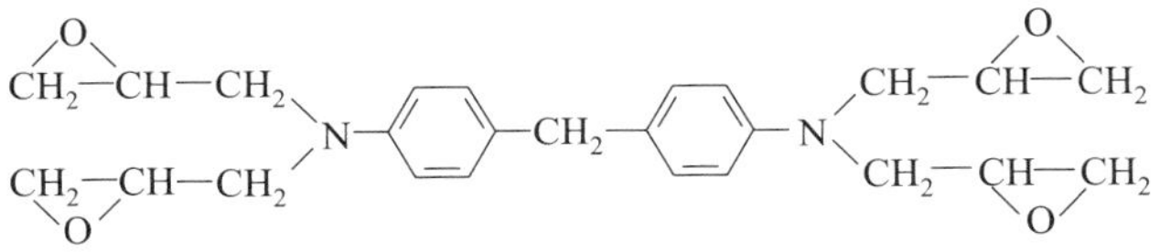

对氨基苯酚环氧树脂（AFG-90）是一种三官能环氧树脂，外观为红棕色黏稠液体，特点是反应活性大，是双酚 A 型环氧树脂的 10 倍左右，黏度相对较小，约 1.5～3.0Pa·s，环氧值约 0.85～0.90mol/100g。固化物耐热性好、力学性能强，适用于力学性能和耐热性要求较高的复合材料制品成型。其分子结构如下：

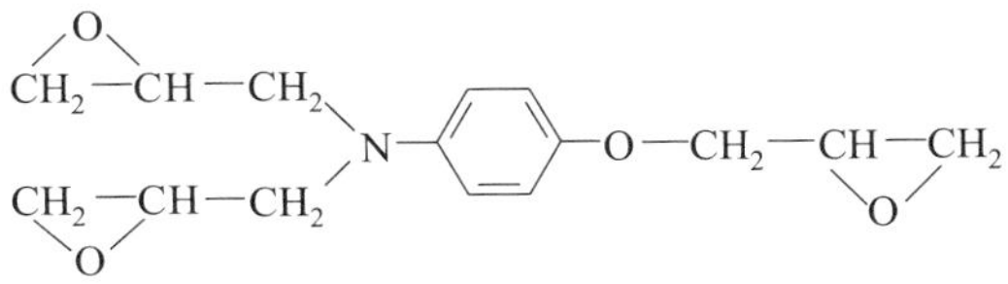

2.2.2 环氧树脂的化学反应性

环氧树脂是一种小分子化合物或低聚物，本身热稳定性很好。环氧基团是环氧树脂的可反应基团，具有较高的化学反应活性，但是在没有固化剂、催化剂作用时，环氧基团的稳定性很好，环氧树脂的存放期很长，可以储存两年。

环氧树脂的固化反应特性，也就是环氧基团的化学反应性。环氧基团的主要反应有催化剂作用下的开环自聚以及与活泼氢的反应。

2.2.2.1 环氧基团的均聚反应

（1）阴离子聚合机理

环氧基团在叔胺等路易斯碱的催化下可以按阴离子逐步聚合反应机理进行开环均聚。叔胺的 N 原子外层有一对未共享的电子对，具有亲核性质，是质子受体，叔胺中烷基的推电子作用使 N 原子有很强的电负性，容易攻击环氧基团上的 C 原子形成负氧离子，负氧离子继续与另一个环氧基团开环反应，使分子链增长。每一个环氧基团产生两个反应点，环氧树脂的均聚反应最终形成交联网络。反应机理如下：

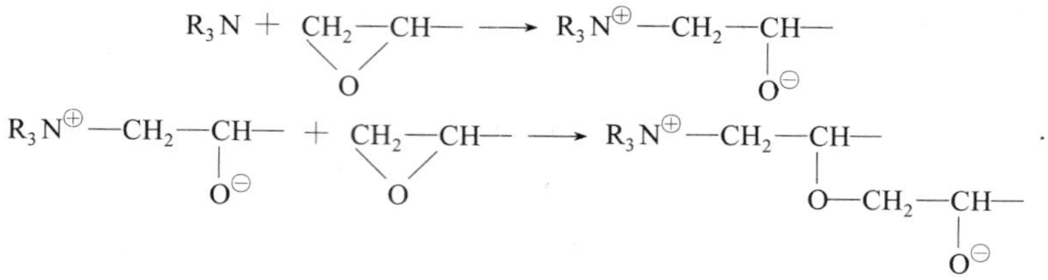

（2）阳离子聚合机理

环氧基团可以在路易斯酸催化下按照阳离子聚合机理进行开环反应。BF_3 是环氧树脂常用的阳离子催化剂，由于阳离子催化反应剧烈，通常将 BF_3 与路易斯碱（胺、醚）形成配合物，降低反应活性后使用。BF_3-胺配合物能引发环氧基团按胺阳离子聚合反应机理进行均聚。首先 BF_3-胺配合物在一定温度下离解出 H^+，H^+ 攻击环氧基团开环形成离子结构，继续使其他环氧基团开环聚合。反应机理如下：

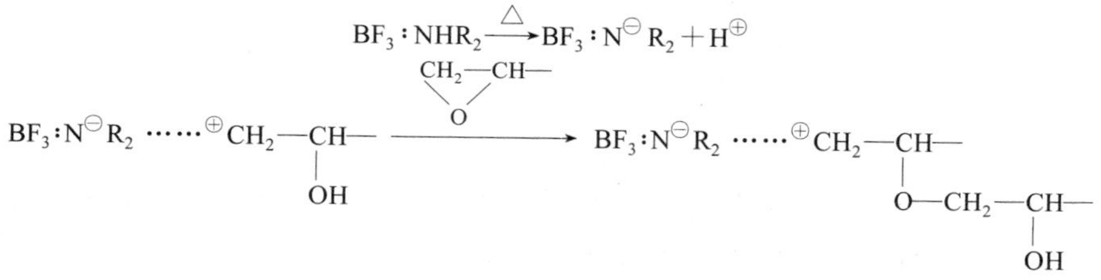

2.2.2.2 环氧基团与活泼氢的反应

环氧基团可以与含活泼氢的化合物发生加成反应，含有活泼氢的基团有：伯氨基、仲氨基、羟甲基、羧基、酚羟基、巯基、醇羟基、酰氨基等。碱性化合物按照亲核机理与环氧基团反应，一般碱性越大活性越强，如脂肪胺＞芳香胺。酸性化合物按照亲电机理与环氧基团反应，一般酸性越大活性越强，如羧酸＞酚＞醇。

活泼氢与环氧基团反应，开环后生成一个羟基，羟基的反应活性较低，一般条件下难以继续参与反应。以伯胺为例，一个活泼氢与环氧基团反应产生一个羟基，形成的仲胺仍有一个活泼氢，可以与一个环氧基团反应。

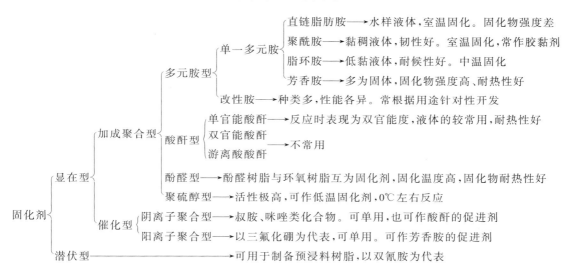

2.2.3　环氧树脂的固化剂

2.2.3.1　固化剂分类及性能

可以与环氧树脂反应发生固化交联的化合物都可以作为环氧树脂的固化剂。常用的固化剂种类有胺类固化剂、酸酐类固化剂、树脂类固化剂和催化型固化剂。其中催化型固化剂一般较少单独使用，常作为促进剂用于提高其他固化剂的固化效率。

环氧树脂的主要固化剂类型及性能如图 2-3 所示。

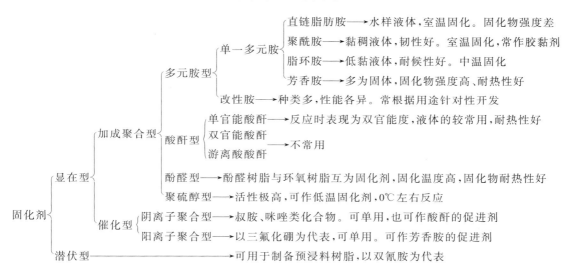

图 2-3　环氧树脂的主要固化剂类型及性能

根据固化温度，固化剂可分为低温固化剂、室温固化剂、中温固化剂及高温固化剂。

① 低温固化剂（0℃左右可固化）：聚硫醇型、多异氰酸酯型、T-31 改性胺等；

② 室温固化剂（室温至 80℃固化）：脂肪族多胺、脂环族多胺、低分子聚酰胺以及改性芳胺等；

③ 中温固化剂（80～120℃固化）：部分脂环族多胺、叔胺、咪唑类以及三氟化硼配合物等；

④ 高温固化剂（130℃以上固化）：芳香族多胺、酸酐、甲阶酚醛树脂、氨基树脂、双氰胺以及酰肼等。

固化温度越高，说明分子链中能发生链段运动的温度越高，固化物的耐热性就越强。可低温固化的树脂体系，其固化物耐热性相对较弱，要提高树脂固化物的耐热性，通常需要采用高温固化体系。固化剂种类对树脂固化物耐热性的影响顺序一般为：脂肪族多胺＜脂环族多胺＜芳香族多胺≈酚醛＜酸酐。

2.2.3.2 胺类固化剂

胺类固化剂是环氧树脂的主要固化剂类型。胺类固化剂种类多、性能差异大，可以获得各种不同性能的树脂固化物。主要种类有：脂肪胺、脂环胺、低分子量聚酰胺、芳香胺、潜伏型胺固化剂。

脂肪胺与环氧树脂反应速度快，固化物力学性能差，小分子脂肪胺如乙二胺一般不直接用于固化剂，可用于进一步合成改性胺，分子量大的脂肪胺毒性较低，可用于常温固化的胶黏剂等；脂环胺活性比脂肪胺低，可以中温固化，有较好的耐候性；低分子量聚酰胺一般用于常温固化的胶黏剂；芳香胺活性较低，一般需要高温固化，固化物耐热性好；潜伏型固化剂的代表是双氰胺，另外酰肼类化合物也可以作为潜伏型固化剂，为固体粉末状，在常温下不易反应，在高温下可以快速与环氧树脂反应。常用胺类固化剂的结构与性能见表 2-6。

表 2-6　常用胺类固化剂的结构与性能

类别	名称	缩写	分子结构	性能
脂肪胺	乙二胺	EDA	$H_2N-CH_2-CH_2-NH_2$	水样液体；反应活性高,可常温固化；适用期短:20~30min；固化条件:室温 2~7 天,或 $100\,℃×30min$；固化物耐热性低；随分子链长度增大,固化物韧性提高
	二乙烯三胺	DETA	$H_2N-CH_2-CH_2-NH-CH_2-CH_2-NH_2$	
	三乙烯四胺	TETA	$H_2N-CH_2-CH_2-NH-CH_2$ $H_2N-CH_2-CH_2-NH-CH_2$	
	四乙烯五胺	TEPA	$H_2N-C_2H_4-NH-C_2H_4-NH-C_2H_4-NH-C_2H_4-NH_2$	
	二乙氨基丙胺	DEAPA	$(CH_3CH_2)_2N-CH_2CH_2CH_2-NH_2$	
	聚醚胺	PEA	$NH_2+C_2H_4O-NH+_nC_2H_4-NH_2$	
脂环胺	孟烷二胺	MDA	(分子结构图)	低黏度液体,毒性小；中温固化；固化条件:$80\,℃×2~4h$；固化物耐热性好；耐候性高,稳定性好
	异佛尔酮二胺	IPDA	(分子结构图)	
	氨乙基哌嗪	N-AEP	$NH_2-CH_2-CH_2-N$ (哌嗪环) NH	
聚酰胺	低分子量聚酰胺	650# / 651#	—	褐色黏稠液体；固化条件:室温 7 天,或 $65\,℃×4h$；固化物黏结性好,常用于胶黏剂

续表

类别	名称	缩写	分子结构	性能
芳香胺	间苯二胺	mPDA	(间苯二胺结构，苯环带两个NH₂)	固体，熔点高；高温固化；适用期长：6～8h；固化物强度高、耐热性好
	二氨基二苯甲烷	DDM	NH₂—⬡—CH₂—⬡—NH₂	
	二氨基二苯基砜	DDS	NH₂—⬡—S(=O)(=O)—⬡—NH₂	
潜伏型	双氰胺	DICY	NH₂—C(=NH)—NH—CN	高熔点粉末；适用期长：0.5～1年

胺类固化剂的用量根据所含活泼氢的量来计算，理论上一个活泼氢与一个环氧基团反应，固化剂活泼氢与树脂中环氧基团的摩尔比应为 1：1。

树脂配方按质量分数进行设计，基体树脂为 100 份，其他组分按 100 的比例计算。每 100g 环氧树脂中固化剂用量的计算公式为：

$$固化剂/(g) = [环氧值(mol/100g)] \times [固化剂分子量]/[活泼氢数]$$

例如：以 DDM 固化 TDE-85 环氧树脂，DDM 分子量为 198，活泼氢数量为 4，树脂环氧值为 0.85mol/100g，每 100g 环氧树脂中 DDM 的用量为：0.85×198/4 = 42g。配方写为：

TDE-85：100

DDM：42

该配方比例为质量比，在实际操作中可根据配合量按比例增减。

2.2.3.3 酸酐类固化剂

酸酐类固化剂种类相对较少，部分酸酐为固体，与环氧树脂的共混性不好，在实际应用中一般采用液体型酸酐，主要品种有甲基四氢邻苯二甲酸酐（MeTHPA）、甲基六氢邻苯二甲酸酐（MeHHPA）、甲基纳迪克酸酐（MNA）。主要酸酐类固化剂的结构及性能如表 2-7 所示。

酸酐与环氧树脂的反应仍然是逐步加成聚合机理，酸酐首先与树脂中的羟基反应生成羧酸和酯基（或者吸收环境中的水生成 2 个羧酸），羧酸再与环氧基团加成生成羟基，羟基继续与酸酐反应，相当于每一个酸酐与一个环氧基团反应。

在实际应用中，酸酐与环氧树脂的反应较慢，通常要加入路易斯碱催化剂加快反应速度，这类路易斯碱称为促进剂，一般为叔胺化合物。叔胺与酸酐生成羧酸盐阴离子，与环氧基团反应生成氧阴离子，氧阴离子继续与另一酸酐反应生成羧酸盐阴离子，逐步进行加成反应。每 1 个环氧基团有 2 个反应位点，双官能环氧树脂相当于有 4 个反应位点，单官能酸酐有 2 个反应位点，这样就形成了体型交联高聚物。以邻苯二甲酸酐为例，与环氧基

表 2-7　酸酐类固化剂的结构及性能

名称	缩写	分子结构	性能
邻苯二甲酸酐	PA	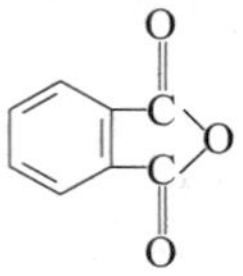	白色粉末,熔点 128℃; 需加热才能与树脂混溶,加热易升华; 固化条件:150℃×6h; HDT[①]:约 120℃
四氢邻苯二甲酸酐	THPA	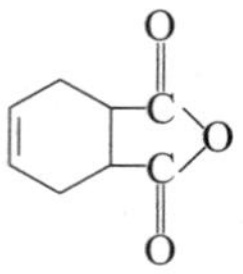	白色粉末,熔点 103℃; 需加热才能与树脂混溶,无升华性; 可用于电器浇注、粉末涂料; 固化条件:150℃×6h; HDT:约 120℃
甲基四氢邻苯二甲酸酐	MeTHPA	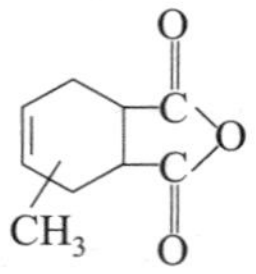	低黏度液体(30~50mPa·s); 价格便宜,综合性能好; 广泛用于电器浇注、灌封、复合材料; 固化条件:100℃×2h + 150℃×4h; HDT:约 120℃
甲基六氢邻苯二甲酸酐	MeHHPA	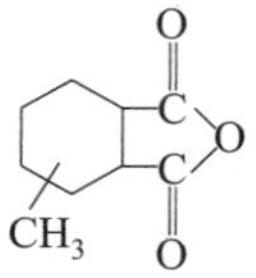	低黏度液体(50~80mPa·s); 电性能、耐候性优良; 广泛用于电器浇注、封装、复合材料; 固化条件:100℃×2h+150℃×4h; HDT:约 136℃
甲基纳迪克酸酐	MNA	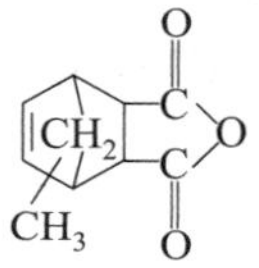	低黏度液体(170~300mPa·s); 电性能、耐候性、热稳定性优良; 广泛用于电器浇注、灌封、复合材料; 固化条件:100℃×2h+150℃×4h; HDT:150~175℃
均苯四甲酸酐	PMDA	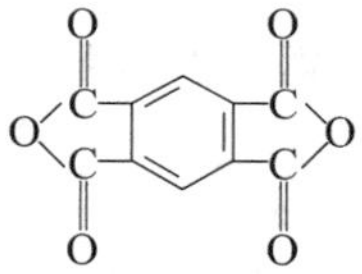	双官能酸酐,固体粉末,熔点 286℃; 工艺性差,与其他酸酐混用; 脆性大,耐高温性优良; 固化条件:200℃×24h; HDT:250℃

① HDT:热变形温度。

团的反应式如下:

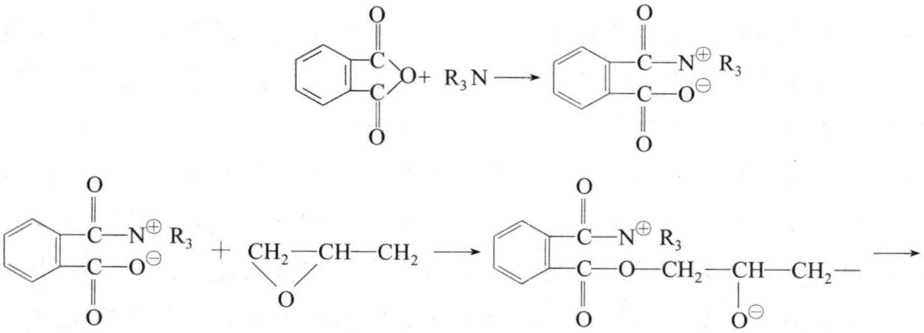

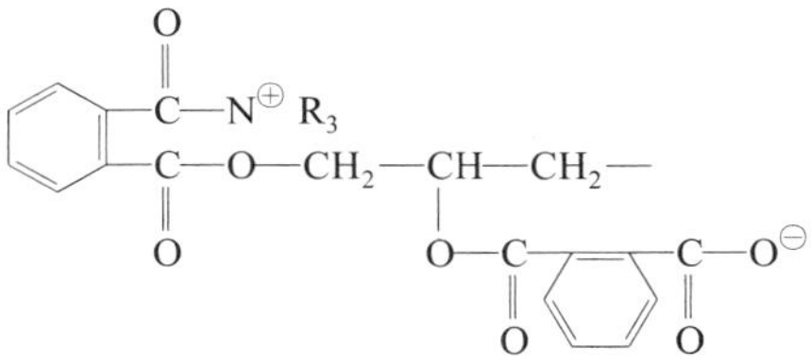

酸酐固化剂的用量根据其分子量和官能度计算，理论上酸酐基团与环氧基团的摩尔比为 1：1，常用的酸酐固化剂均为单官能酸酐，每 100g 环氧树脂的固化剂用量为：

$$酸酐用量(g) = [环氧值(mol/100g)] \times [酸酐分子量]$$

例如：以 MeTHPA 固化 E-51 环氧树脂，MeTHPA 分子量为 166，树脂环氧值为 0.51mol/100g，每 100g 环氧树脂中 MeTHPA 的用量为：$0.51 \times 166 = 85g$。

配方写为：

E-51：　　　100

MeTHPA：85

该配方比例为质量比，在实际操作中可根据配合量按比例增减。

2.2.3.4　促进剂

环氧树脂的催化型固化剂常作为促进剂使用，主要有阴离子型和阳离子型两种。阴离子型促进剂有叔胺类和咪唑类，阳离子型促进剂主要有三氟化硼-胺配合物。

叔胺促进剂有三乙胺、三乙醇胺、苄基二甲胺、吡啶、2,4,6-三（二甲氨基甲基）苯酚（DMP-30）等，其中 DMP-30 较为常用，其分子结构如下：

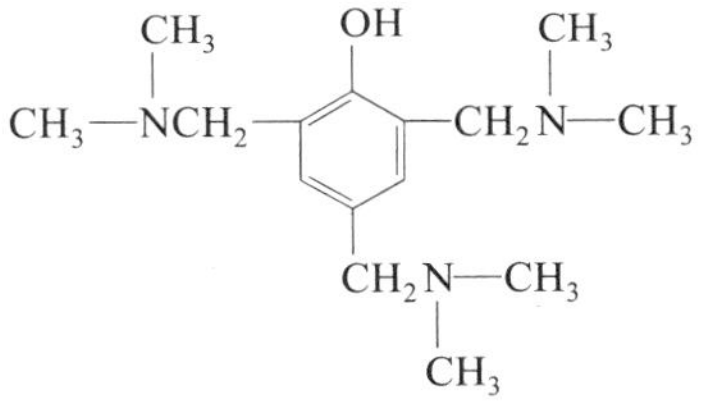

咪唑类化合物因同时含有叔胺和仲胺基团，可以作为环氧树脂促进剂，也可以单独用作固化剂。2-乙基-4-甲基咪唑常温为液体状态，易与环氧树脂混合，工艺适用性较好，其分子结构如下：

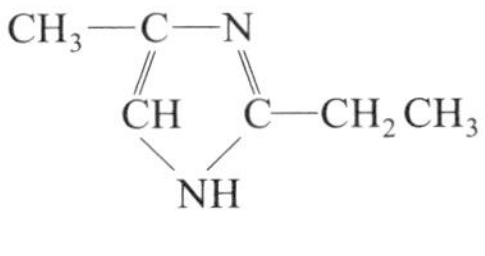

阳离子型促进剂主要有 BF_3-单乙胺，为白色固体，熔点 87℃，适用期 3～4 个月，主要用于潜伏型固化剂的促进剂，常用作芳香胺 DDS 的促进剂。

环氧树脂配方体系中促进剂的用量较少，一般为 1～3 份。

2.2.4　环氧树脂的固化特性

环氧树脂的固化就是从小分子化合物到形成体型交联高分子的化学反应过程。

环氧树脂与固化剂按照逐步加成聚合的机理进行反应，体系的平均官能度须大于 2 才能形成体型交联聚合物。

在树脂的固化过程中，随着分子链的增长，树脂黏度逐渐增大。树脂固化过程分为凝胶、定型、固化完成三个阶段。凝胶阶段的树脂从黏流态成为凝胶态，小分子不断反应，分子量增大，树脂失去流动性；定型阶段的树脂从凝胶态到高弹态再到玻璃态，交联度逐渐增大，形成体型结构，链段运动被冻结；固化完成阶段，通过升高温度使已经固定的链段继续运动，部分未反应的基团继续反应，进一步增大交联密度。

凝胶过程中，小分子树脂开始反应，分子量不断增长，黏度增大，最终呈现凝胶状态。

凝胶时间（gel time）的概念：添加了固化剂或引发剂的液态树脂，在规定的温度下由流动的液态转变成不流动凝胶所需要的时间。

树脂凝胶时间是树脂反应速度的重要指标。凝胶时间受温度、固化剂用量及类型、配胶量、填料用量等因素影响。

树脂凝胶时间可以采用凝胶时间测定仪测定，按照标准《环氧树脂凝胶时间测定方法》（GB/T 12007.7—1989）进行。

适用期（pot life）的概念：树脂中加入固化剂后黏度逐渐升高，黏度增加到初始黏度两倍的时间称为适用期。

树脂适用期主要受固化剂活性、使用温度影响。树脂使用过程中，树脂操作时间需要与适用期相匹配。

树脂的固化过程是一个化学反应过程，在合适的温度范围内树脂与固化剂进行化学反应，形成体型交联的高聚物。每种加入固化剂的树脂体系都有其合适的固化温度范围，固化温度的确定可以通过差示扫描量热（DSC）法较直观地看出。图 2-4 是环氧树脂固化反应的 DSC 曲线，起始反应温度 T_i 约为 110℃，峰顶温度 T_p 约为 155℃，峰终温度 T_f 约为 200℃，说明树脂的固化反应温度在 110～200℃之间。为使传热均匀、固化反应可控，常设置多段固化温度，第一段在 T_i 与 T_p 之间，第二段在 T_p 与 T_f 之间，第三段在 T_f 前后。例如，根据图 2-3 的 DSC 曲线，可以设置两段固化温度为 120℃ ＋180℃。

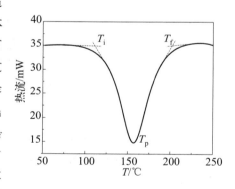

图 2-4 环氧树脂固化反应的 DSC 曲线

固化度（curing degree）的概念：树脂固化后的交联密度占理论最大交联密度的百分比，用于评价树脂的交联程度。

树脂固化度的测试方法有 DSC 法、红外光谱法、硬度法、介电法等，其中 DSC 法较为简便准确，具体可以按照国标《塑料 环氧树脂 差示扫描量热法（DSC）测定交联环氧树脂交联度》（GB/T 41928—2022）进行测定。

2.3　乙烯基酯树脂

　　不饱和聚酯树脂通过自由基聚合而交联固化，反应速度快，工艺性良好；环氧树脂固化物力学性能及耐腐蚀性能良好，但通过逐步加成聚合交联，反应速度慢，工艺性差。乙烯基酯树脂通过环氧树脂与不饱和单体（如甲基丙烯酸、丙烯酸等）反应而成，结合了这两种树脂的优点：端基为双键，可以通过自由基引发聚合；分子结构主体与环氧树脂相同，固化物具有良好的力学性能和耐腐蚀性能。乙烯基酯树脂的合成反应如下：

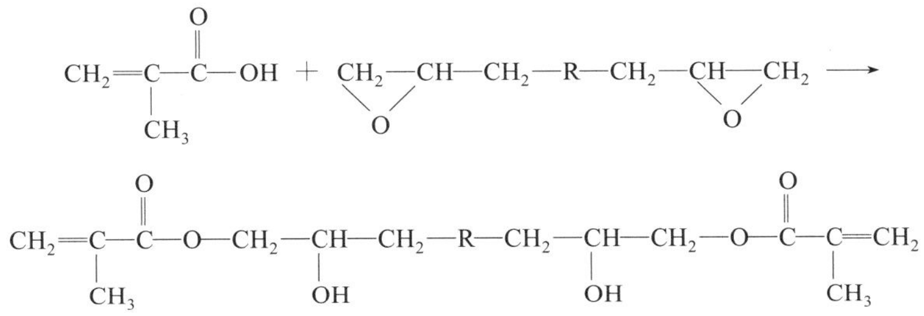

2.3.1　乙烯基酯树脂的种类与结构

　　乙烯基酯树脂根据主体结构中环氧树脂的类型可分为双酚型乙烯基酯树脂和酚醛环氧型乙烯基酯树脂。

2.3.1.1　双酚型乙烯基酯树脂

　　双酚型乙烯基酯树脂（bisphenol vinyl ester resins，BPVE）是一种由双酚型环氧树脂（双酚 A 型及其同系物、双酚 F 型、双酚 S 型等）和不饱和单体通过缩聚反应制成的树脂。其中，双酚 A 型乙烯基酯树脂是乙烯基酯树脂中最常见的一类，具有优良的力学性能、耐化学性、耐热性和耐候性。双酚 A 型乙烯基酯树脂的分子结构如下：

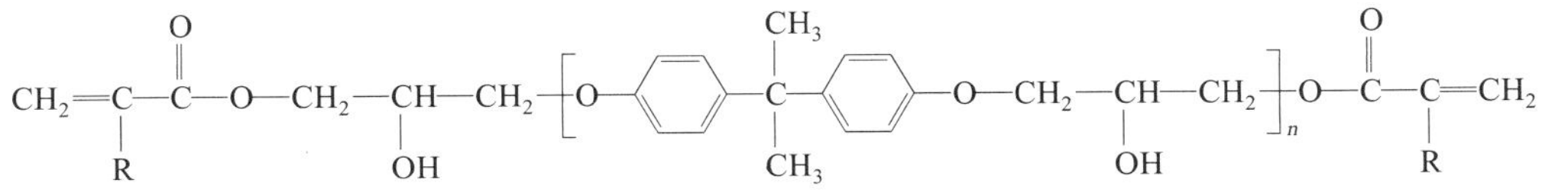

　　其中，$n = 1 \sim 2$。高密度亚异丙基与苯环结构稳定，提供刚性与热稳定性；醚键赋予树脂分子化学稳定性；R 基（通常为甲基）对酯基有屏蔽保护作用，使其不易水解；羟基的存在增强了树脂的黏结力和浸润性。此外，乙烯基酯树脂的活性交联点（双键）位于分子端部，易于交联反应，因而乙烯基酯树脂的固化度比不饱和聚酯树脂高，可进一步提高其耐腐蚀性。表 2-8 是双酚 A 型乙烯基酯树脂的主要牌号及性状。

表 2-8　双酚 A 型乙烯基酯树脂的主要牌号及性状

牌号	酸度(以 KOH 计)/(mg/g)	黏度/(Pa·s)	固含量/%	外观
3200	10~26	0.3~0.5	56~62	黄色液体
3201	8~20	0.35~0.55	55~60	棕色液体
3202	10~20	0.4~0.5	58~64	黄色透明液体

2.3.1.2　酚醛环氧型乙烯基酯树脂

酚醛环氧型乙烯基酯树脂（novolac epoxy vinyl ester resin，NEVE）是一种由酚醛环氧树脂和不饱和单体通过缩聚反应制备的树脂，是乙烯基酯树脂中的一种特殊类型，固化物具有优良的耐高温性、耐化学性和耐腐蚀性。酚醛环氧型乙烯基酯树脂的分子结构如下：

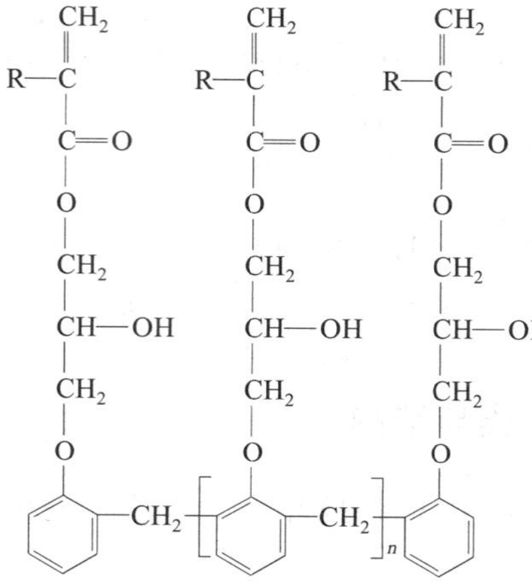

相较于不饱和聚酯树脂，酚醛环氧型乙烯基酯树脂分子结构中含有更高密度的苯环结构，赋予主链刚性，端基双键含量高，提供高交联密度，其固化物有良好的耐热性与耐化学药品性。表 2-9 是酚醛环氧型乙烯基酯树脂的主要牌号及性状。

表 2-9　酚醛环氧型乙烯基酯树脂的主要牌号及性状

牌号	酸度(以 KOH 计)/(mg/g)	黏度/(Pa·s)	固含量/%	外观
W-1	16~26	0.2~0.4	59~68	棕色透明液体
W2-2	8~24	0.25~0.55	56~63	棕色液体
W2-3	12~21	0.35~0.5	57~63	黄色透明液体

2.3.2　乙烯基酯树脂的固化体系

乙烯基酯树脂的使用特性与不饱和聚酯树脂完全一样，为保证工艺性以及提高固化物交联密度，商品化树脂需要加入苯乙烯或甲基丙烯酸甲酯等含双键的化合物作为稀释剂，同时作为交联剂（35%~45%）。乙烯基酯树脂通过引发剂产生的自由基引发树脂及交联剂中的双键，使树脂发生加聚反应而固化。一般采用有机过氧化物为引发剂，用钴盐、胺类化合物为促进剂。其中，最常用的两种固化体系为过氧化甲乙酮/环烷酸钴（或辛酸钴）、过氧化二苯甲酰/二甲基苯胺。

配方实例：

配方例1：

乙烯基酯树脂	100
过氧化甲乙酮	2～4
环烷酸钴（固含量6%）	1～4

可以作为常温固化复合材料缠绕成型的基础树脂配方。

配方例2：

乙烯基酯树脂	100
过氧化二苯甲酰	2～4
二甲基苯胺（固含量6%）	1～4

可以作为低温快速固化的基础树脂配方。

2.3.3 乙烯基酯树脂的性能与应用

乙烯基酯树脂固化物有良好的力学性能和耐热性，表2-10是双酚A型和酚醛环氧型乙烯基酯树脂固化物的典型性能。

表2-10 两种乙烯基酯树脂固化物的典型性能

指标	双酚A型乙烯基酯树脂	酚醛环氧型乙烯基酯树脂
拉伸强度/MPa	40～90	70～80
弯曲强度/MPa	110～150	130～140
压缩强度/MPa	110～120	130～150
冲击强度/(kJ/m^2)	4～8	2～4
热变形温度/℃	80～100	120～150

乙烯基酯树脂的工艺性能与不饱和聚酯树脂一样，树脂黏度低，操作方便，可用引发剂、促进剂常温固化，施工不受季节限制，在要求快速固化且性能要求高的工艺制品中，可以采用乙烯基酯树脂，如部分拉挤成型、手糊成型制品等。

乙烯基酯树脂具有较高的热变形温度与优良的耐腐蚀性能，耐碱性与环氧树脂相近，耐酸性及抗氧化性与双酚A不饱和聚酯树脂相近，交联密度高的乙烯基酯树脂有良好的耐溶剂性，因此常用于有较高耐温要求、较强腐蚀条件下的玻璃钢制品，如制作大型的玻璃钢贮罐、槽车、塔器、管道、风机等。需防腐蚀的钢制容器、混凝土槽等也常用乙烯基酯树脂玻璃钢作内衬。

此外，乙烯基酯树脂在苯醌、苯偶姻醚等光引发剂存在条件下，经紫外线照射，能引发交联固化，且固化速度极快。利用这种特性制成的乙烯基光固化涂料能够节省能源，大大提高生产效率，具有良好的应用前景。

2.4 酚醛树脂

酚醛树脂是由酚类化合物和醛类化合物在酸性或碱性条件下发生缩聚反应生成的低聚

物的统称，其中苯酚和甲醛缩聚合成的苯酚-甲醛型酚醛树脂研究最多，也是应用最广泛、产量最大的一种酚醛树脂。

2.4.1　酚醛树脂的合成

合成酚醛树脂的酚类化合物有苯酚、甲基苯酚、间苯二酚、双酚 A 等，其中苯酚最为常用；醛类化合物有甲醛、三聚甲醛、乙醛、糠醛等，常用的是甲醛水溶液或三聚甲醛，三聚甲醛受热分解成甲醛，可减少反应体系中的水含量。

酚醛树脂合成中主要存在以下三种反应。

① 醛基与苯环的反应：醛基可与苯环 2、4、6 位反应，生成羟甲基。用酸或碱皆可催化反应。

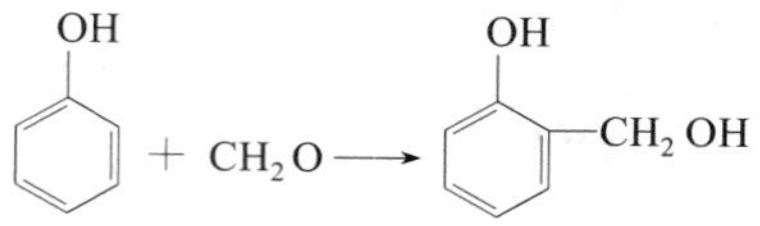

② 羟甲基与苯环的反应：生成的羟甲基可继续与苯环反应生成亚甲基。

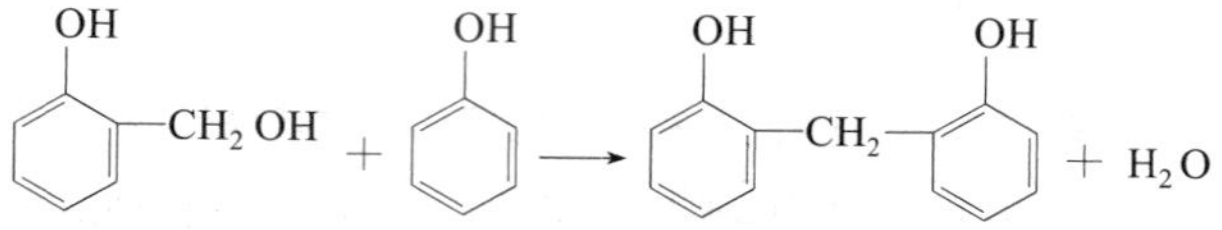

③ 羟甲基之间的反应：羟甲基之间可缩合生成醚键。

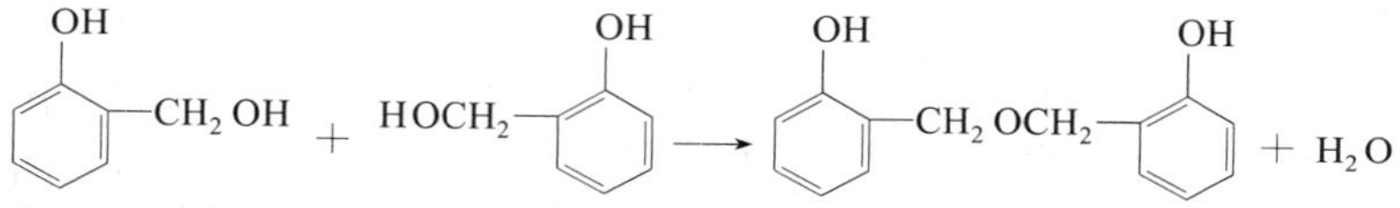

在合成中，当使用的催化剂及合成条件不同时，可反应生成热塑性酚醛和热固性酚醛两种结构形式的树脂。

2.4.1.1　热塑性酚醛树脂的合成

当苯酚过量时，理想的分子结构为亚甲基连接的、酚羟基封端的低聚物。该低聚物呈线型结构，称为热塑性酚醛树脂，分子量约 $500 \sim 900$。

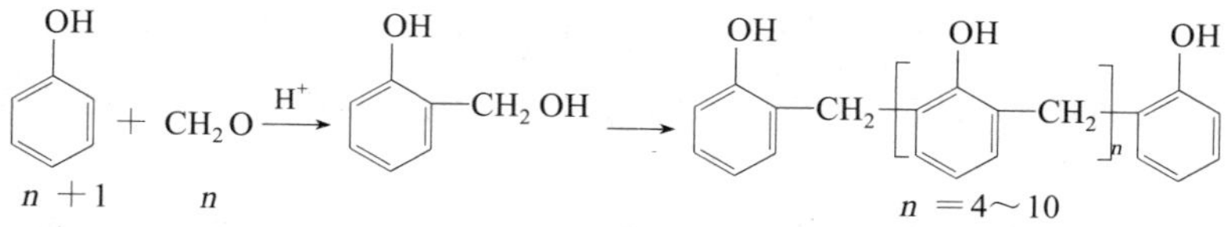

甲醛与苯酚反应生成羟甲基，由于苯酚过量，羟甲基继续与苯酚的 2、6 位反应，脱水形成亚甲基，最后成为线型低聚物。酸性条件利于羟甲基的反应，且酚羟基稳定，所以该反应需要使用酸性催化剂。

苯酚/甲醛比例平均为 $6:5 \sim 7:6$，加热回流 $2 \sim 4h$，160℃高温脱水，冷却后为淡黄色块状固体，可粉碎或熔滴为颗粒，软化点 $90 \sim 100$℃，游离酚含量＜1%。

需要注意的是"热塑性酚醛树脂"并非常规意义上的"热塑性树脂"。热塑性树脂是线型高聚物；"热塑性酚醛树脂"是具有可反应基团的低聚物，需要进一步发生固化反应才能生成交联网状结构的高分子，仍然是一种"热固性树脂"。

2.4.1.2　热固性酚醛树脂的合成

当甲醛过量时，合成产物为同时含有酚羟基和羟甲基的各种结构低聚物的混合物，称为热固性酚醛树脂。

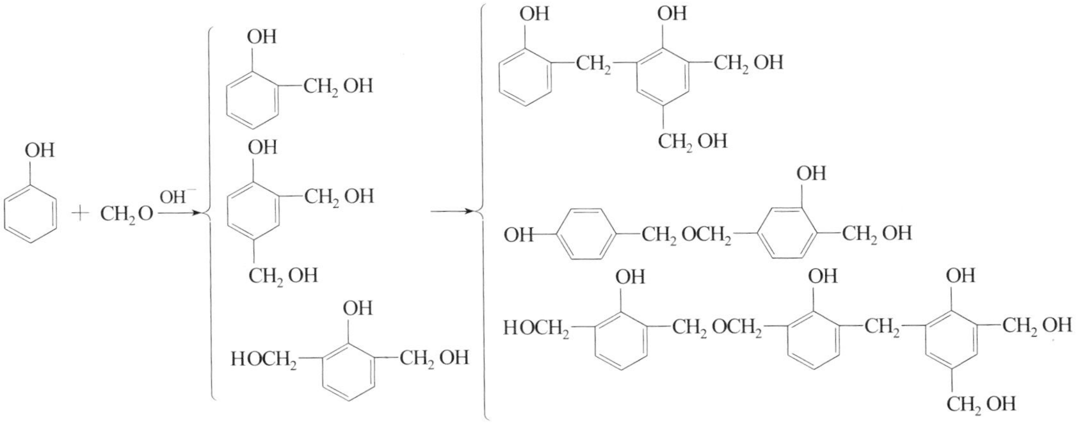

甲醛过量 10%～50%，加热回流 1～2h，真空脱水，产物呈黏稠液体状态，为淡黄色至红棕色透明黏稠液体，黏度约 500～1500mPa·s。热固性酚醛树脂是含羟甲基结构的多种低聚物的混合物，平均分子量 400～1000。通过甲醛过量比可调整产物分子量和黏度，可加入有机溶剂以便于储存。羟甲基在碱性条件下稳定，所以该合成反应需要使用碱性催化剂，常用碱性催化剂有氢氧化钠、氨水或氢氧化钡等。

2.4.2　酚醛树脂的固化

合成热塑性酚醛和热固性酚醛两种类型的树脂，其目的是便于采用不同的固化工艺进行加工成型，用于不同的领域。热塑性酚醛树脂为固体粉末状，加入固化剂后可通过模压成型工艺进行固化，制备酚醛树脂制品；热固性酚醛树脂为液体状，可采用热固化或催化固化，制备胶黏剂、涂料、纤维增强复合材料制品等。

酚醛树脂的固化机理较为复杂，主要反应有羟甲基之间的缩合反应、羟甲基与苯环的反应、酚羟基与羟甲基的反应。酚醛树脂固化时几种反应同时存在，根据不同类型的酚醛树脂以及官能团含量的不同，某种反应可能占主导地位。

2.4.2.1　热塑性酚醛树脂的固化

热塑性酚醛树脂为含有多个酚羟基的线型低聚物，需要加入固化剂才能生成体型交联的高分子。常用的固化剂为六亚甲基四胺（乌洛托品），在 100℃ 左右有水存在的酸性条件下可分解出甲醛，甲醛与酚羟基及苯环可以继续反应，生成交联产物。热塑性酚醛树脂以酸催化，本身为酸性环境，且存在水分，树脂与固化剂直接混合加热，即可交联固化。固化剂用量一般在 10% 左右。

热塑性酚醛树脂的主要应用是制备酚醛树脂模塑材料，其次可以用作其他聚合物的填充改性剂。将热塑性酚醛树脂、固化剂、短切纤维、颜填料、脱模剂等混合均匀，低温辊压，破碎后成为酚醛树脂模塑料，其基本组成如表 2-11 所示。酚醛模塑料可以在常温下储存较长时间，使用时在模具中加热固化，置于热压机模具中，在 180℃、10～15MPa 下反应固化，成型后即为制品。

表 2-11　酚醛树脂模塑料基本组成

成分	作用	配比/质量份
热塑性酚醛树脂	主体树脂	100
六亚甲基四胺	固化剂	10～15
短切纤维	增强材料	40～60
碳酸钙	填料	20～40
氧化镁	增稠剂	2～4
硬脂酸锌	脱模剂	2～4
炭黑	颜料	1～2

酚醛树脂模塑料中的填充增强材料对制品性能影响较大，填充增强材料主要有木粉、碎布、矿物粉、短玻纤等，其中玻纤填充能显著提高制品的强度和耐热性。表 2-12 是不同填充物对酚醛模塑料制品性能的影响。

表 2-12　不同填充物对酚醛模塑料制品性能的影响

性能	无填充	木粉填充	碎布填充	矿粉填充	玻纤填充
密度/(g/cm³)	1.3	1.35	1.4	2.0	2.0
拉伸强度/MPa	28～70	35～56	36～56	21～56	50～100
弯曲强度/MPa	50～84	56～84	56～84	56～84	60～120
压缩强度/MPa	70～175	105～245	140～224	140～224	150～230
缺口冲击强度/(kJ/m²)	1～3	0.5～2.5	2～17	1～8	2～20
耐热/℃	140	140	140	160	170～180

2.4.2.2　热固性酚醛树脂的固化

热固性酚醛树脂同时含有羟甲基和酚羟基，可以通过加热自聚固化，也可以在常温下酸催化固化，还可以与其他化合物反应固化。

热固化是酚醛树脂的主要固化方式，酚醛树脂在高温下反应较为复杂，主要为羟甲基之间、羟甲基与酚羟基、羟甲基与苯环的反应。

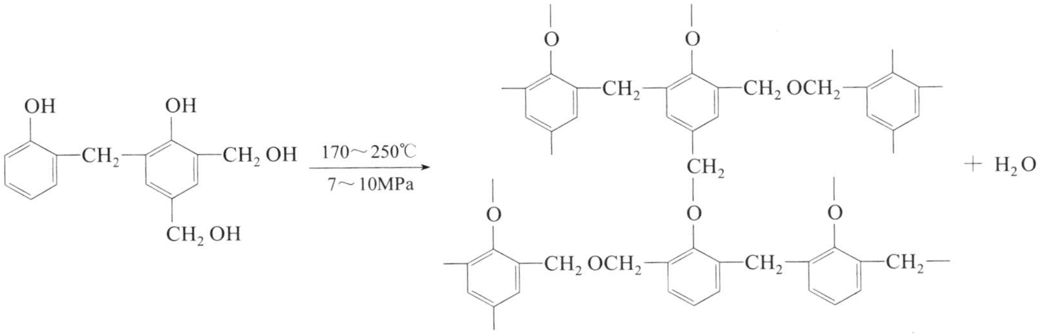

热固性酚醛树脂用于胶黏剂或浇注树脂时，希望能常温固化。树脂中加入盐酸、磷酸、甲苯磺酸等，常温下可以催化固化，同样放出小分子水。常温固化反应相对不充分，交联密度低，固化物耐热性较热固化的低。

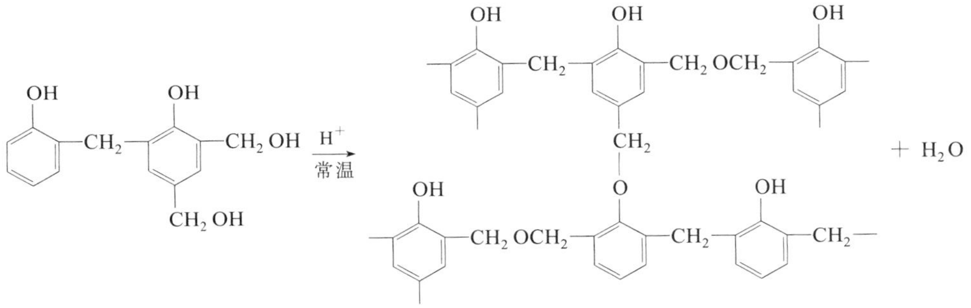

可以与酚醛树脂中酚羟基和羟甲基反应的多官能化合物，都可以作为酚醛树脂的固化剂。

酚醛树脂可与环氧树脂反应，通过酚羟基与环氧基的反应相互改性，互为固化剂。

酚醛树脂可与异氰酸酯反应，常用于制备胶黏剂。

酚醛树脂可与脲醛树脂、蜜胺树脂反应，提高氨基树脂的耐热性。

酚醛树脂可与含羧基的化合物反应，例如用于制备改性聚酰亚胺。

另外，利用酚醛树脂的反应活性，可以进行多种方式的改性，例如通过环氧改性、桐油改性、丁醇改性等方式改善酚醛树脂固化物的脆性，通过硼酸、钼酸及有机硅改性制备硼改性酚醛、钼改性酚醛、有机硅改性酚醛，提高树脂固化物的耐热性、耐烧蚀性能。

2.4.3 酚醛树脂的性能特点与应用

酚醛树脂固化物具有良好的耐热性能，热稳定性好，300℃无分解；阻燃性能好，氧指数＞30%；残碳率高，约55%～75%；具有优良的绝缘性。但酚醛树脂缺点也很明显：树脂固化温度高，约180～220℃，固化时间长，制品成型效率低；固化物力学性能差，脆性大；固化过程有副产物水，导致制品中有气泡。

酚醛树脂广泛用于胶黏剂、保温材料、耐烧蚀材料、复合材料等领域，在耐高温材料领域更为适用，例如用于耐高温绝缘材料、耐高温胶黏剂等，尤其是在耐烧蚀材料中酚醛树脂仍占主导地位。

2.5 氰酸酯树脂

氰酸酯树脂（cyanate ester resin，CE）是由氢氰酸与双酚或多酚反应而成的一种酚衍生物，分子结构式中含有两个或两个以上的氰酸酯官能团（—OCN），可表示为 $N\equiv C-O-R-O-C\equiv N$。

2.5.1 氰酸酯树脂的种类

氰酸酯树脂种类较多，国内外生产厂商都在开发不同结构的氰酸酯树脂，目前研发生产的氰酸酯树脂主要有七种，其结构和性状见表 2-13。

表 2-13 氰酸酯树脂结构及性状

名称	结构	分子量	状态	熔点/℃
双酚 A 型氰酸酯	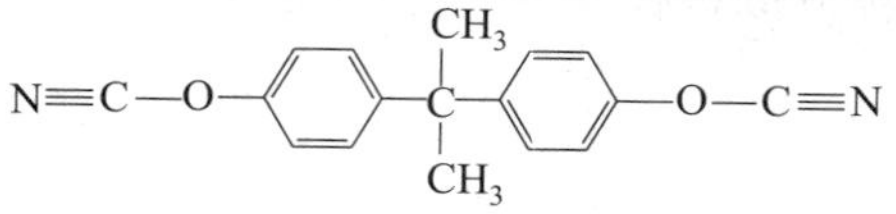	278.31	白色粉末	79～81
双酚 F 型氰酸酯	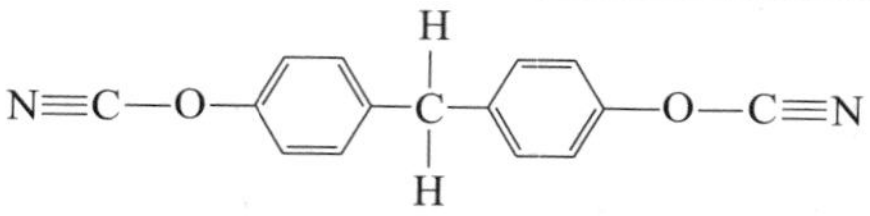	250.26	白色粉末	110～112
双酚 E 型氰酸酯	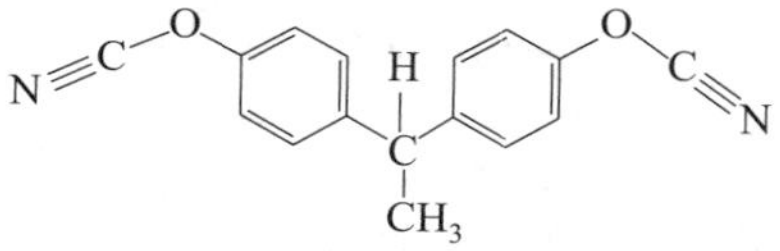	264.28	棕色液体	—
双酚 M 型氰酸酯	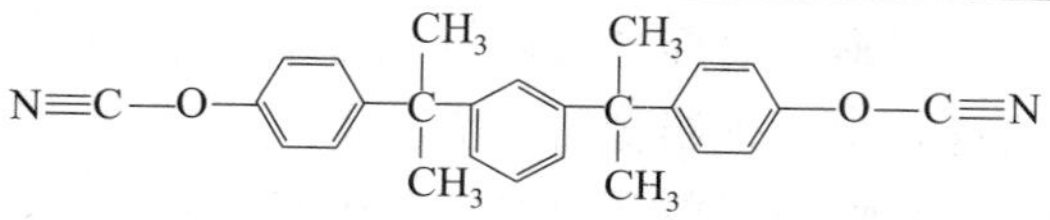	396.49	白色粉末	67～69
四甲基双酚 F 型氰酸酯	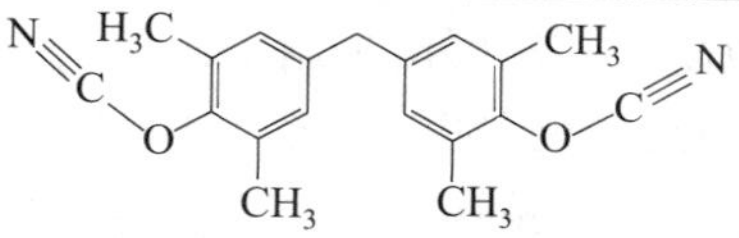	306.36	白色粉末	106～108
双环戊二烯双酚型氰酸酯	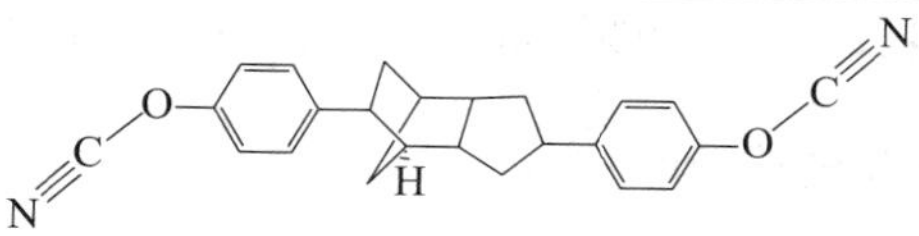	251.32	棕色液体	—
酚醛型氰酸酯	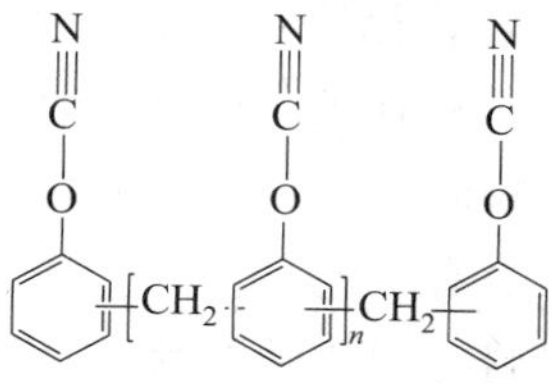	—	棕色液体	—

2.5.2　氰酸酯树脂的固化反应

　　氰酸酯树脂较为稳定，高纯度的氰酸酯树脂即使在加热的条件下也不发生聚合反应，氰酸酯树脂热固化反应发生强烈地依赖氰酸酯树脂单体中所含的微量杂质，主要是水分、氰酸酯树脂合成中残留的酚及金属离子等，这些杂质对固化起着催化作用。此外，活泼氢化合物如单酚等都可以对氰酸酯树脂有催化作用，例如加入 2% ～6% 的壬基酚可以有效提高固化度；有机金属化合物对氰酸酯树脂有强烈的催化作用，常用的有机金属化合物有锌酸钴、环烷酸钴、乙酰丙酮钴、环烷酸铜等。其催化固化的反应机理如下：

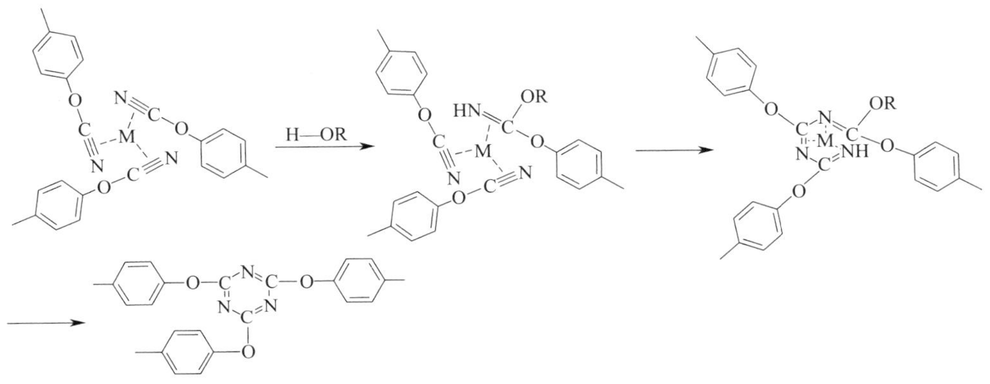

　　氰酸酯在活泼氢和有机金属催化剂共同作用下，氰酸酯基团生成高度稳定的三嗪环结构，形成空间高度对称的体型交联聚合物，且整个固化过程无挥发性低分子产物生成。

2.5.3　氰酸酯树脂的性能

　　氰酸酯树脂在加热和催化剂作用下发生三嗪环化反应，生成含有三嗪环的高交联密度网络结构的大分子，这种结构的氰酸酯树脂固化物具有低介电常数和极小的介电损耗角正切、高玻璃化转变温度（T_g）、低收缩率、低吸湿率，以及优良的力学性能和黏结性能。双酚 A 型氰酸酯树脂的基本性质如表 2-14 所示。

表 2-14　双酚 A 型氰酸酯树脂的基本性质

性能	指标
密度/(g/cm³)	1.1～3.5
固化温度/℃	180～250
玻璃化转变温度/℃	240～290
热分解温度/℃	400～420
介电损耗角正切	0.002～0.008
相对介电常数	2.8～3.2
吸湿率/%	＜1.5
固化收缩率/%	0.004

　　氰酸酯树脂的加工工艺与环氧树脂相似，固化物韧性介于环氧树脂和双马来酰亚胺树脂之间，耐热性与双马来酰亚胺树脂相当，阻燃性与酚醛树脂相近。其性能特点主要表现如下。

① 力学性能优异。致密的三嗪环交联网络结构赋予氰酸酯树脂优异的力学性能，其弯曲应变约为环氧树脂和双马来酰亚胺树脂的 2～3 倍；苯环和三嗪环之间的醚键是一个 δ 键，具有自由旋转的能力且键长较长，使得氰酸酯树脂具有优异的抗冲击性能，冲击强度是环氧树脂的 1～2.5 倍。

② 热稳定性能高。氰酸酯树脂固化物是由大量三嗪环、苯环和醚键等组成的三维网状交联结构，三嗪环中的 C—N 键和 C=N 键交替排列，形成共轭体系，这种高度对称交联的共轭结构使氰酸酯树脂具有良好的热稳定性，具有耐高温、热膨胀系数低、尺寸稳定性好的特点。

③ 耐湿热性能好。氰酸酯树脂分子结构中不含易水解的酯键、酰胺键等，环状结构空间位阻较大，很大程度上增加了水分子的扩散阻力；苯环与三嗪环之间的醚键在很宽的温度范围内也几乎不与水分子发生反应，所以氰酸酯树脂固化物的吸湿率很低。氰酸酯树脂的耐湿热性优于环氧树脂和双马来酰亚胺树脂，在高湿度环境下，其弹性模量和热变形温度等性能保持率较高。

④ 介电性能好。氰酸酯树脂在固化反应中环化生成的三嗪环网状结构，使整个交联大分子形成共轭体系，这种结构使氰酸酯树脂在电磁场作用下表现出极低的介电损耗和低而稳定的介电常数，而且当频率发生变化时，这种分子结构对极化弛豫不敏感，可应用于宽频带的低介电材料。

2.5.4　氰酸酯树脂的应用

氰酸酯树脂固化物不但具有优良的力学性能、耐热性、低吸湿性，在宽频带范围内还具有低而稳定的介电常数和介电损耗，具有突出的透波性能。氰酸酯树脂分子结构对称，通过自聚反应固化成型，即使是在恶劣的空间真空环境下，也不会出现小分子气体的放出，具有优良的空间尺寸稳定性和更低的空间质损率，可应用于人造卫星空间领域。

氰酸酯树脂已应用于雷达罩、天线罩等透波复合材料，与环氧树脂和双马来酰亚胺树脂的雷达罩相比，介电损耗分别减少 80% 和 50%，介电常数降低 10%，并且介电性能几乎不随频率和温度的变化而变化，吸湿率更小，湿态介电性能更佳。高性能印刷电路板要求具有良好的耐热性（$T_g > 180℃$），较低的相对介电常数（<4.0）和介电损耗（<0.01）、优异的尺寸稳定性[热膨胀系数(CTE)$<80×10^{-6}℃^{-1}$]和较低的吸湿率（<3.0%），氰酸酯树脂能满足以上所有要求，是高性能印刷电路板优良的基体材料。

2.6　双马来酰亚胺树脂

双马来酰亚胺树脂（BMI 树脂）是以马来酰亚胺为活性端基的双官能团化合物。

1948 年美国取得了 BMI 树脂合成的专利，1960 年法国研制出 M-33BMI 树脂及其复合材料，BMI 树脂开始实际应用。20 世纪 80 年代，我国开始采用 BMI 树脂制备高性能复合材料，用于航空航天领域。

2.6.1 双马来酰亚胺树脂的结构及特点

BMI 树脂由马来酸酐和二元胺化合物反应而成，合成过程包括两个步骤：马来酸酐与二元胺按照摩尔比 2∶1 反应生成双马来酰胺酸，双马来酰胺酸脱水环化生成 BMI。采用不同的二元胺化合物可获得不同结构和性能的 BMI 树脂，目前 BMI 树脂的种类已达上百种，通常按照分子结构分为脂肪族 BMI 树脂和芳香族 BMI 树脂。BMI 树脂的合成路线如下：

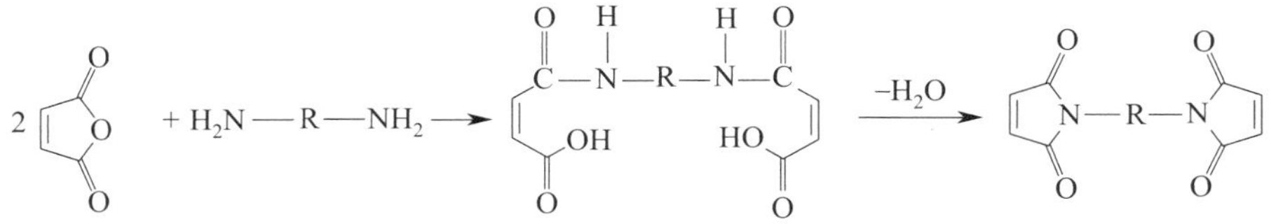

常用的 BMI 树脂为 4,4'-二氨基二苯甲烷型双马来酰亚胺（BDM），室温下为淡黄色结晶粉末，熔点 156～158℃，不溶于丙酮、乙醇等有机溶剂，只能溶于 N,N-二甲基甲酰胺（DMF）和 N-甲基-2-吡咯烷酮（NMP）等强极性溶剂。分子结构式如下：

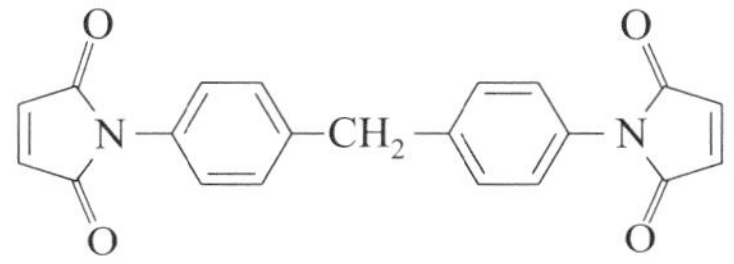

BMI 树脂是一种高性能热固性树脂，固化工艺类似于环氧树脂，其固化物具有优异的耐高温、耐辐射、耐湿热性能，热膨胀系数小，具有良好的力学性能和尺寸稳定性，广泛应用于航空、航天、机械、电子等工业领域中，是先进复合材料重要的树脂基体，也可用于耐高温绝缘材料和胶黏剂等。

2.6.2 双马来酰亚胺树脂的固化

BMI 树脂的反应基团为端基的双键，由于受到邻位羰基的吸电子作用，双键高度缺电子，具有较强的反应活性。BMI 树脂主要有以下几种固化方式。

① 在催化剂或热的作用下发生自聚反应。

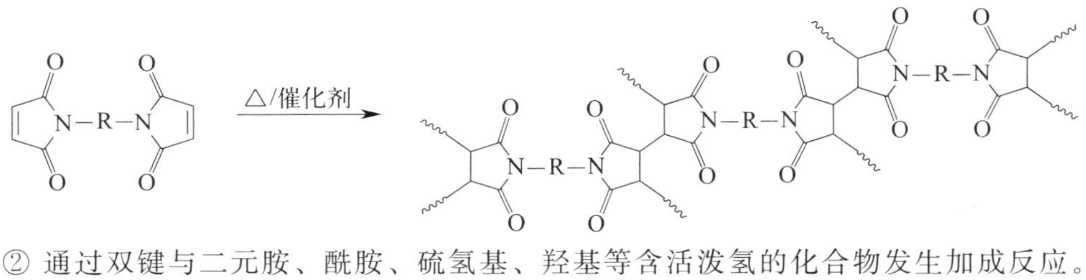

② 通过双键与二元胺、酰胺、硫氢基、羟基等含活泼氢的化合物发生加成反应。

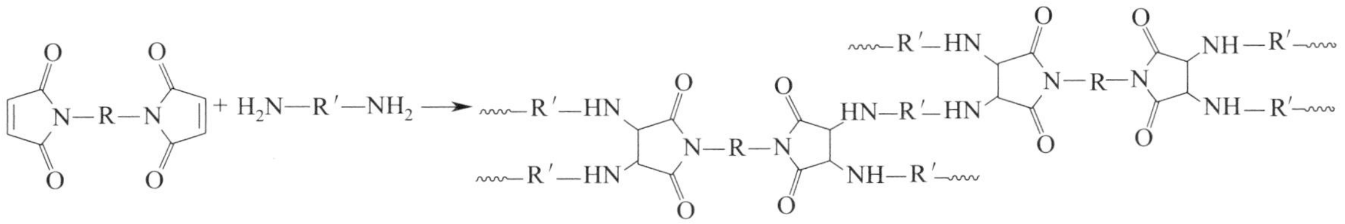

BMI 树脂固化物结构致密，有较高的强度和模量，具有耐高温性能，T_g 一般高于

250℃，使用温度一般为 177～230℃。但由于交联度高，BMI 树脂分子链刚性大，呈现较大的脆性，冲击强度差，断裂韧性低。

2.6.3　双马来酰亚胺树脂的改性

BMI 树脂熔点高、溶解性差、成型温度高、固化物脆性大，在应用中通常需要对 BMI 树脂进行改性以增加韧性。BMI 树脂的增韧改性方法有很多种，例如烯丙基化合物改性、二元胺扩链改性、与环氧树脂共聚/共混改性、与热塑性树脂共混增韧改性等。

2.6.3.1　烯丙基化合物改性

烯丙基化合物增韧 BMI 树脂是目前较为成熟的增韧改性方法之一，烯丙基与马来酰亚胺基团能发生烯反应（Alder-ene 反应），并可进一步发生第尔斯-阿尔德（Diels-Alder）反应。双烯丙基化合物与 BMI 树脂发生共聚反应得到交联产物，能够在增韧的同时保持耐热性能。

常用的烯丙基化合物为 4,4'-二烯丙基双酚 A（DABPA），与 BMI 树脂在 100～120℃时首先发生烯反应，使 BMI 分子扩链。利用这步反应可以制备 BMI 树脂预聚物，提高树脂黏性和成型工艺性。

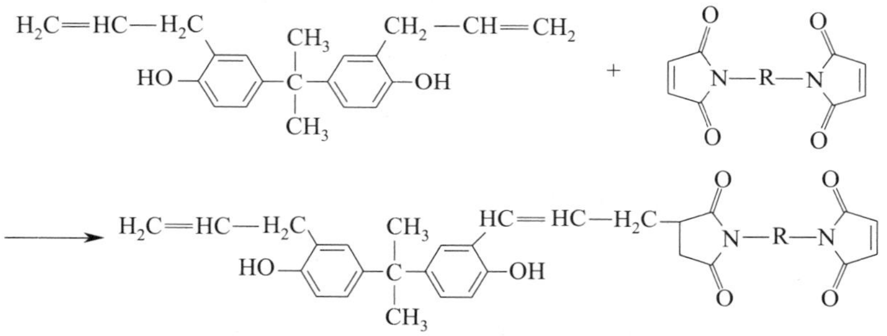

继续升高温度，BMI 树脂发生固化，DABPA 同时在交联体系中，部分降低了交联密度，起到增韧作用。当继续升高温度到 200～250℃时，烯丙基与马来酸酐反应生成的双键能继续与马来酸酐发生 Diels-Alder 反应，形成环状结构，提高材料耐热性。反应过程如下：

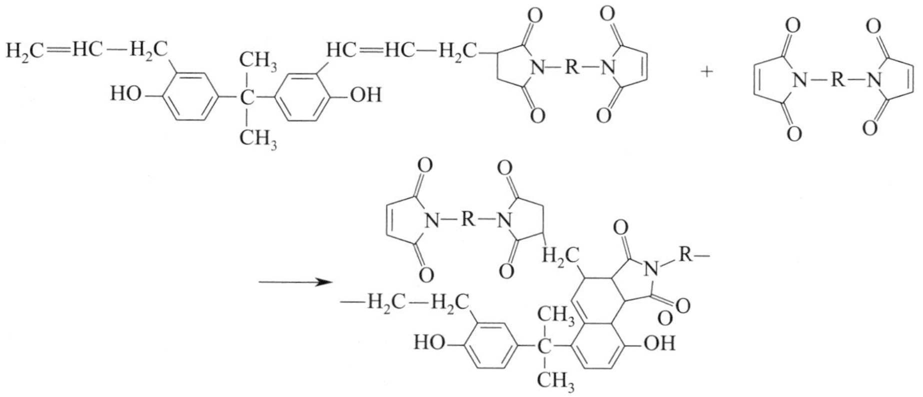

2.6.3.2　二元胺扩链改性

采用二元胺改性可以使 BMI 扩链，减少单位体积反应基团数量，从而降低 BMI 固化物的交联密度，使树脂的韧性得到增强。二元胺改性 BMI 树脂的反应机理如下：

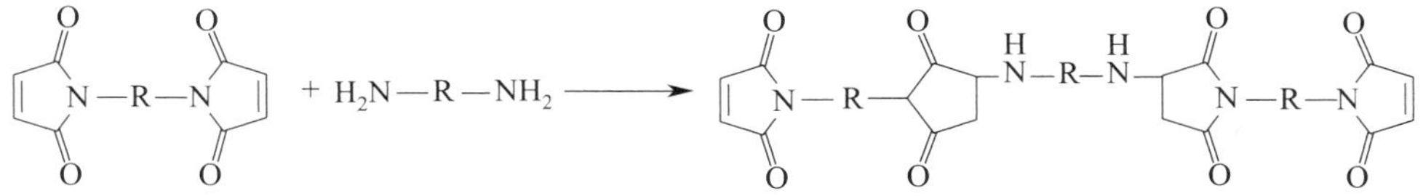

BMI 与二元胺首先发生迈克尔（Michael）加成反应，生成线型嵌段聚合物，有效延长 BMI 分子链。在更高温度下，BMI 发生自聚，生成交联结构。二元胺扩链改性 BMI 树脂体系具有较高的耐热性和力学性能，但由扩链反应形成的仲胺往往会引起热氧稳定性降低。

2.6.3.3　与其他树脂共聚/共混改性

BMI 树脂与其他热固性树脂共聚，可以对 BMI 进行增韧改性，常用的热固性树脂有环氧树脂、苯并噁嗪树脂等，但由于其耐热性小于 BMI 树脂，可能会降低 BMI 树脂的耐热性。采用耐热性较高的热塑性树脂与 BMI 树脂共混，可有效改变材料的聚集态结构，实现增韧目的。随着 BMI 固化反应的进行，热塑性树脂与 BMI 之间的相容性逐渐下降，形成两相结构，当材料受到大的外力破坏作用时，热塑性树脂可以阻碍裂纹进一步扩展，使材料不容易被完全破坏，提高 BMI 树脂的韧性，可以在基本不降低 BMI 耐热性和力学性能的前提下起到增韧效果。目前常用的热塑性树脂主要有聚苯并咪唑（PBI）、聚醚砜（PES）、聚醚酰亚胺（PEI）、改性聚醚酮（PEK-C）和改性聚醚砜（PES-C）等。

2.6.4　双马来酰亚胺树脂的应用

BMI 固化物的结构致密且耐高温、耐辐射、耐湿热，强度、模量高，同时高温力学性能优越，特别适合用作先进聚合物基复合材料的基体，也可用于耐高温绝缘材料和胶黏剂等。BMI 树脂在航空航天和国防军工中的应用主要是与碳纤维复合，制备碳纤维/双马来酰亚胺复合材料，其已经被广泛应用于航空航天和国防军工的各种耐热结构件上，如发动机舱、机身外壳、助推器、雷达天线罩、导弹弹头及发射筒等。美国 F-22 战斗机的机翼、蒙皮、尾翼、前机身以及筋条、翼梁、I 型/T 型部件均采用碳纤维/双马来酰亚胺树脂复合材料，占总用量的 23%，此外美国 F-35 联合攻击机的承力部件，F-16 战斗机的机翼、机身和梁，以及我国歼-10 战斗机的鸭翼均采用碳纤维/双马来酰亚胺树脂复合材料。此外，BMI 树脂还可作为绝缘材料用于制造耐高温层压板、覆铜板、模塑料等，在耐磨材料领域主要作为黏合剂，制造各种重负荷砂轮、刹车片和轴承。

2.7　聚酰亚胺树脂

聚酰亚胺（PI）是主链上含有酰亚胺环的一类聚合物，其中以含有酞酰亚胺结构的聚合物最为重要。作为一种特种聚合物，其耐高温达 400℃ 以上，长期使用温度为 300℃ 以上。根据分子结构不同，聚酰亚胺树脂分为热固性聚酰亚胺和热塑性聚酰亚胺。热固性聚酰亚胺树脂是端基带有可反应基团的低聚物，使用时通过端基反应形成交联结构的聚合物；热塑性聚酰亚胺树脂是通过芳香二酐和芳香二胺在极性溶剂中通过逐步聚合反应生成的聚合物。

2.7.1 热固性聚酰亚胺树脂

热固性聚酰亚胺树脂是端基有可反应基团的含酰亚胺结构的低聚物，理论上由二元酸酐和二元胺合成，主要有端基为羧基的聚酰胺酸以及端基为双键的聚酰亚胺。典型的热固性聚酰亚胺树脂为 PMR-15，通过单体原位聚合（in situ polymerization of monomeric reaction，PMR）直接制备聚酰亚胺预浸料。PMR-15 的合成路线如下：

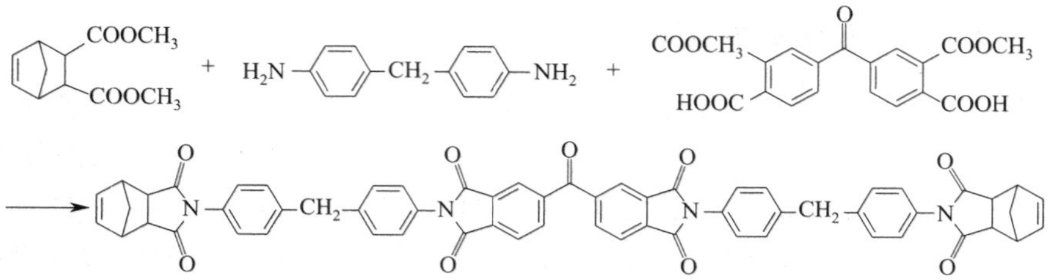

将芳香四甲酸二甲酯、芳香二胺以及降冰片烯二甲酸单酯按一定比例（分子量 1500 的酰亚胺低聚物的配比要求）溶解于甲醇中，将溶液刷涂到纤维上，各单体在加热条件下脱除水和甲醇，原位生成降冰片烯封端的低分子量预聚物，制备成预浸料。在使用预浸料制备复合材料时，树脂端基的降冰片烯在高温下发生交联反应，形成网状分子结构的固化物。

为提高复合材料的使用温度，在 PMR-15 基础上，以六氟二酐（6FDA）替代 4,4′-二苯酮二酐（BTDA），以 4,4′-二氨基二苯甲烷（MDA）替代二氨基二苯醚（ODA），开发了第二代热固性聚酰亚胺 PMR-Ⅱ，耐热性大幅提高，典型产品是 PMR-Ⅱ-50，T_g 可达 371～385℃。

2.7.2 热塑性聚酰亚胺树脂

热塑性聚酰亚胺树脂是由芳香二酐和芳香二胺在极性溶剂中通过逐步聚合反应生成的聚合物。热塑性聚酰亚胺树脂与热固性聚酰亚胺树脂相比，在韧性上有较大的提高，但其复合材料的使用温度相对较低，在 250℃ 左右。目前常见的用于制备复合材料的热塑性聚酰亚胺树脂主要有 Avimid N、Avimid K 系列、LARC-TPI、聚醚酰亚胺以及中国科学院化学研究所研制的聚酰亚胺超级工程塑料等品种。

聚酰亚胺树脂分子结构中的酰亚胺结构使其具有优异的耐热性，不同的合成单体对树脂性能有较大影响，表 2-15 列出了以常用二元酸酐和二元胺为原料合成的热塑性聚酰亚胺树脂的耐热性能与流变性能。

表 2-15　常用的合成单体及热塑性聚酰亚胺树脂的耐热性能与流变性能

二元酸酐	二元胺	树脂 T_g/℃	特性黏度 (0.5%NMP,30℃)/(dL/g)
3,3′,4,4′-联苯四羧酸二酐（BPDA）	二氨基二苯甲烷（MDA）	288	0.56
	二氨基二苯醚（ODA）	285	0.52
	对苯二胺（PDA）	>500	0.73
	间苯二胺（MPD）	450	0.68
4,4′-联苯醚二酐（ODPA）	二氨基二苯甲烷（MDA）	275	0.45
	二氨基二苯醚（ODA）	272	0.42
	对苯二胺（PDA）	342	0.69
	间苯二胺（MPD）	313	0.62
4,4′-二苯酮二酐（BTDA）	二氨基二苯甲烷（MDA）	296	0.71
	二氨基二苯醚（ODA）	293	0.64
	对苯二胺（PDA）	353	0.85
	间苯二胺（MPD）	300	0.81
双酚 A 型二醚二酐（BPADA）	二氨基二苯甲烷（MDA）	217	0.33
	二氨基二苯醚（ODA）	214	0.31
	对苯二胺（PDA）	225	0.58
	间苯二胺（MPD）	215	0.53

2.7.3　聚酰亚胺树脂的应用

聚酰亚胺树脂基复合材料具有高比强度、比模量以及优异的高温热氧稳定性，使其成为可在 230℃ 以上替代金属材料使用的复合材料，在国防工业和民用市场等领域都具有重要的应用价值。

聚酰亚胺树脂基复合材料集中应用于航空航天高性能发动机的冷端部位，如外涵机匣、叶片、中介机匣等部位。国外聚酰亚胺树脂基复合材料已在航空涡轮发动机上获得各种应用，可明显减轻发动机质量，提高发动机推重比；主要包括 F404 外涵道、CF6 芯帽、F100 外鱼鳞片、YF-120 风扇静止叶片、PLT-210 压气机机匣和 F110AFT 整流片等；这些发动机零件采用的聚酰亚胺树脂体系有 PMR-15、V-CAP-75 和 LP-15 等，大部分已经通过各种试验并实现装机应用。国内对聚酰亚胺树脂基复合材料的实际应用目前也已成熟，主要应用场所包括火箭、导弹、航空发动机的某些部位。凡是要求材料具有耐高温、耐热氧化、耐磨耗、耐辐射、耐腐蚀或绝缘等性能，在苛刻环境中工作的零（部）件，而金属材料或通用高性能工程材料无法满足要求的情况，应考虑使用聚酰亚胺。

 思考题

1. 根据环氧树脂及不饱和聚酯树脂的分子结构，分别说明其固化机理；针对这两种树脂分别设计一个常温固化体系配方，说明各配方体系的特点。

2. 对比酚醛树脂、氰酸酯树脂、双马来酰亚胺树脂的分子结构及固化特性，说明其固化物的性能特点。

3

增强材料

复合材料由基体材料和增强材料构成，凡是对复合材料起增强作用的材料都可以作为增强材料，如：连续纤维、短切纤维、颗粒状材料、一维纳米材料等。一种复合材料中可以用多种增强材料共同增强。

复合材料的力学性能主要由增强材料提供，在明确了复合材料的受力要求后，根据受力情况和功能要求选择不同的增强材料。不同原材料会直接影响复合材料制品的性能，也会影响复合材料的成型工艺性。

纤维材料是树脂基复合材料的主要增强材料，复合材料用的增强纤维种类非常多，根据化学组成分类有无机纤维、有机纤维（包括合成纤维和天然纤维），根据形态分类有连续纤维、短切纤维、微晶须等。树脂基复合材料常用的纤维如下：

在高性能树脂基复合材料中，增强材料一般为连续纤维，用量较多的增强材料是碳纤维和玻璃纤维。

3.1 玻璃纤维

玻璃纤维（glass fiber，GF）是一种性能优异的无机纤维，强度高、耐热性好、绝缘性好，是树脂基复合材料中用量最多的增强材料。

玻璃纤维的单丝直径从几微米到 20 多微米，产品形式有连续玻璃纤维纱、编织布、玻纤毡、短切玻纤等，可用于不同的复合材料制备工艺。

3.1.1　玻璃纤维的分类与性能

玻璃纤维的主要成分是氧化硅、氧化硼、氧化铝、氧化钙、氧化镁、氧化钠等，实际上主要骨架是具有高熔点的二氧化硅，添加氧化铝和氧化钙是为了改善制备玻纤时的工艺性能，并改善玻璃纤维的某些性能，氧化钠和氧化钾等金属氧化物可以降低玻璃的熔融温度和熔融黏度，也称为助熔氧化物。

玻璃纤维按化学组成也就是按碱金属氧化物（R_2O）的含量多少，可以分为无碱玻璃纤维（E 玻纤，R_2O 含量＜0.5%）、中碱玻璃纤维（R_2O 含量 11.5%～12.5%）和高碱玻璃纤维（R_2O 含量＞13%）。

制备复合材料应该使用无碱玻璃纤维，具有强度高、耐水性好的特点。中碱和高碱玻璃纤维容易吸水，吸水后与碱金属氧化物形成强碱，会迅速破坏玻纤中的 Si—O 键，使纤维强度急剧下降。

高性能玻璃纤维系列中，还有高强玻璃纤维、高硅氧玻璃纤维、石英纤维等特种纤维。高强玻璃纤维具有比无碱玻纤更高的强度和模量，主要品种有高强 2 号（HF-2）和高强 4 号（HF-4），可用于制备高性能复合材料；高硅氧玻璃纤维的氧化硅含量为 96%～98%，具有优异的耐热性和耐烧蚀性，耐温可达 1000℃，是制造耐烧蚀复合材料的主要增强纤维；石英纤维的氧化硅含量在 99.9% 以上，耐热可达 1200℃，具有极高的强度和透光性能。表 3-1 是几种高性能玻璃纤维的性能指标。

表 3-1　几种高性能玻璃纤维的性能指标

性能	无碱玻纤	HF-2 高强玻纤	HF-4 高强玻纤	石英纤维
初生态强度/GPa	3.4	4.0	4.6	6.0
拉伸模量/GPa	72	82.9	86.4	78
浸胶纱拉伸强度/GPa	2.4	2.6～3.0	2.9～3.6	3.6
断裂伸长率/%	4.8	5.2	5.4	4.6
密度/(g/cm³)	2.58	2.54	2.53	2.2
软化点/℃	846	930	942	1700

玻璃纤维在生产中刚刚熔融拉丝后的强度为初生态强度。玻璃纤维的初生态强度很高，但是初生态强度并不能长期保持，不能将初生态强度认为是使用强度。由于玻璃纤维成分为金属氧化物，比表面积很大，在成丝后其表面层逐渐与浸润剂中以及空气中的水分反应，破坏了表面层的晶格结构，纤维强度会迅速下降。无碱玻纤的初生态强度约为 3.4GPa，与 T300 碳纤维的拉伸强度相当，但是成品玻纤强度在 2.0GPa 左右，并且受储存环境影响较大。

3.1.2　玻璃纤维的生产工艺及浸润剂

玻璃纤维的生产工艺主要有坩埚拉丝法和池窑拉丝法两种。坩埚拉丝法是采用玻璃球为原料，在坩埚中加热熔融进行拉丝。这种工艺能耗高、成型工艺不稳定、劳动生产率低，已经逐渐淘汰。

池窑拉丝法是采用石英砂、叶蜡石、氧化铝等原料在窑炉中熔制成玻璃溶液，排除气泡后经通路运送至多孔漏板，高速拉制成玻纤原丝。窑炉可以通过多条通路连接上百个漏板同时生产。这种工艺工序简单、节能降耗、成型稳定、高效高产，便于大规模全自动化生产，成为目前主流的生产工艺，用该工艺生产的玻璃纤维约占全球产量的 90% 以上。图 3-1 是玻璃纤维生产过程示意图。

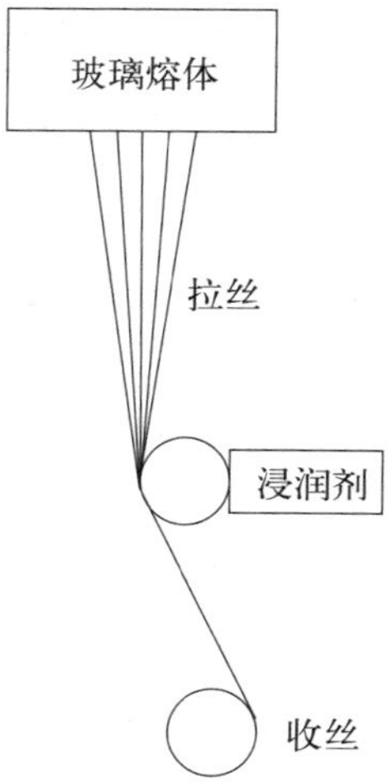

图 3-1　玻璃纤维生产过程示意图

玻璃纤维在拉丝过程中必须使用浸润剂，也称为油剂，玻璃熔体从漏板中流出经牵伸冷却后经过浸润剂槽上的转动辊，使浸润剂包覆在每根纤维表面。浸润剂是以成膜剂、偶联剂、表面活性剂、抗静电剂等为溶质的一种水溶液或水乳液。在玻璃纤维生产和应用中，浸润剂的作用主要表现在以下几个方面：

① 能有效地将纤维单丝黏合成原丝并在退绕过程中避免纱股间黏结；

② 在纤维的各种制造阶段（如络纱、纺织等）中，保护纱股不受磨损；

③ 依据成型产品的不同工艺需要，赋予纤维某些特殊性，如集束性、短切性、分散性等；

④ 增进纤维与树脂基材间的相容性与黏结性；

⑤ 消除或削弱纤维表面的静电。

这些作用的最终结果使玻璃纤维能顺利生产和进一步加工，并使复合材料制品具有理想的应用性能。玻纤中浸润剂的含量可以根据国标《玻璃纤维无捻粗纱 浸润剂溶解度的测定》（GB/T 26734—2011）来测定。

浸润剂中主要组成为成膜剂、润滑剂、抗静电剂及偶联剂，在某些浸润剂配方中还可能使用润湿剂、pH 调节剂、防腐剂、增塑剂、交联剂、消泡剂、颜料等辅助成分。

成膜剂（也称黏结剂或集束剂）是浸润剂中最关键的组分，在浸润剂配方中用量最大，占 2%～15%，它的性能直接决定了浸润剂的效果，对产品的性能、品质都产生重要影响。成膜剂的主要作用是实现原丝集束，在纤维表面形成连续保护膜，赋予原丝硬挺性或柔软性、浸透性、耐机械性，以满足不同品种玻璃纤维制品的加工工艺和性能要求。成膜剂主要为聚醋酸乙烯酯、聚丙烯酸酯、环氧树脂、聚氨酯等树脂类材料。

偶联剂是玻璃纤维浸润剂的重要组分，虽然在浸润剂中含量很少（0.2%～1.2%），但对于树脂基复合材料的性能起着重要作用。偶联剂主要为有机硅氧烷化合物，较常用的有乙烯基硅氧烷（KH-570）、环氧基硅氧烷（KH-560）、氨基硅氧烷（KH-550）等，硅氧烷基团可以与玻纤表面的硅羟基反应，对玻纤表面起到有机化改性的作用，可以使玻璃纤维与树脂产生良好的界面结合。

润滑剂是能降低纤维间摩擦力的一类物质，在湿态（拉丝过程中）和干态（原丝退并、纺织加工时）起润滑玻璃纤维表面、减少磨损的作用。润滑剂在浸润剂组成中用量一般为 0～5%。不同用途的浸润剂，其润滑剂的类型和用量差别较大，阳离子型润滑剂能很好地附着于玻璃纤维表面，对降低玻璃纤维的表面摩擦系数特别有效。润滑剂大致有矿物油类、氢化植物油类、高级醇类、聚乙二醇型等非离子表面活性剂。

抗静电剂可以有效地降低玻纤在加工及使用过程中的静电作用，特别是需要短切加工的玻璃纤维，其浸润剂中应添加抗静电剂。

pH调节剂用于调节浸润剂体系的稳定性和保证偶联剂的最佳使用效果，例如有机酸及有机胺。

3.1.3　玻璃纤维的使用形式

玻璃纤维的生产中，玻璃熔融液经拉丝、上浸润剂、收卷，形成玻璃纤维直接纱。一般将单丝直径在 $10\mu m$ 以下的原纱称为细纱[图 3-2(a)]，单丝直径 $10\mu m$ 以上的原纱称为粗纱[图 3-2(b)]。玻璃纤维纱可以进一步加工成编织布[图 3-2(c)]，也可以切为短纤维，再进一步加工为玻纤毡[图 3-2(d)]。

(a) 玻纤细纱　　　　　(b) 玻纤粗纱　　　　　(c) 玻纤编织布　　　　　(d) 玻纤毡

图 3-2　玻璃纤维的几种使用形式

（1）玻璃纤维纱

玻璃纤维纱是指连续的玻璃纤维丝束，根据单丝直径分为细纱和粗纱，根据生产工艺分为直接纱和合股纱，根据是否加捻分为无捻纱和有捻纱。

玻纤单丝直径越小，拉伸强度相对越高，单丝直径在 $10\mu m$ 以下的称为细纱，分为电子纱和工业纱。单丝直径 $10\mu m$ 以上的称为粗纱，大部分复合材料增强纤维采用玻纤无捻粗纱。

直接纱又称为单股无捻粗纱，是经漏板直接拉丝而成的纤维束；合股纱由多束直接纱通过络纱工序并合而成。直接纱可用于复合材料的拉挤、缠绕工艺或加工成编织布；合股纱可用于制备喷射纱、SMC纱、短切纱，以及用于复合材料的拉挤、缠绕等成型工艺。

玻璃纤维纱的线密度以 tex 表示，tex 是每 1000m 纤维的质量，例如无捻粗纱玻纤 2400tex，即一束纤维每千米质量为 2400g。

在商品玻璃纤维的规格标识中，线密度是必须标识的指标，通过标识的线密度可以计算复合材料成型中所需要的纱线数。

例如某型号玻纤规格为 EDR2400-T911，E 为无碱玻纤，DR 为直接纱，2400 为线密度 2400tex，T911 为产品牌号。

再如某玻纤规格为 E6DR17-1200-312T，E 为无碱玻纤，E6 为特定配方，DR 为直接纱，17 为纤维直径 $17\mu m$，1200 为线密度 1200tex，312T 为产品牌号。

（2）玻璃纤维编织布

玻璃纤维编织布由经纬玻璃纤维纱编织而成，是大多数玻璃钢制品的增强体。玻璃纤维布按编织方法不同，可分为平纹布、斜纹布、缎纹布、单向布。

平纹布是经纱和纬纱上下交替编织而成，即纱线从一根纱线下方穿过，压在另一根纱线上面，循环编织而成。这种布编织紧密、表面平整，适用于制作型面简单或平坦的制品。

斜纹布是每根经纱都从两根纬纱下面通过，然后压在另外两根纬纱上面编织而成，布面呈现斜纹。这种布较为致密、柔性好、铺敷性较好、强度较大，适用于制作有曲面的和各方向都需要高强度的制品，适用于手糊成型。

缎纹布是经纱或纬纱相互间从一根纱下面通过，压在另外多根（3、5、7根）纱上面编织而成，布面几乎只见经纱或纬纱。这种布质地柔软、铺敷性好、强度较大、与模具接触性好，适用于型面复杂的手糊玻璃钢制品。

单向布主要由经向纤维排成，用少量纬向纤维（通常为玻璃纱或热熔纱）固定而成，适用于定向强度要求高的制品。

玻璃纤维布的一个重要指标是面密度，为每平方米的质量，以 g/m^2 表示。玻纤布的面密度与玻纤纱的线密度一样，是计算材料用量的重要指标，在商品玻纤编织布的规格标识中，面密度是必须标识的指标。

例如某玻纤编织布规格为 EWR400-1000，E 为无碱玻纤，WR 为 woven roving 的缩写，意思是无捻粗纱布，400 为面密度 $400g/m^2$，1000 为幅宽 1000mm。

（3）玻璃纤维毡

玻璃纤维毡是用短切玻璃纤维或连续纤维制成的毡状材料，包括短切原丝毡、连续原丝毡、表面毡、针刺毡、复合毡。

短切原丝毡是将短切的无定向的散乱原丝施以乳液黏结剂或粉末黏结剂经加热固化后黏结成的短切毡，主要用于手糊成型、RTM 成型工艺中。

连续原丝毡是将拉丝过程中形成的玻璃纤维原丝或从原丝筒中退解出来的连续原丝呈"8"字形铺敷在连续移动网带上，经粉末黏结剂黏合而成。连续原丝毡中纤维是连续的，对复合材料的增强效果较短切毡好，主要用于拉挤成型、RTM 成型、压力袋成型等工艺中。

表面毡是将短切玻璃纤维随机均匀铺放，并用黏结剂黏结而成的非常薄的毡，厚度为 0.3～0.4mm。表面毡可以吸收较多的树脂形成富树脂层，遮住玻璃纤维增强材料（如方格布）的纹路，使制品表面光滑美观，并提高制品的耐老化性。

针刺毡是将短切纤维或连续纤维铺放在传送带的底材上，用带倒钩的针进行针刺，形成部分三维结构，具有较好的综合强度和良好的工艺性。

复合毡是由玻璃纤维无捻粗纱作单向平行排列，外层复合短切玻纤毡，用有机纤维缝制而成，纤维结构具有可设计性，能在一定方向上提供高强度；纤维不易产生位移变形，易于操作；结构的复合性可减少铺层，有效提高生产效率。主要用于玻璃钢拉挤成型、RTM 成型、手糊成型等工艺。

3.2 碳纤维

碳纤维（carbon fiber，CF）是含碳量在 90% 以上的高强度、高模量的新型纤维材料，是制备高性能复合材料的关键材料，在航空、航天、国防等领域有非常重要的应用。碳纤维是有机纤维经碳化和石墨化得到的微晶石墨材料，其微观结构类似人造石墨，呈乱层石墨结构形式。碳原子层状规整排列，但中间不可避免地存在一些缺陷，是原丝在高温碳化时氮、氧原子脱除所导致。碳纤维的强度与石墨微晶尺寸和缺陷密切相关，碳纤维的模量与石墨微晶结构沿纤维轴的取向密切相关，石墨微晶以纳米尺度控制结构，石墨结构沿纤维轴的取向度越高，强度和模量就越高。

国外碳纤维生产企业主要有日本东丽、日本东邦、日本三菱丽阳、美国卓尔泰克（Zoltek）、美国赫氏（Hexcel）、德国西格里（SGL）、土耳其陶氏阿克萨（DowAksa）、韩国晓星等，国内近年来碳纤维生产发展快速，主要企业有威海光威、中复神鹰、江苏恒神、中简科技、吉林碳谷、上海石化、浙江宝旌、兰州蓝星、台塑集团等，新的碳纤维生产企业还在不断建设。

3.2.1 碳纤维的分类

碳纤维根据原料分为聚丙烯腈基碳纤维、沥青基碳纤维、黏胶基碳纤维。

聚丙烯腈（PAN）基碳纤维是丙烯腈单体经自由基聚合后通过溶液纺丝制备聚丙烯腈原丝，经过 300～600℃预氧化、1500～1600℃碳化形成的碳纤维。PAN 基碳纤维的突出特点是强度高，是制备高性能结构复合材料的主要碳纤维种类。

沥青基碳纤维是石油焦油、煤焦油等重质芳烃类物质经热处理制备出中间相沥青后经纺丝、碳化制备而成。沥青基碳纤维的主要特点是模量高，而且有优异的导热性、导电性。

黏胶基碳纤维是由黏胶纤维经预氧化、碳化制备成的碳纤维，其力学性能较 PAN 基碳纤维低，但其突出特点是具有优异的耐烧蚀性，在航天工业及尖端军工技术领域具有不可替代的作用。

3.2.2 碳纤维的牌号及性能

日本东丽公司的碳纤维制造技术处于世界领先水平，其商品牌号的性能已经成为世界各碳纤维生产商遵循的标准。东丽公司碳纤维主要按照力学性能进行区分，按照拉伸强度和拉伸模量分为 T 系列和 M 系列，T 系列是高强度碳纤维，M 系列包括高模 M 系列和高强高模 MJ 系列。图 3-3 是各型号碳纤维性能分布示意图。

① 高强型碳纤维：T 系列，其中标准模量级有 T300、T700，中模量级有 T800、T1000、T1100、T1200；

② 高模型碳纤维：M 系列，有 M40、M46、M50 等；

③ 高强高模型碳纤维：MJ 系列，有 M40J、M50J、M55J、M60J 等；

④ 高强高模高韧型碳纤维：M40X、M46X；

⑤ 低成本型碳纤维：Panex35。

每种型号的碳纤维根据束丝中单丝数量分为多个牌号，例如牌号为 T700-12K 的碳纤维，T700 为规格型号，12K 指单丝数量，1K 就是 1000 根，12K 指一束丝里有 12000 根纤维单丝。碳纤维的 K 数一般有 1K、3K、6K、12K、24K、48K 等，K 数越小，丝束越细，

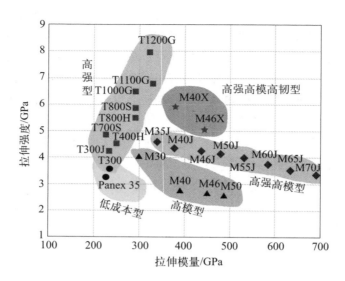

图 3-3 各型号碳纤维性能分布

性能越好，但价格也越高，24K 以上为大丝束碳纤维。不同牌号的碳纤维可以用于不同要求的复合材料制品。东丽公司部分常用牌号的碳纤维及其性能见表 3-2。

表 3-2 东丽公司部分常用牌号的碳纤维及其性能

类型	型号	牌号	拉伸强度/MPa	拉伸模量/GPa	断裂伸长率/%	密度/(g/cm³)	线密度/tex
高强型	T300	T300-1K	3530	230	1.5	1.76	66
		T300-3K					198
		T300-6K					396
		T300-12K					800
	T700S	T700SC-6K	4900	230	2.1	1.80	398
		T700SC-12K					800
		T700SC-24K					1650
	T800H	T800HB-6K	5490	294	1.9	1.81	223
		T800HB-12K					445
	T800S	T800SC-12K	5880	294	2.0	1.80	515
		T800SC-24K					1030
	T1000G	T1000GB-12K	6370	294	2.2	1.80	485
	T1100G	T1100GC-12K	7000	324	2.0	1.79	505
高强高模型	M40J	M40JB-6K	4400	377	1.2	1.77	225
		M40JB-12K					450
	M46J	M46JB-6K	4200	436	1.0	1.84	223
		M46JB-12K					445
	M50J	M50JB-6K	4120	475	0.9	1.88	216
	M55J	M55JB-6K	4020	540	0.8	1.91	218
	M60J	M60JB-3K	3820	588	0.7	1.93	103
		M60JB-6K					206

以东丽 T700SC-12000-50C 碳纤维的标准类型为例，其标识具体解释如下：

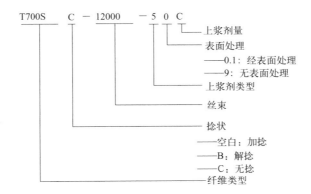

3.2.3　碳纤维的上浆剂

碳纤维的生产工序主要分为预氧化、碳化、上浆三部分。其中，上浆工序是使用上浆剂（sizing agent，也称为上胶剂）在碳纤维单丝表面覆盖一层薄薄的树脂层，使纤维集束，减少相对摩擦，避免后加工过程中产生毛丝，同时在纤维与树脂基体之间引入适当的界面层，可以增加碳纤维与基体树脂的浸润性，使碳纤维与树脂基体很好地结合，提高界面黏结强度。上浆剂在碳纤维中的质量分数为 1.0%～1.5%，尽管其含量很低，但对碳纤维及编织布的性能、预浸料的制备、复合材料的性能都有重要作用。上浆剂的含量可以按照国标《碳纤维　上浆剂含量的测定》（GB/T 29761—2022）进行测定。

碳纤维上浆剂的主要成分是树脂，有环氧树脂、聚丙烯酸酯、聚氨酯等不同树脂品种。由于碳纤维复合材料的树脂基体多为环氧树脂，所以碳纤维上浆剂的主要树脂品种也是环氧树脂，含环氧树脂上浆剂的碳纤维可以适用于环氧树脂、氰酸酯树脂、双马来酰亚胺树脂等大多数高性能热固性树脂的复合材料。但是环氧树脂上浆剂与热塑性树脂的界面结合相对较差，对于热塑性树脂基复合材料，最好采用以聚氨酯树脂为上浆剂的碳纤维。

根据上浆剂中树脂的分散状态，上浆剂可以分为溶液型和乳液型。溶液型上浆剂是将树脂溶于乙醇、丙酮、二甲基甲酰胺等有机溶剂中配制而成的，通过溶剂的挥发在碳纤维表面包覆一层薄薄的树脂。溶液型上浆剂需要使用大量有机溶剂，溶剂回收困难，对环境安全和职业健康具有较大危害，目前已经基本不再使用。

目前的碳纤维上浆剂基本为水乳液形态，树脂以乳液的形式分散在水中。树脂的乳化有外乳化和自乳化两种方式。外乳化是在表面活性剂的作用下将树脂高速搅拌分散在水中，由于乳化剂的存在，乳液的表面张力小，对纤维的浸润性好，但是大量表面活性剂会使碳纤维丝束的集束性下降，而且影响纤维与树脂之间的黏结性，对复合材料的界面性能及耐水性能有负面影响。

自乳化上浆剂是对树脂进行化学改性，使分子结构中产生离子性或非离子性的亲水基团，在不使用或少使用外乳化剂的情况下得到稳定的树脂乳液。以二元胺（如二乙醇胺、正丁胺等）与环氧树脂反应，再以有机酸（如醋酸）与反应形成的叔胺成盐，形成阳离子环氧树脂，这种树脂具有良好的亲水性；以含羧基的化合物（如甲基丙烯酸）接枝环氧树脂，再以叔胺化合物成盐，可以得到亲水性的阴离子环氧树脂；以端羧基改性聚乙二醇

（PEG—COOH）与环氧树脂反应，可以得到亲水性的长链非离子性环氧树脂。利用这类原理可以开发多种自乳化环氧树脂或者含环氧基团的高分子乳化剂，用于碳纤维上浆剂的制备。

自乳化上浆剂的发展方向是提高稳定性和功能性，开发差异化上浆剂。上浆工艺性、储存稳定性、纤维集束性、复合材料界面性能是评价碳纤维上浆剂的主要性能指标。在自乳化环氧树脂上浆剂中，乳液稳定性差异较大，这是制约该类上浆剂大量推广使用的重要因素，开发新型分子结构的上浆剂树脂以及乳化工艺，具有较大的实用价值。开发差异化的上浆剂，针对性地适用于各种树脂基体，是碳纤维上浆剂的重要发展方向，是扩大碳纤维应用范围的重要途径。国外已经有多种使用不同树脂类型上浆剂的碳纤维产品，如使用聚氨酯上浆剂的碳纤维可用于制备聚氨酯树脂基复合材料、各种热塑性树脂基复合材料，使用改性聚酰亚胺上浆剂的碳纤维可用于制备耐高温树脂基复合材料。

3.2.4　碳纤维的使用形式

碳纤维在碳化后经上浆处理，干燥后收卷到纸筒上，形成连续碳纤维束丝［图 3-4（a）］，碳纤维束丝可以制成碳纤维编织布［图 3-4（b）］，切断后可以形成短切碳纤维［图 3-4（c）］，短切碳纤维可以进一步加工成碳纤维毡［图 3-4（d）］。

(a) 连续碳纤维束丝　　(b) 碳纤维编织布　　(c) 短切碳纤维　　(d) 碳纤维毡

图 3-4　碳纤维的使用形式

（1）连续碳纤维束丝

连续碳纤维束丝是碳纤维产品的基本形式，碳纤维束丝卷绕在纸筒上，每筒的基本质量规格有 1kg、2kg、4kg 三种。连续碳纤维束丝可以直接用于复合材料的拉挤成型、缠绕成型工艺，以及用于制备碳纤维预浸料。

值得注意的是，碳纤维束丝在使用时是外抽头的，即纤维拖曳时整个筒要旋转。而玻璃纤维粗纱是内抽头的，玻纤纱从筒内抽出，拖曳纤维时整轴玻纤纱不动。这个特性对于设计复合材料成型设备的纤维丝架非常重要。碳纤维丝架上每筒碳纤维必须有一个旋转轴，而玻纤粗纱丝架只需要平台即可。

（2）碳纤维编织布

碳纤维编织布与玻璃纤维布一样，按编织方法可分为平纹布、斜纹布、缎纹布、单向布。碳纤维布根据所用碳纤维束丝规格的不同，其面密度有较大差别，一般为 $60\sim400g/m^2$，幅宽一般有 1000mm、1270mm、1560mm 等多种规格。碳纤维布多用于复合材料手糊成型、RTM 成型等工艺。

（3）短切碳纤维

短切碳纤维由连续碳纤维束丝切断而成，长度为 1～100mm，主要用于增强塑料、碳纤维模塑料、碳纤维毡、碳纤维纸等。

（4）碳纤维毡

碳纤维毡包括短切毡、连续毡、表面毡、针刺毡、缝合毡等，其制备方法与玻璃纤维毡相同。碳纤维毡在复合材料中的应用相对较少，多用于吸附材料和过滤材料。

3.3　芳纶

美国杜邦（Dupont）公司于 1962 年率先研发成功间位芳纶，商品名为 Nomex，并于 1967 年实现产业化；1966 年研制出对位芳纶，1971 年开始工业化生产，商业化产品注册为 Kevlar。之后日本帝人公司生产了 Technora 纤维，荷兰 Akzo Nobel 公司（已与帝人公司合并）生产了 Twaron 芳纶。20 世纪 70 年代我国开始芳纶的研究，并于 1981 年和 1985 年分别通过了芳纶 1313（间位芳纶）和芳纶 1414（对位芳纶）的鉴定。近年来我国对杂环芳纶的研究不断取得突破性进展，2008 年中国航天科工六院年产 3 吨的 F-12 高性能杂环芳纶中试线全面贯通。

3.3.1　芳纶的种类

芳纶是由芳香族聚酰胺经纺丝制备的纤维，根据聚合单体及聚合物结构，主要分为芳纶Ⅰ型的聚对氨基苯甲酰纤维、芳纶Ⅱ型的间位芳纶和对位芳纶、芳纶Ⅲ型的杂环芳纶，其中Ⅱ型和Ⅲ型芳纶是高性能芳纶的主要类型。

（1）间位芳纶

间位芳纶的聚合物为"聚间苯二甲酰间苯二胺"，由间苯二甲酰氯和间苯二胺缩聚而成，分子主链呈排列规整的锯齿形，分子结构如下：

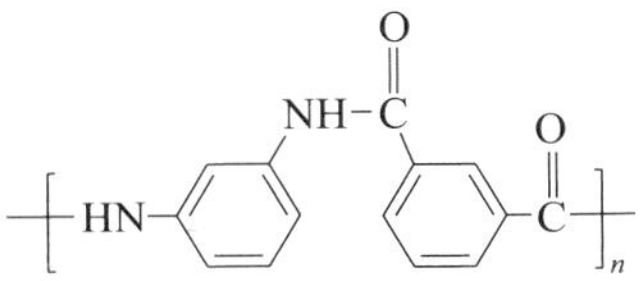

间位芳纶的牌号有美国 Dupont 公司的 Nomex、日本帝人公司的 Conex 以及我国的芳纶 1313。间位芳纶分子中的酰胺键以间位方式与苯基相互连接，没有共轭效应，分子链有一定的柔性。

（2）对位芳纶

对位芳纶的全称为"聚对苯二甲酰对苯二胺纤维"，由对苯二甲酰氯和对苯二胺采用低温缩聚法合成，聚合物分子主链对称性高，呈平面刚性直链结构，分子结构如下：

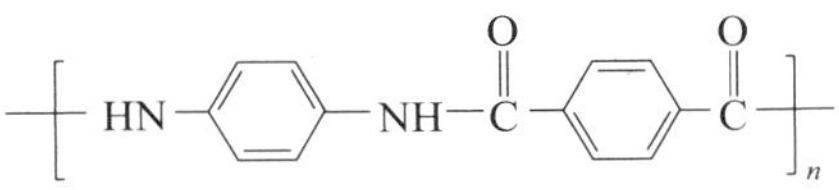

对位芳纶的牌号有美国 Dupont 公司的 Kevlar-29、Kevlar-49 和我国的芳纶 1414。对位芳纶聚合物分子结构中的对苯基使其主链僵硬，内旋位能高，为刚性直链结构，分子链间大量氢键使其具有极强的链间结合力，分子构型规整，取向度较高，使纤维具有较高的取向结晶特性。

（3）杂环芳纶

杂环芳纶为杂环芳香族聚酰胺纤维，是在芳纶Ⅱ型的对位芳纶基础上加入了杂环二胺制备的芳纶Ⅲ型纤维，聚合物分子结构中引入了含 N、S、O 等杂质原子的杂环结构。这类芳纶牌号有俄罗斯的 Armos、SVM 以及我国的 F-12 等。F-12 的分子结构如下：

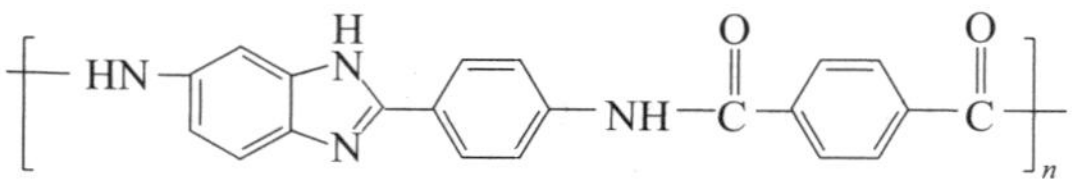

芳纶Ⅲ型纤维分子链上引入杂环结构，使得其拉伸强度与拉伸模量比芳纶Ⅱ型纤维更高，同时杂环的引入影响了分子链段的刚性，降低了分子链排列的有序性，使纤维结晶程度较芳纶Ⅱ型低，另外分子主链中大量引入 N、O 等元素，降低了苯环的位阻效应，纤维表面化学活性提高，极性增加，纤维强度也得到了提高。

3.3.2 芳纶的性能

芳香族聚酰胺由芳香二酸和芳香二胺单体聚合而成，分子主链中有芳香环和酰胺键，结构刚性高，聚合物链呈伸展状态，形成棒状结构。由于分子链的刚性大，有溶致液晶性，在溶液中剪切力作用下极易形成各向异性结构。

间位芳纶分子结构为酰胺基团与间位苯基连接的线型高分子，分子链有一定柔性，拉伸强度达到 4900MPa，断裂伸长率较高，为 22%～40%。由于氢键的作用和苯环的影响，化学结构非常稳定，耐酸碱腐蚀性好，电绝缘性能和耐辐射性好。间位芳纶具有优异的耐温性能，使用温度可到 204℃；阻燃性能优异，氧指数≥28%，高温燃烧时表面碳化，不助燃，不产生熔滴。

对位芳纶的分子链刚性大，拉伸强度为 3500MPa，拉伸模量高达 131GPa，也具有间位芳纶的耐酸碱、耐高温等优良性能，连续使用温度范围为 -196～204℃，起始分解温度可以达到 537.8℃。阻燃性好，其极限氧指数在 30% 左右，属于难燃纤维。分子间氢键和取向等因素使对位芳纶具有高比强度、高比模量的特性，比强度是优质钢材的 5～6 倍、玻纤的 3 倍、高强尼龙的 2 倍，比模量是优质钢材或玻纤的 2～3 倍、高强尼龙的 10 倍。

芳纶的主要性能见表 3-3。

表 3-3 芳纶的主要性能

牌号	拉伸强度/MPa	拉伸模量/GPa	断裂伸长率/%	密度/(g/cm³)
芳纶 1313	4900	102	22～40	1.37
芳纶 1414	3500	131	2.8	1.45
芳纶 F-12	4600	110～170	3.5～4.5	1.44

3.3.3 芳纶的应用

（1）间位芳纶

间位芳纶主要用于防火材料，因其具有优异的阻燃性，燃烧时表面碳化，不产生熔滴，纤维织物通常被制成工业、军事、消防等领域的隔热阻燃防护服。防火服通常采用由多种材料混纺或者多层织物制成的特殊面料，以同时起到阻燃隔热、防止体液蒸发等作用。间位芳纶尽管具有较高的玻璃化转变温度和熔点，但在火焰中纤维会发生因收缩造成的织物紧密程度降低，纱线之间空隙过大，影响阻隔性能，因此可以通过与对位芳纶或其他材料纱线共纺来减少这种情况的发生。另外间位芳纶纤维在电绝缘纸、高温过滤材料、蜂窝结构材料等方面也有着广泛的应用。

（2）对位芳纶

对位芳纶主要有以下用途。

① 防弹材料：对位芳纶具有优异的防弹性能，芳纶织物可以制成防弹背心、防爆毯等软质防弹制品，也可以与树脂复合制成防弹头盔、装甲防爆内衬垫等硬质防弹制品。

② 防切割材料：对位芳纶还具有优良的耐切割性、耐热性和耐磨性，在工业上可以用于制造防护服装，对位芳纶制成的手套可以防止手指在工业操作过程中因切割、摩擦、穿刺、高温和火焰受到伤害。

③ 复合材料：对位芳纶常用于复合材料的增强体，也可以与碳纤维、玻璃纤维混编使用。芳纶具有高强度、高模量、低密度的特点，用于增强材料中可大幅度提高复合材料的耐冲击性。对位芳纶增强复合材料已在航空航天部件、汽车零部件、船舶、运动产品和压力容器等领域广泛应用。对位芳纶增强船体可以大幅度减轻船身重量，还能提供比玻璃纤维复合材料更高的撕裂强度和抗穿刺性。碳纤维和芳纶纤维混编增强复合材料制备的钓鱼竿兼有单向碳纤维提供的纵向刚度和芳纶提供的横向刚度，重量轻而且结构稳定、性能好。芳纶增强的管材可用于石油、天然气管道，替代原有的钢制管道，避免因腐蚀引起的泄漏，降低管道重量，也简化了运输、安装过程。

3.4 聚酰亚胺纤维

聚酰亚胺（PI）纤维是聚合物分子结构中含有酰亚胺基团的高性能有机纤维。20 世纪 60 年代法国 Phone-Poulenc 公司推出了一款 m-芳香聚酰胺型聚酰亚胺阻燃纤维（Kermel 纤维）；80 年代奥地利 Lenzing AG 公司（现 Inspec Fibers 公司）采用一步法生产出最早商业化的聚酰亚胺纤维 P84，由 3,3′,4,4′-二苯酮四酸二酐（BTDA）、二苯甲烷二异氰酸酯（MDI）、甲苯二异氰酸酯（TDI）共聚而成。近年来，我国的聚酰亚胺纤维工业化进程取得了长足进步，中国科学院长春应用化学研究所和长春高琦聚酰亚胺材料有限公司合作开发了名为"轶纶"的耐热型聚酰亚胺纤维，并建立了年产千吨级的生产线。东华大学和江苏奥神新材料股份有限公司合作开发出名为"AS 聚酰亚胺-TM"的高性能聚酰亚胺纤维，建成年产 1000 吨高性能耐热型聚酰亚胺纤维干法纺丝生产线。北京化工大学和江苏先诺新材料科技有限公司合作开发了系列化高性能聚酰亚胺纤维产品，建立了年产 30 吨和 100 吨规模的高性能聚酰亚胺纤维生产线。

3.4.1　聚酰亚胺纤维的制备

聚酰亚胺纤维的制备方法有溶液纺丝和熔融纺丝工艺；根据初生纤维纺制技术，可分为干法纺丝、湿法纺丝和干湿法纺丝。溶液纺丝法是制备聚酰亚胺纤维的主要工艺方法，前驱体是聚酰亚胺或聚酰胺酸，又可分为一步法和两步法制备工艺。

两步法是制备聚酰亚胺纤维最普遍的纺丝技术，主要由两个步骤组成。第一步是将二元胺和二元酸酐在非质子极性溶剂中通过缩聚反应合成聚酰胺酸纺丝溶液，并通过湿法或干湿法纺丝工艺制备聚酰胺酸纤维；第二步是将聚酰胺酸纤维通过热酰亚胺化或化学酰亚胺化处理，得到聚酰亚胺纤维。

两步法制备聚酰亚胺纤维所用的二元胺单体一般为对苯二胺（PDA）、4,4'-二氨基二苯醚（ODA）等，二元酸酐单体一般为均苯四酸二酐（PMDA）、3,3',4,4'-联苯四酸二酐（BPDA）、3,3',4,4'-二苯醚四酸二酐（ODPA）、3,3',4,4'-二苯酮四酸二酐（BTDA）和六氟二酐（6FDA）等，使用的溶剂主要为 N,N-二甲基乙酰胺（DMAC）、N,N-二甲基甲酰胺（DMF）和 N-甲基-2-吡咯烷酮（NMP）等非质子极性溶剂。

一步法工艺直接合成可溶性聚酰亚胺聚合物，溶于酚类（如对氯酚、间甲酚、间氯酚等）溶剂中制得聚酰亚胺纺丝溶液，并直接进行纺丝来获得聚酰亚胺纤维，避免了酰亚胺化过程中因聚酰胺酸环化脱水和溶剂脱除造成的纤维内部缺陷，保留了纤维原有的取向结构和其他超分子结构，因此采用一步法制备出的聚酰亚胺纤维具有较高的力学性能。最早商业化生产的 P84 纤维是由 BTDA、TDI、MDI 聚合后，在 NMP 溶液中反应得到聚酰亚胺溶液，经湿纺制备而成的。

3.4.2　聚酰亚胺纤维的性能

聚酰亚胺纤维具有突出的力学性能、耐高低温性能、耐辐照性能等，其主要性能特点如下。

① 高强高模：芳香族聚酰亚胺分子主链是芳香环和酰亚胺环的高刚性结构，纤维具有高强度、高模量的特点。理论上由对苯二胺和均苯四甲酸二酐合成的聚酰亚胺，其模量可以达到 500GPa，仅次于碳纤维。目前报道的聚酰亚胺纤维最高强度可以达到 5.8GPa，模量可以达到 280GPa。

② 热稳定性：全芳香聚酰亚胺纤维起始分解温度在 500℃左右，由对苯二胺和联苯二酐制备的聚酰亚胺纤维，起始分解温度可以达到 600℃，是迄今为止聚合物材料中热稳定性最高的品种之一。在 300℃空气中老化 30h，联苯型聚酰亚胺纤维的强度保留率在 90% 以上，而已经工业化的 P84 纤维可以在 260℃的环境中长期使用。

③ 耐辐照性能：聚酰亚胺纤维的耐辐照性能优异，实验表明，80～100℃的紫外光照射 24h 后，聚酰亚胺纤维可以保持 90% 的强度，而 Kevlar 纤维的强度仅保持 20%。经过 1×10^{10} rad 快电子照射后，聚酰亚胺纤维仍然可以保持 90% 的强度，是航空航天领域首选材料之一。

④ 耐低温性能：聚酰亚胺纤维在－269℃的液氦中仍不会脆裂，具有极好的耐低温性能，因此可应用于低温环境的考察试验中。

⑤ 介电性能：普通的芳香族聚酰亚胺纤维的相对介电常量一般在 3.4 左右，而含氟体系的聚酰亚胺纤维其相对介电常量可降到 2.5 左右，介电损耗为 10^{-3} 数量级，介电强度 100～300kV/mm，体积电阻率为 $10^{15}\sim10^{17}\Omega\cdot cm$。

表 3-4 以江苏先诺新材料科技有限公司生产的聚酰亚胺纤维为例，列举其基本性能。

表 3-4　江苏先诺 PI 纤维的基本性能

牌号	拉伸强度/GPa	拉伸模量/GPa	断裂伸长率/%	T_g/℃	5%热失重温度/℃
S25M	2.4～2.9	≥130	≥1.5%	≥320	≥550
S30	2.9～3.4	100～130	≥2.5%	≥320	≥550
S35	3.4～3.9	100～130	≥2.5%	≥320	≥550

3.4.3　聚酰亚胺纤维的应用

聚酰亚胺纤维具有高强高模的特性，可以用于高性能树脂基复合材料作为纤维增强体，树脂基体通常采用环氧树脂、双马来酰亚胺树脂、氰酸酯树脂和聚酰亚胺树脂等高性能树脂。环氧树脂与聚酰亚胺纤维的界面性能较好，其复合材料的力学性能最优；采用氰酸酯树脂可以充分发挥树脂的介电性能，用于制备低介电复合材料；采用聚酰亚胺树脂可以制备耐高温复合材料。

聚酰亚胺纤维有良好的可纺性，可以制成各类特殊场合使用的纺织品，用于高温粉尘滤材、电绝缘材料、各类耐高温阻燃防护服、蜂窝结构、复合材料增强体及抗辐射材料等。聚酰亚胺纤维隔热防护服穿着舒适，皮肤适应性好，永久阻燃，而且尺寸稳定、使用寿命长，由于材料本身热导率低，也是很好的隔热材料。聚酰亚胺纤维织成的无纺布，是制作装甲部队防护服、赛车防燃服、飞行服等防火阻燃服装最理想的纤维材料。

3.5　PBO 纤维

PBO 纤维是聚对亚苯基苯并双噁唑纤维（poly-p-phenylene-2,6-benzobisoxazole）的简称，是 20 世纪 80 年代美国为发展航天航空事业而开发的复合材料用增强材料。分子主链中含有苯并噁唑芳杂环结构，是一种高性能有机纤维。

20 世纪 80 年代中期，陶氏化学开发了 PBO 的合成及纺丝技术，1991 年陶氏化学与日本东洋纺公司开发出具有较高强度与模量的 PBO 纤维。东洋纺公司从陶氏化学公司购买了专利权，注册 PBO 纤维商品名为 Zylon。

20 世纪 90 年代，我国展开了 PBO 聚合方面的研究，部分高校和研究院所开始对 PBO 合成工艺、PBO 纤维的制备与性能等方面进行研究。2014 年中蓝晨光化工研究院达到 2t/a 的 PBO 纤维生产能力，纤维性能达到 Zylon 的标准。2019 年新晨新材料科技有限公司建设了 380t/a 的 PBO 纤维生产线。

3.5.1 PBO 纤维的结构

PBO 是由 4,6-二氨基-1,3-间苯二酚和对苯二甲酸或对苯二甲酰氯在多聚磷酸中缩聚而成的芳香族杂环溶致性液晶高分子，其分子结构如下：

PBO 分子呈有序排列，主链结构单元中的苯并噁唑环与苯环完全共平面，环外键之间构成 180°夹角，无法产生内旋，形成刚性棒状的直链高分子。

PBO 溶液经干喷湿纺工艺制备 PBO 纤维，PBO 纺丝原液凝固成型时，分子链首先聚集为微纤网络，随后微纤高度取向并结晶，成为原纤结构。其分子链、晶体和微纤均沿轴向取向排列，具有极高的规整度和取向性。

PBO 纤维具有典型的"皮芯结构"：光滑无微孔的表层皮质区域组织紧密且取向度较高，厚度约为 0.2μm；中间芯层布满直径 10～50nm 的微纤，中间分布有毛细管状的微孔。高强型 PBO-AS 纤维的结构模型如图 3-5 所示。

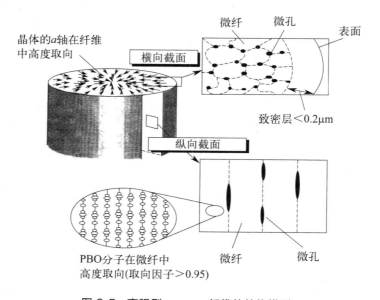

图 3-5 高强型 PBO-AS 纤维的结构模型

3.5.2 PBO 纤维的性能

PBO 纤维分为高强型（Zylon-AS）和高模型（Zylon-HM）两种类型。经干喷湿纺制备的初纺丝为 Zylon-AS 型，其晶粒尺寸约为 10nm。Zylon-AS 型经过 600℃以上高温热处理后，纤维晶粒尺寸增长到 20nm，结晶度提高，结构更加致密，模量也随之增大，成为 Zylon-HM 型 PBO 纤维。

PBO 纤维以其超高强度与超高模量著称，PBO 纤维的拉伸强度为 5.8GPa，超越了以高强度著称的碳纤维和 UHMWPE 纤维；PBO-HM 纤维的拉伸模量达到 280GPa，超过了 T300 碳纤维。几种纤维的性能对比如表 3-5 所示。

表 3-5　PBO 纤维及其他纤维的性能对比

纤维类型	密度/(g/cm³)	拉伸强度/GPa	拉伸模量/GPa	断裂伸长率/%
PBO-AS 纤维	1.54	5.8	180	3.5
PBO-HM 纤维	1.56	5.8	280	2.5
T300 碳纤维	1.78	3.5	230	1.5
间位芳纶	1.45	2.8	109	2.4
UHMWPE 纤维	0.98	3.5	110	3.5

PBO 纤维具有优异的耐热性，大量的芳香主链、主链杂环和刚性分子链节以及高度有序的晶体结构赋予 PBO 纤维极高的耐热性，使其成为耐热性最高的有机纤维。PBO 纤维无固定熔点，长时间高温条件下不熔融。氮气氛围下 PBO 纤维的热分解温度可达 650℃，可在 300℃ 下长期使用，在 400℃ 下其模量保持率仍达 75%。

PBO 纤维的阻燃性极好，极限氧指数仅次于聚四氟乙烯（PTFE）纤维。PBO 纤维织物燃烧后不收缩、无残焰，仍可保持原本的柔韧性。750℃ 燃烧时，PBO 纤维的发烟密度也较低，CO、HCN 等有害气体的排放量很小。PBO 纤维织物较为柔软，耐屈折性好，在消防耐高温防护用具方面应用前景广阔。

PBO 纤维具有较好的耐化学稳定性。长时间浸泡在大部分有机溶剂及碱溶液中，纤维强度基本无损。但 PBO 纤维不耐酸性溶液的腐蚀，酸性环境下长时间浸泡会引起纤维强度显著下降，PBO 纤维可以完全溶解在 100% 的浓硫酸、甲基磺酸和多聚磷酸中。与芳纶不同，PBO 纤维在次氯酸中稳定性较好，碱性环境中长时间浸泡仍可保持极高的强度。

虽然 PBO 纤维具有诸多优异的性能，但其缺陷也不容忽视。PBO 纤维特殊的 π-π 堆叠共轭结构使其具有紫外光敏性，短时间紫外辐照即可引起纤维强度显著降低。据陶氏化学和东洋纺报道，100h 的紫外辐照可使 PBO 纤维强度损失近一半。2004 年，美国某位身穿 Zylon 材质的防弹背心的警察中弹身亡，而该防弹背心的使用期限未达 5 年。该事故的原因主要在于 PBO 纤维较差的紫外稳定性严重影响了防弹背心的质量。此外，PBO 纤维典型的"皮芯结构"使其表面致密光滑、浸润性差，与树脂基体的界面结合不好。这些缺陷往往成为 PBO 纤维及其复合材料服役过程中的薄弱环节，大大限制了 PBO 纤维的应用与发展。

 思考题

1. 在使用不饱和聚酯树脂制造复合材料制品时，一般采用玻璃纤维作为增强材料，而基本不采用碳纤维，请分析原因。

2. 请分析常用高性能有机纤维的结构与性能特点，作为树脂基复合材料的增强纤维使用时有何优缺点。

4

预浸料

预浸料是制备复合材料的一种中间材料，是将基体树脂按一定工艺预先浸渍到纤维上，形成的增强体和树脂基体的组合物，使用时加热固化形成复合材料制品。

预浸料质量稳定、使用方便，能使复合材料具有结构可设计性，可以应用于复合材料的模压成型、热压罐成型等多种成型工艺。复合材料自动化成型技术的发展进一步拓宽了预浸料的应用范围。

预浸料按树脂基体的不同，分为热固性树脂预浸料和热塑性树脂预浸料。其中热固性树脂预浸料是制备高性能树脂基复合材料的主要原材料，性能优良、应用广泛，"预浸料"一词通常指热固性树脂预浸料，本章所介绍的预浸料均为热固性树脂预浸料。热塑性树脂预浸料将在"第十一章 热塑性树脂基复合材料"中介绍。

4.1 预浸料的分类及特点

4.1.1 预浸料的基本形式

预浸料是由热固性基体树脂在严格控制工艺条件下浸渍连续纤维或织物，制成的基体树脂与增强体的组合物，是制备复合材料的一种中间原材料。预浸料基体树脂包含热固性树脂、固化剂及其他功能性添加剂，预浸料中的树脂与固化剂呈混合状态，在预浸料的制备和储存过程中树脂与固化剂不能发生交联反应。使用预浸料制备复合材料时，在工艺条件下树脂快速固化，形成复合材料制品。

由于预浸料中的树脂为未固化状态，有一定黏性，为防止预浸料片层之间相互黏连，需要在预浸料的上下层用离型纸和聚乙烯薄膜隔离，卷绕在纸筒上密封储存。另外，由于树脂基体中含有固化剂，为避免储存过程中发生交联反应，一般采用低温冷藏储存。预浸料产品形式如图 4-1 所示。

4.1.2 预浸料的分类

在热固性树脂预浸料制备中，可以采用不同的增强纤维及各种编织形式，可以采用不同的树脂基体，可以要求树脂基体有不同的固化温度，还可以根据复合材料成型工艺将预

(a) 单向预浸料　　　　　　　(b) 编织布预浸料

图 4-1　预浸料的实物图

浸料制备成不同的宽度，这些原料及使用方法的不同使预浸料产生了各种分类。

① 按增强材料不同，预浸料主要有碳纤维预浸料、玻璃纤维预浸料、芳纶预浸料，另外还有一些其他增强材料的预浸料。

② 按照纤维排布方式不同，预浸料分为单向预浸料和织物预浸料。单向预浸料是指所有纤维沿同一个方向排布，这是制备高性能复合材料的主要预浸料形式。织物预浸料有平纹织物、斜纹织物、缎纹织物和单向织物的预浸料。

③ 按树脂固化温度不同，预浸料可以分为低温固化（80℃及以下）预浸料、中温固化（120～150℃）预浸料、高温固化（180℃及以上）预浸料。

④ 按照使用方式的不同，可分为预浸料、预浸带、预浸纱。一般来说，预浸料是一个统称，常规预浸料的幅宽为 300～1200mm；幅宽在 10～300mm 可连续使用的预浸料常称为预浸带，在自动铺带成型中一般采用 75mm、150mm 和 300mm 幅宽的预浸带；用单束纤维制备的称为预浸纱，可以用于复合材料的自动铺丝及干法缠绕成型。

4.1.3　预浸料的特点及性能要求

使用预浸料制备复合材料有诸多优点：

① 复合材料结构可设计性好。预浸料的厚度和纤维方向是确定的，可以根据复合材料力学性能要求设计预浸料铺层的方向和不同部位的厚度，复合材料成型后纤维不会发生较大的位移，实际性能与理论设计性能符合度高，可以使用工程仿真软件进行结构设计。

② 树脂含量可控、均匀性好。预浸料制备中已经准确控制了树脂含量和树脂均匀度，在复合材料成型时树脂流出量少，复合材料整体均匀性好。

③ 工艺过程简单、安全。预浸料是干态材料，成型工艺中只涉及裁剪铺层和固化，工艺过程简单，不接触液体树脂和配方过程，有利于安全生产。

④ 复合材料制品质量好。预浸料中树脂浸渍完全，无气泡，树脂均匀性好，制备的复合材料表面光洁度高、内部均匀性好，产品整体质量较好。

预浸料的性能会完整地反映到复合材料中，成型工艺性和复合材料力学性能取决于预浸料的性能。为获得良好的成型工艺性和复合材料制品性能，对预浸料的要求如下：

① 基体树脂与增强纤维要有良好的匹配性。树脂与纤维的界面性能好，可以有效提高复合材料的层间剪切强度。

② 具有适当的黏性和铺敷性。预浸料要有一定的黏性，在铺层时各层间能紧密固定，但黏性不能过大，以免失去铺敷操作性和可调整性。

③ 具有较长的储存寿命。在 -18℃冷藏条件下，一般要求有 12 个月的储存寿命。

④ 挥发分含量尽可能小，一般在 1% 以下。

⑤ 树脂含量稳定，偏差尽可能小，一般要求在 ±2% 以内。

⑥ 树脂基体具有适当的流动度。在复合材料成型工艺中，加热加压后树脂具有一定的流动性，各层预浸料的树脂能相互渗透，并均匀充满模腔。

⑦ 固化成型时具有较宽的加压带，即在较宽的温度范围内加压，都可得到性能良好的复合材料制品。

4.2 原材料及配方组成

制备预浸料的主要原材料为增强纤维和树脂基体，辅助材料包括离型纸和聚乙烯膜。离型纸是表面涂覆硅油防粘层的牛皮纸，一般分为 CCK 和 PEK 两大类：CCK 离型纸是牛皮纸直接涂覆硅油；PEK 离型纸是牛皮纸表面先涂覆聚乙烯膜，再涂覆硅油层，具有更好的防潮效果和更低的吸湿率。聚乙烯膜可以加入不同色母粒做成不同颜色。

4.2.1 增强纤维

用于增强复合材料的连续纤维都可以制备预浸料。较常用的增强纤维主要有玻璃纤维、碳纤维、芳纶，另外还有玄武岩纤维、PBO 纤维、聚酰亚胺纤维等。采用连续纤维束丝平行排布后与树脂复合制备单向预浸料，采用纤维编织布与树脂复合制备织物预浸料，织物形态有平纹、斜纹、缎纹等。不同形式的预浸料都要求纤维是连续纤维。

在预浸料制备中，需要重点关注纤维的线密度，用于计算纤维排布量及树脂涂覆量。纤维线密度以 tex 表示，即 1000m 长度纤维的质量。例如 T700-12K 碳纤维的线密度为 800tex，即 1000m 长度的碳纤维质量为 800g；2400tex 的玻璃纤维表示 1000m 纤维质量为 2400g。

4.2.2 树脂基体

预浸料树脂基体包含热塑性树脂和热固性树脂两大类。热塑性树脂主要有聚丙烯、聚酰胺、聚砜、聚醚砜、聚醚酰亚胺、聚醚醚酮等，目前由于预浸料的装备和工艺不太成熟，尤其是应用市场不太明确，热塑性树脂预浸料的市场占有份额有限，但从环保和可回收利用的角度考虑，热塑性树脂预浸料是未来发展方向之一。

热固性树脂是预浸料基体材料的主要树脂种类。在环氧树脂、酚醛树脂、氰酸酯树脂、双马来酰亚胺树脂和聚酰亚胺树脂五大热固性树脂中，环氧树脂基体的用量最大，大约占到 90%。预浸料用热固性树脂主要有：

① 环氧树脂：环氧树脂是指分子结构中含有两个或两个以上环氧基团的有机化合物，主要包括缩水甘油醚、缩水甘油胺、缩水甘油酯、脂肪族、脂环族等多种类型，按状态分

为液态和固态环氧树脂两大类。作为预浸料用树脂基体的环氧树脂，一般是液态和固态环氧树脂的组合物。树脂固化物的性能不仅依赖于环氧树脂的结构，同时也依赖于固化体系的类型和用量，预浸料的固化体系在室温时应具有良好的潜伏性和储存稳定性，在较高温度时能够快速固化。预浸料树脂的固化体系主要有双氰胺、芳香胺、改性脂肪胺等。

② 酚醛树脂：酚醛树脂是酚类和醛类化合物缩合的低聚物，分为热塑性酚醛树脂和热固性酚醛树脂。预浸料树脂一般采用可溶的热固性酚醛树脂为树脂基体，通常由苯酚和甲醛在碱性催化剂下缩聚而成，包括钡酚醛树脂、镁酚醛树脂、氨酚醛树脂等。钡酚醛树脂和镁酚醛树脂一般为乙醇溶液，可用于溶剂法预浸料制备；氨酚醛树脂溶剂含量很低，可用于热熔法预浸料制备。

③ 氰酸酯树脂：为含有两个或两个以上氰酸酯官能团的化合物，可以在热和催化剂的作用下发生三环化反应，生成含三嗪环的高交联密度网络结构的高分子。固化后的氰酸酯具有低介电常数和极小的介电损耗角正切、高玻璃化转变温度、低收缩率和低吸湿性。氰酸酯树脂具有其他热固性树脂不具备的优异使用性能和工艺特点，可以采用环氧树脂或者双马来酰亚胺树脂改性。一般情况下氰酸酯树脂常温下为固体，为满足预浸料的制备工艺要求，通常采用液体环氧树脂改性制备预浸料用氰酸酯树脂基体。

④ 双马来酰亚胺树脂：BMI 树脂是以马来酰亚胺为活性端基的双官能团化合物。BMI 树脂多为结晶固体，脂肪族 BMI 具有较低的熔点，而芳香族 BMI 的熔点相对较高。BMI 树脂的双键可与二元胺、酰肼、酰胺、羟基等活泼氢化合物进行加成反应，也可以与环氧树脂、含不饱和键化合物及其他 BMI 发生共聚反应，在催化剂或加热作用下还可以发生自聚反应。BMI 固化物交联密度高，且含有酰亚胺，因而具有较高的强度、模量以及优良的耐热性，使用温度一般在 180~230℃，T_g 一般大于 250℃。但由于分子链刚性大，呈现出较大的脆性，表现为抗冲击性差、断裂伸长率小和断裂韧性低。作为预浸料用双马来酰亚胺树脂，韧性差和工艺性差是阻碍其应用和发展的主要问题，通常采用烯丙基化合物、环氧树脂、热塑性塑料等进行增韧改性。

4.2.3 环氧树脂体系配方设计

4.2.3.1 储存及固化特性要求

预浸料要求有一定的储存期，在加热条件下能快速固化，这就要求树脂体系有良好的潜伏性。树脂常温下不能固化，具有长期储存稳定性；高温加热时迅速固化，有良好的整体均匀性。

环氧树脂作为预浸料树脂的主要品种，树脂配方中需要采用潜伏型固化剂。环氧树脂的潜伏型固化剂有双氰胺、酰肼、二氨基二苯砜（DDS）、改性咪唑等，其中双氰胺加工性好、价格低，是环氧树脂最为常用的潜伏型固化剂。潜伏型固化剂一般为粉体状态，使用时要求粉体粒径尽量小，与树脂混合尽量均匀。

为达到预浸料在加热条件下快速固化的要求，树脂体系中需要加入促进剂。单独采用双氰胺固化环氧树脂的温度较高，一般需要 180℃ 以上，且固化时间长。为降低固化温度、提高固化效率，环氧树脂/双氰胺体系中需要加入促进剂。双氰胺的促进剂有脲类化合物、咪唑类化合物及具有类似结构的化合物，典型促进剂有 3-（3,4 二氯苯基）-1,1-二甲脲、钝化咪唑等。这些促进剂都可以使双氰胺的固化温度明显降低，理想的固化温度可降至 120℃ 左右。

4.2.3.2　工艺性要求

预浸料对于使用工艺性要求较为严格，工艺性不好的预浸料无法用于复合材料成型。选择合适的树脂基体及配方体系是保证预浸料质量及工艺性的关键所在。

对预浸料的工艺性要求可以概括为：夏天不粘手，冬天不发脆。这就规定了树脂基体的软化点应满足：夏天为 36～37℃，冬天为 30～32℃。树脂软化点高于上述温度时，预浸料在较低温度下发脆；低于上述温度时，则在较高温度下预浸料发黏。同时应根据复合材料制件的尺寸、性能和耐热要求确定树脂基体的固化温度。

单一的环氧树脂基体很难满足软化点和黏度的要求，通常采用几种不同环氧树脂的组合来实现，以及采用共混或共聚的方法引入柔性高分子链。中温固化体系的基体树脂一般采用液体双酚 A 型环氧树脂与固体双酚 A 型环氧树脂、酚醛环氧树脂并用，同时添加适量的橡胶类增韧剂。

树脂的黏度和黏性需要控制平衡。通过控制树脂基体的黏度可以调整预浸料的黏结性能：基体树脂黏度要足够低，使基体能够充分浸润纤维束中的每根单丝，获得纤维和基体界面间较强的黏结性；但低黏度树脂易渗入增强纤维内部，导致黏结性保持力不足，为了提高黏结性的保持力，就要提高树脂的黏度。因此基体树脂的黏度应满足两者之间的平衡要求。

4.2.3.3　预浸料树脂配方

预浸料树脂中环氧树脂用量最大，按固化温度通常分为中温固化和高温固化环氧树脂。固化温度一般依靠基体树脂和固化剂的种类以及促进剂用量进行调节。下面列举两种预浸料树脂配方。

（1）中温固化预浸料用环氧树脂配方示例

液体环氧树脂 E51	50
固体环氧树脂 E20	22
酚醛环氧树脂 F44	20
端羧基丁腈橡胶 CTBN	8
固化剂双氰胺	8
促进剂 DCMU	1

该配方采用液体环氧树脂 E51 和两种固体环氧树脂（E20、F44）为主体树脂，可以调节树脂的黏度及软化点，为提高树脂固化物韧性，添加了具有反应活性的端羧基丁腈橡胶作为增韧剂，4 种组分共计 100 份。固化剂采用双氰胺，促进剂为 3-（3,4 二氯苯基）-1,1-二甲脲（DCMU），在有促进剂存在的情况下，双氰胺用量可以低于理论用量。该配方体系可以在 120～150℃ 固化。通过调整促进剂及其用量，可以部分调整固化温度。

（2）高温固化预浸料用环氧树脂配方示例

环氧树脂 AG-80	85

聚醚砜 PES　　　　　　　　15
固化剂 DDS　　　　　　　　30

对于高温固化体系，缩水甘油胺型环氧树脂（TGDDM，牌号 AG-80）和芳香胺固化剂二氨基二苯砜（DDS）的组合是经典的基础配方体系，固化温度一般为 130℃×1h＋180℃×3h。但是由于软化点和黏度偏低，同时四官能环氧树脂交联密度大，导致树脂脆性大，通常需要对基础配方进行增韧，以满足预浸料制备工艺性的要求。热塑性树脂如聚砜（PSF）、聚醚酰亚胺（PEI）、聚醚砜（PES）等为代表的工程塑料增韧环氧树脂，已成为先进复合材料用韧性环氧树脂基体的发展重点。该配方以 PES 为增韧剂，制备的复合材料具有良好的耐热性和韧性。

4.3　预浸料的制备工艺

热固性树脂基体的预浸料制备方法目前主要有溶液浸渍法和热熔浸渍法两种。

4.3.1　溶液浸渍法

溶液浸渍法是将树脂基体各组分按照比例溶解到低沸点溶剂中，制备树脂基体溶液，然后将纤维束或织物通过树脂基体溶液浸渍上定量的树脂基体，之后烘干除去溶剂，得到预浸料。溶液浸渍法可分为辊筒缠绕法和多丝束或织物连续浸渍法。

辊筒缠绕法是将纤维束通过盛有树脂溶液的胶槽，经过导向辊除去多余的树脂，随后环向缠绕在辊筒上，待辊筒缠满后，沿辊筒纵向切开，即可得到一张单向预浸料。预浸料宽度与辊筒长度有关，而长度取决于辊筒的直径。这种方法工艺效率较低，一束纤维和少量树脂即可制备预浸料，辊筒缠绕法设备和单张预浸料如图 4-2 所示。羽毛球拍和网球拍的预浸料制备一般采用此方法。

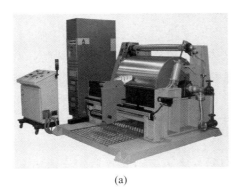 

(a)　　　　　　　　　　　　　(b)

图 4-2　辊筒缠绕法设备（a）和单张预浸料（b）

多丝束或织物连续浸渍法工艺过程是从纱架引出纤维束，调节每束纤维的张力，经过整经、分散和展平，进入浸胶槽浸润树脂，通过挤胶装置除去多余的树脂，随后进入烘干炉挥发溶剂，最后用离型纸或压花聚乙烯薄膜覆盖并收卷。多丝束或织物连续浸渍工艺既可采用卧式预浸机（工艺过程如图 4-3 所示），也可采用立式预浸机（工艺过程如图 4-4 所示），目前广泛采用的是立式工艺和设备。

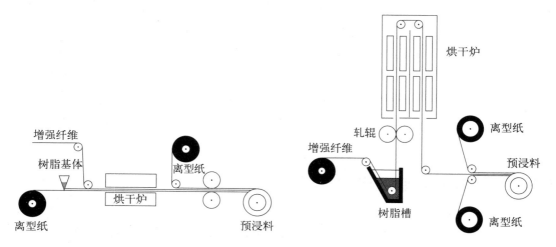

图 4-3　溶液法卧式预浸工艺过程　　　　　图 4-4　溶液法立式预浸工艺过程

溶液浸渍法制备预浸料的树脂含量取决于胶槽中树脂溶液的浓度、增强纤维的线速度和挤胶辊的间距。预浸料树脂含量变化一般可以控制在 ±3% 以内，严格控制可达 ±2%。溶液浸渍法的优点是增强材料容易被树脂基体浸透；缺点是需要干燥炉除去溶剂并进行溶剂回收，处理不当会引起燃烧或环境污染。溶液浸渍法预浸料往往残留一定量的溶剂，成型时容易形成空隙，影响复合材料的性能。

4.3.2　热熔浸渍法

热熔浸渍法制备预浸料是目前生产预浸料的主要工艺方法，根据工艺步骤不同，可分为直接热熔法（一步法）和胶膜压延法（两步法）。

（1）直接热熔法

直接热熔法也称一步法，是将树脂基体置于胶槽中，加热熔融树脂，然后将纤维束依次通过展开装置、胶槽、多组挤胶辊、重排机构，最后收卷，典型工艺过程见图 4-5。该工艺要求树脂基体具有良好的流动性，有利于浸润纤维，通常预浸料的树脂含量低、控制精度高。该方法主要用于制备粗纱预浸料或窄的预浸带。

（2）胶膜压延法

胶膜压延法也称两步法，是生产预浸料的首选，也是目前广泛应用的预浸料制备方法。该方法包括涂膜和预浸复合两个步骤。先用胶膜机涂成胶膜，然后将胶膜和增强纤维或织物预浸复合。

图 4-6 是涂膜工艺流程示意图。将树脂基体加热到最佳涂膜温度后，输送到两个不锈钢涂胶辊之间，再逆向转移胶膜到硅橡胶辊筒，然后通过冷却板降低胶膜的温度，覆上聚乙烯膜，收卷得到树脂胶膜。通过调节不锈钢涂胶辊的间距和离型纸的运行速度，可以控制胶膜的厚度，并采用 X 射线仪检测胶膜的厚度或胶膜的面密度。

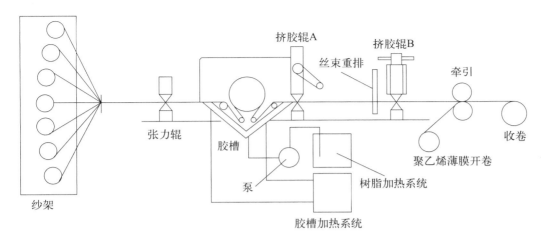

图 4-5　直接热熔法工艺过程

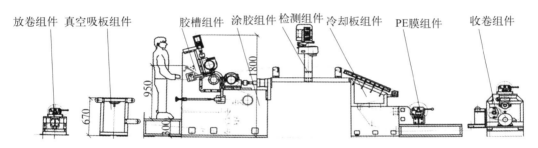

图 4-6　涂膜工艺流程

图 4-7 是预浸复合工艺过程的示意图。从纱架引出纤维，调节张力后，通过筢子集束、整经、展平到规定的宽度，从上、下胶膜辊引出预先制好的胶膜，并和纤维形成夹芯结构，依次通过几组热压辊和热压板，使树脂基体熔融浸渍纤维，然后经过冷却板或冷却风降低预浸料温度，覆盖聚乙烯薄膜后，切边、收卷制得预浸料。

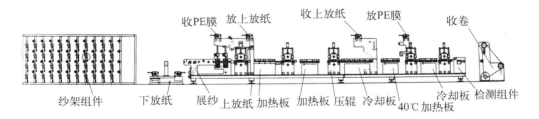

图 4-7　预浸复合工艺过程

胶膜压延法的技术优点是工艺过程线速度大、生产效率高、树脂含量容易控制，不需要溶剂，预浸料挥发分含量低。涂膜和浸渍过程分步进行，减少了原材料特别是碳纤维的损失，预浸料树脂含量控制精度高，制备预浸料的外观质量也很好。

两步法制备预浸料的设备由涂胶系统和含浸系统两部分组成。涂胶系统主要包括离型纸放卷装置、加胶板装置、涂胶单元、冷却单元、聚乙烯膜放卷装置、胶膜收卷装置、设备机架结构和电控系统，可满足对各种树脂和不同厚度胶膜的制备要求；含浸系统主要由纱架、整纱装置、离型纸及织物传送装置、压合装置与收卷装置等部分组成，设备具有足够的精度和刚性，可满足对不同纤维面密度、不同树脂含量的单向和织物预浸料的生产要求。图 4-8 为两步法碳纤维预浸料生产设备照片。

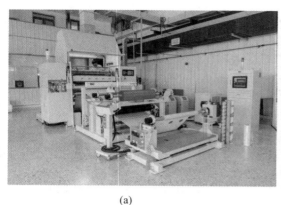
(a)

(b)

图 4-8　两步法生产碳纤维预浸料的涂胶系统（a）和预浸复合系统（b）

4.3.3　预浸料指标及控制

预浸料在生产中有两个重要指标：单位面积纤维质量（FAW，fiber area weight）、树脂含量（RC，resin content）。

单位面积纤维质量是预浸料中纤维的质量含量，单位为 g/m^2。单向预浸料的 FAW 一般在 $30\sim300g/m^2$，织物预浸料一般在 $100\sim1000g/m^2$。

树脂含量是预浸料的重要指标，对复合材料的制备工艺及制品质量有重要影响。一般情况下，单向碳纤维预浸料的树脂含量在 $30\%\sim35\%$，碳纤维织物预浸料树脂含量在 $42\%\sim48\%$，玻璃纤维织物预浸料树脂含量在 $36\%\sim40\%$。预浸料树脂含量的测定按照《预浸料性能试验方法　第 5 部分：树脂含量的测定》（GB/T 32788.5—2016）的规定进行。

单位面积纤维质量和树脂含量确定了预浸料的面密度，同时也决定了预浸料生产中的纤维用量和轴数、树脂胶膜厚度等基本工艺参数。

例 1：采用 T700-12K 碳纤维制备单向预浸料，要求纤维布的面密度为 $160g/m^2$，需要用多少轴碳纤维？

碳纤维轴数（n）的计算方法为：n＝纤维布面密度/碳纤维线密度。T700-12K 碳纤维的线密度为 800g/1000m，即 0.8g/m，所以需要碳纤维轴数为：$(160g/m^2)/(0.8g/m)＝200$（轴）。

例 2：T700-12K 碳纤维单向预浸料的纤维布面密度 $160g/m^2$，树脂含量 30%，树脂胶膜需要制备成什么规格的？

胶膜面密度＝碳纤维面密度×树脂含量/纤维含量

$$＝(160g/m^2×30\%)/70\%$$

$$= 68.6 \text{g/m}^2$$

如果双面覆膜，则单层胶膜的面密度为 34.3g/m^2。

4.4 预浸料的性能及应用

预浸料是制备先进复合材料的主要原材料，是复合材料技术发展的重要体现。新型的高性能碳纤维预浸料主要有：高韧性预浸料、高模量预浸料、耐高温预浸料、低温固化预浸料、低介电预浸料、快速固化预浸料、阻燃预浸料等。

4.4.1 高韧性预浸料

碳纤维/环氧树脂复合材料的增韧是先进复合材料的重要发展方向，已经从第二代复合材料的物理共混增韧环氧树脂基体，发展到热塑性塑料颗粒或溶剂法膜层间增韧预浸料的第三代复合材料。第三代高韧性复合材料的冲击后压缩强度（CAI）达到315MPa以上，主要应用于大型民用飞机主承力结构和发动机叶片等对抗冲击韧性要求较高的结构中。

国外代表性产品包括：日本东丽公司的 T800H/3900-2 复合材料应用于波音 787 梦想客机，美国赫氏（Hexcel）公司的 IM7/M21 应用于空中客车 A380、IM7/8551-7 应用于 GE90 发动机叶片，比利时索尔维（Solvay）公司的 IM8/X850 应用于国产干线客机 C919 等。国内第三代高韧性复合材料典型代表，如 T800H/9918、T800H/5228E、CCF800H/AC531 和 TG800/603B，其 CAI 也已达到 310MPa 以上，在四代机、大型运输机、武装直升机等结构中大量应用。国内外高韧性环氧树脂的典型性能见表 4-1，由此类预浸料制备的复合材料的性能见表 4-2。

表 4-1 国内外高韧性环氧树脂典型性能

树脂牌号	拉伸强度/MPa	拉伸模量/GPa	断裂伸长率/%	弯曲强度/MPa	弯曲模量/GPa	T_g/℃
8551-7	99.3	4.09	4.4	—	—	157
M21	70	3.15	5.0	147	3.50	185
M91	75	3.50	—	—	—	185
AC531	70	3.40	—	—	—	230
5228	98	3.50	4.3	148	3.4	220
603B	90	3.50	3.2	150	3.50	210

4.4.2 高模量预浸料

高模型碳纤维是国防重要战略物资，广泛应用于卫星的主承力筒、太阳翼基板、天线及多种连接结构，其复合材料用量占到卫星结构的 70% 以上。然而，高模型碳纤维表面为高度石墨化的惰性结构，复合材料的界面结合较差，另外须满足树脂基体与碳纤维的模量和断裂伸长率匹配要求，才能充分发挥高模型碳纤维的刚度优势。

国外高模型碳纤维预浸料的树脂体系相对比较丰富，主要有环氧树脂和氰酸酯树脂体系，代表性的有美国赫氏公司的 M76 环氧树脂、954-3 氰酸酯树脂，日本东丽公司的 RS-36

环氧树脂。国内高模型碳纤维预浸料树脂基本沿用了 20 世纪末开发的体系，主要有 4211 环氧树脂（由 648 酚醛环氧和三氟化硼单乙胺组成）、5228 体系（热塑性树脂增韧环氧体系），以及 BS-4 氰酸酯体系（氰酸酯和环氧树脂共混体系），山东光轩新材料有限公司的中温固化环氧树脂 3132、高温固化环氧树脂 5182、氰酸酯树脂 7180M。国内外高模型环氧树脂及氰酸酯树脂浇注体的性能见表 4-3，高模型碳纤维复合材料的性能见表 4-4。

表 4-2　国内外碳纤维/高韧性环氧树脂复合材料性能

预浸料牌号	拉伸强度/MPa	拉伸模量/GPa	压缩强度/MPa	压缩模量/GPa	层间剪切强度/MPa	冲击后压缩强度/MPa	厂商
T800H/3900-2	2700	157	1690	—	—	350	日本东丽公司
IM7/8551-7	2758	159	1620	148	100	350	美国赫氏公司
IM7/M21	2860	160	1790	148	110	298	美国赫氏公司
IM10/M91	3520	176	1880	156	105	350	美国赫氏公司
CCF800H/AC531	2695	—	1669	—	99	335	中航复合材料
T800H/BA9918	2837	148	1462	136	107	328	中航复合材料
T800H/5228ES						321	中国北京航空材料研究院
TG800/603B	2800	160	1600	170	105	310	中国航天材料及工艺研究所

表 4-3　高模型环氧树脂及氰酸酯树脂浇注体的性能

树脂牌号	拉伸强度/MPa	拉伸模量/MPa	断裂伸长率/%	弯曲强度/MPa	弯曲模量/MPa
4211（环氧）	34.3	3040	—	61.5	3600
5228（环氧）	86	3500	—		
3132（环氧）	85	3700	2.90	140	3700
5182（环氧）	62	4275	1.85	124	4248
BS-4（氰酸酯）	70	3340	2.02	111	3440
954-3（氰酸酯）	57	2800	2.4	119	3000
7180M（氰酸酯）	80	3450	2.70	130	3500

表 4-4　高模型碳纤维复合材料的性能

预浸料牌号	拉伸强度/MPa	拉伸模量/GPa	弯曲强度/MPa	弯曲模量/GPa	层间剪切强度/MPa
M40J/5228（环氧）	1860	201	1160	183	69.8
M40J/3132（环氧）	2188	210	1200	172	71.0
M40J/5182（环氧）	1974	228	1939	225	81.4
M55J/4211（环氧）	1235	315	—	—	49
M55J/M76（环氧）	2157	338			81
M40J/BS-4（氰酸酯）	2475	214	1153	171	65.5
M40J/7180M（氰酸酯）	2050	231	1780	219	72.5
M55J/RS-36（氰酸酯）	2010	320			75
M55J/954-3（氰酸酯）	2303	324			80

4.4.3　耐高温预浸料

双马来酰亚胺预浸料及其复合材料已经广泛应用于航空航天和国防军工的各种耐热结构件，如发动机舱、机身外壳、助推器、导弹弹头及发射筒等。瑞士汽巴-嘉基（Ciba-Geigy）公司的 XU292 与美国氰特（Cytec）公司的 5245C、5250 系列、5260 和 5270-1 牌号树脂具有良好的加工性能，固化物耐热等级高，其碳纤维复合材料在 F-22 和 F-35 等多种飞机的机翼肋、桁条、"T" 和 "I" 型横梁以及发动机冷端等承力和非承力结构部件上得以应用，其中 Cytec 公司的 5250-4 耐高温双马来酰亚胺复合材料已广泛用于 F-35 隐形战斗机。

国内随着歼-20 隐形战斗机和新一代高马赫飞行器的研制和量产，中国航空工业集团和北京航空材料研究院先后开发了耐高温双马来酰亚胺树脂牌号，如 QY8911 系列、QY260 等，并在多种歼击机型号的不同形式结构件上成功应用。目前高耐温双马来酰亚胺树脂体系主要有中国航空工业集团中航复合材料有限责任公司（中航复合材料）的 QY260、北京航空材料研究院的 HT280 和山东光轩新材料有限公司的 8210，部分产品已能达到短时 280℃ 应用，可以取代第一代聚酰亚胺树脂。耐高温双马来酰亚胺树脂牌号及耐热性能见表 4-5，碳纤维复合材料的常温和高温性能见表 4-6。

表 4-5　国内外商业双马来酰亚胺树脂牌号及耐热性能

树脂牌号	玻璃化转变温度(T_g)/℃	研制单位
XU292	273～287	瑞士汽巴-嘉基
F-655	288	美国赫氏公司
F-650	316	美国赫氏公司
X5245C	288	美国氰特公司
CYCOM5250-4	300	美国氰特公司
CYCOM5250-4HT	343	美国氰特公司
5270-1	287	美国氰特公司
QY8911-Ⅰ	255～265	中国航空工业集团
QY8911-Ⅱ	285～295	中国航空工业集团
QY260	325	中国航空工业集团
5428B	300	中国北京航空材料研究院
HT280	325	中国北京航空材料研究院
8210	356	中国山东光轩新材料有限公司

表 4-6　国内外商业双马来酰亚胺树脂复合材料典型性能

项目	美国氰特公司 CYCOM® IM7/5250-4		中国中航复合材料 T300/QY260		中国山东光轩新材料 T800H/8210	
	25℃测试	232℃测试	25℃测试	260℃测试	25℃测试	280℃测试
拉伸强度/MPa	2618	2550	1978	1462	2380	1620
拉伸模量/GPa	162	—	141	—	180	140
90°拉伸强度/MPa	66	—	71.1	36.4	—	—
90°拉伸模量/GPa	9.7	—	8.14	6.45	—	—
压缩强度/MPa	1620	—	1010	494	1400	1363
压缩模量/GPa	158	—	—	—	160	166
90°压缩强度/MPa	248	—	170	119	—	—
90°压缩模量/GPa	9.7	—	—	—	—	—
弯曲强度/MPa	1723	1170	1954	1398	1800	1280
弯曲模量/GPa	157	144	136	137	145	137
层间剪切强度/MPa	139	78	99.1	55.9	107	51
固化工艺	177℃×6h+后固化 227℃×6h		185℃×2h+200℃×4h +后固化 260℃×6h		185℃×2h+230℃×2h +250℃×4h	

4.4.4　低温固化预浸料

大型复合材料制品如风力发电机叶片，固化时一般采用水浴加热，很难达到中温固化树脂的温度要求。同时，由于纤维、树脂基体以及模具之间热膨胀系数不一致，容易产生内应力使纤维复合材料存在应力集中和变形。降低树脂基体和预浸料的固化温度可以避免上述问题。

英国先进复合材料公司（ACG）于 20 世纪 70 年代率先推出低温固化预浸料，LTM 系列的预浸料固化温度最低到 50℃，已经有多个系列的预浸料在航空航天构件上得到应用。瑞士固瑞特（Gurit）公司开发的系列环氧树脂低温固化预浸料，最低固化温度为 70℃，广泛应用于汽车和船舶制造以及飞机内饰板和夹层结构的制造。北京航空材料研究院（原 621 所）利用研制的潜伏型固化剂，开发了 60~80℃低温固化环氧树脂预浸料，已经用于飞机、无人机和复合材料模具的制造。山东光轩新材料有限公司自主设计的 80℃固化的低温预浸料专用树脂体系，也被成功应用到汽车、风力发电机叶片、钓鱼竿和网球拍等预浸料领域。国内外低温固化环氧树脂浇注体性能见表 4-7，低温固化复合材料力学性能见表 4-8。

表 4-7　国内外低温固化环氧树脂浇注体性能

厂家	树脂牌号	拉伸强度 /MPa	拉伸模量 /GPa	断裂伸长率 /%	弯曲强度 /MPa	弯曲模量 /GPa	玻璃化转变温度/℃
瑞士固瑞特	SE 70	54	3.61	—	80	3.45	89
中国山东光轩新材料	2081	70	3.20	2.8	125	3.0	119
	2082	70	3.20	2.5	150	3.5	115

表 4-8　国内外低温固化复合材料力学性能

厂家	树脂牌号	纤维种类	拉伸强度/MPa	拉伸模量/GPa	弯曲强度/MPa	弯曲模量/GPa	层间剪切强度/MPa
瑞士固瑞特	SE 70	HEC 纤维	2510	133	1295	100	78
中国北京航空材料研究院	LT-01	T300	1494	129	1422	124	89
	LT-03A	T700	2417	131	1508	126	80
中国山东光轩新材料	2081	T700	2250	125	1450	115	80
	2082	T300	1600	125	1500	120	80

4.4.5　低介电预浸料

低介电树脂基复合材料具有轻量、承载和透波一体化的功能，是应用最为广泛的透波复合材料，常用于低介电复合材料的树脂基体包括环氧树脂和氰酸酯树脂。其中环氧树脂机械强度高、加工工艺性好，成本较低，但介电常数与介电损耗较高，一般与高强玻纤或E玻纤复合，用于不太严苛的使用环境。氰酸酯树脂固化后形成三嗪环结构，极化度低，具有较低的介电常数和介电损耗，是低介电预浸料用树脂的理想材料。

国外氰酸酯树脂开发较早，目前开发的树脂主要有美国赫氏公司的 954-2A 氰酸酯树脂、德国巴斯夫（BASF）公司的 5575-2 氰酸酯树脂，广泛应用于生产飞机雷达罩的透波复合材料。国内北京航空材料研究院开发的 5528A 氰酸酯树脂、9915 氰酸酯树脂，山东光轩新材料有限公司开发的 7180D 氰酸酯树脂也被应用于相关领域。氰酸酯树脂浇注体的性能见表 4-9，石英纤维复合材料的性能如表 4-10 所示。

表 4-9　氰酸酯树脂浇注体的性能

树脂牌号	拉伸强度/MPa	拉伸模量/MPa	断裂伸长率/%	弯曲强度/MPa	弯曲模量/MPa	相对介电常量	介电损耗角正切
954-2A	68	3000	2.59	117	3000	2.92[1]	0.008[1]
7180D	75	3200	2.7	130	3200	2.99[2]	0.0125[2]

[1] 根据美国材料与试验协会（ASTM）标准《在微波频率和 1650℃ 时固体电绝缘材料的复合介电常数的标准试验方法》（ASTM D2520-01），在 10.0GHz 条件下测得。

[2] 根据国家标准《固体电介质微波复介电常数的测试方法》（GB/T 5597—1999）在 7.0～17.0GHz 条件下测得。

4.4.6　快速固化预浸料

碳纤维复合材料要真正应用于汽车领域，必须适应高产量汽车生产的成本和生产速度的要求，因此对复合材料的规模化、自动化、快速成型技术提出了更高要求。然而传统的复合材料使用的预浸料固化周期长、成型速率慢、加工成本高，制约了

复合材料在汽车、轨道交通等工业领域的扩大应用。因此开发快速固化的树脂及其
预浸料具有重要意义。

表 4-10　石英纤维/氰酸酯树脂复合材料的性能

复合材料	拉伸强度/MPa	拉伸模量/GPa	弯曲强度/MPa	弯曲模量/GPa	层间剪切强度/MPa	相对介电常量	介电损耗角正切
石英布/954-2A	648	22	765	23	71	3.22[①]	0.006[①]
石英布/5575-2	596	26.2	603	26.9			
单向石英纤维/5528A	1324.6	36.2	1277.0	28.7	69.4	3.41[②]	0.00471[②]
石英布/BA9915	284	18.4	443	14.2	32.2	3.39[②]	0.00672[②]
石英布/7180D	620	22	750	21	75	3.38[③]	0.0059[③]

①根据美国材料与试验协会（ASTM）标准《在微波频率和 1650℃时固体电绝缘材料的复合介电常数的标准试验方法》（ASTM D2520-01），在 25℃、20.7GHz 条件下测得。

②根据国家标准《固体电介质微波复介电常数的测试方法》（GB/T 5597—1999）在 25℃、9370MHz 条件下测得。

③根据国家标准《固体电介质微波复介电常数的测试方法》（GB/T 5597—1999）在 25℃、9357MHz 条件下测得。

针对汽车领域应用的专用预浸料，对零件短时间成型要求高，为满足后续快速成型工艺，必须开发小于 5min 的快速固化预浸料。美国赫氏公司推出的 HexPly M77 预浸料，在 150℃下固化甚至只需要 2min，在常温下的储存期能达到 6 周。日本三菱化学公司开发出 R51 超速固化碳纤维预浸料，可实现 150℃下 1min 固化，并且能满足汽车部件对耐热性的要求，同时具备出色的机械强度。中航复材成功开发出 ACTECH1201 系列低成本快速固化树脂及预浸料，树脂在 100～150℃引发，10min 左右快速固化。山东光轩新材料有限公司开发了快速固化预浸料用环氧树脂 3306 和 3153。前者中温快速固化，外观无色透明，韧性和抗冲击性优良；后者 150℃下 5min 快速固化，0.3mm 复合材料板材阻燃性能达到 UL94 V0 等级。快速固化环氧树脂浇注体性能见表 4-11，快速固化复合材料层压板力学性能见表 4-12。

表 4-11　快速固化环氧树脂浇注体性能

树脂牌号	固化条件	拉伸强度/MPa	拉伸模量/GPa	断裂伸长率/%	弯曲强度/MPa	弯曲模量/MPa	玻璃化转变温度/℃
3306	130℃×5min	70	2950	3.0	145	3050	159
	120℃×7min	72	3350	3.2	150	3500	157
3153	150℃×5min	75	3500	2.5	120	3500	171

表 4-12 国内外快速固化复合材料层压板力学性能

树脂	固化条件	拉伸强度/MPa	拉伸模量/GPa	弯曲强度/MPa	弯曲模量/GPa	层间剪切强度/MPa	玻璃化转变温度/℃
美国赫氏 AS4C 碳纤维/M77HF 树脂	149℃×3min	2320	125	1320	117	84.1	135
日本三菱 TR50S 碳纤维/R51 树脂	140℃×3min	1995	120	—	—	95	181
光威 CCF700 碳纤维/中航复材 ACTECH1201 树脂	150℃×3min	≥1500	—	≥1200	—	≥52	≥115
日本东丽 T700S 碳纤维/山东光轩 3306 树脂	130℃×5min	2100	120	1500	115	87	159
日本东丽 T700S 碳纤维/山东光轩 3153 树脂	150℃×5min	2230	130	1700	130	91	171

4.4.7 阻燃预浸料

随着碳纤维/环氧树脂复合材料在轨道交通领域的广泛应用，对其阻燃性能和烟雾密度的要求越来越高，一般需要满足欧盟 EN45545 HL-3 的低烟标准，民用飞机的材料则需要满足 CCAR 25 适航规范的要求。基于安全及环保方面的需求，目前正朝着无卤阻燃、低烟低毒和低成本的方向快速发展。

近年来，欧美主流飞机制造商已研制出不同树脂体系多类纤维增强的系列化产品，氰特（Cytec）、赫氏（Hexcel）、汉高（Henkel）、索尔维（Solvay）等公司均已开发满足适航要求的阻燃环氧预浸料，并已在大型客机上得到应用。CYCOM 919 是氰特公司研制和生产的 120℃ 固化阻燃环氧树脂体系，可用于制造飞机雷达面板、次承力结构件和内饰件。中国航空制造工程研究所（625 所）开发的中温固化无卤阻燃环氧树脂 ACTECH 1212FR 制备多规格阻燃预浸料，阻燃性能（热释放、烟雾密度、燃烧性能等）均满足《运输类飞机适航标准》（CCAR-25）的要求，其中部分规格正在进行应用验证。中国航天材料及工艺研究所（703 所）开发的阻燃、高韧性 610B 型阻燃环氧预浸料，成功应用于高铁复合材料结构件。山东光轩新材料有限公司开发了无卤阻燃预浸料用环氧树脂 3135A 和 3135LS。前者集阻燃、韧性和耐热功能于一体；后者复合材料烟雾密度较低，最大热释放速率小于 65kW/m^2，符合中国民用航空局的适航规范。国内阻燃环氧树脂浇注体性能见表 4-13，国内外阻燃复合材料的力学性能见表 4-14。

表 4-13   国内阻燃环氧树脂浇注体性能

厂家	树脂牌号	拉伸强度/MPa	拉伸模量/GPa	断裂伸长率/%	弯曲强度/MPa	弯曲模量/GPa
中国航天材料及工艺研究所	610B	70.1	4.02	2.05	142	4.88
山东光轩新材料	3135A	85	3.3	3.5	150	3.3
	3135LS	60	5.5	1.0	100	5.5

表 4-14   国内外阻燃复合材料的力学性能

厂家	树脂牌号	纤维种类	拉伸强度/MPa	拉伸模量/GPa	压缩强度/MPa	压缩模量/GPa	弯曲强度/MPa	弯曲模量/GPa
美国氰特公司	CYCOM 919	T300织物	598	64	476	30	739	29
中国航空制造工程研究所	ACTECH 1212FR	T300织物	765	66.2	583	61	903	54.8
中国航天材料及工艺研究所	610B	单向T700S	2050	125	1200	121	1690	110
中国山东光轩新材料	3135A	单向T700S	2554	135	1300	125	1738	137
	3135LS	T300织物	694	60	619	60	948	47.6

 思考题

采用 T700-12K 碳纤维制备面密度为 165g/m² 的预浸料，要求树脂含量 34%，碳纤维的体积含量是多少？如果采用玻璃纤维制备相同体积含量和相同面密度的玻纤预浸料，该玻纤预浸料中树脂含量是多少？

5

复合材料手糊成型

　　手糊成型是热固性树脂基复合材料制备中最早使用、最简单的一种工艺方法，是复合材料成型的基础方法。随着复合材料成型技术的发展，各种成型方法不断出现，手糊成型所占比重不断下降，但是由于手糊成型工艺方便的特点，该工艺方法目前仍占有重要地位，尤其适用于某些大型、量少、形状特殊的制品。

　　手糊成型是复合材料行业的工艺基础，随着复合材料产业的发展，在手糊成型的基础上衍生出了喷射成型等其他成型方法，更进一步发展出了真空辅助成型、RTM 成型等成型方法。

5.1　手糊成型特点及适用性

　　复合材料手糊成型（hand lay up）又称低压接触成型，是采用手工方法，在模具上把热固性树脂和增强纤维复合到一起，树脂固化形成复合材料制品的工艺方法。

　　手糊成型的基本方法是在模具上铺放纤维布并手工涂刷树脂，树脂固化后形成复合材料。工艺过程相对较简单：首先准备一个与制品形状相符合的模具，模具表面清理干净并做表面处理，以便于成型后脱模；将加入固化剂或引发剂的液体状热固性树脂手工涂刷到模具表面，然后逐层铺敷纤维布或纤维毡并涂刷树脂，使树脂均匀浸润增强纤维；达到厚度要求后进行常温固化，最后脱模成为复合材料制品。其基本过程如图 5-1 所示。

　　手糊成型工艺的优点：

　　① 不受制品尺寸、形状的限制：无论是大型还是复杂形状制品，都可以制备相应形状的模具，然后进行手工方法成型；在成型过程中可以进行修补、局部改变形状等操作。

　　② 模具制造简单、投资低：可以灵活采用不同材料制造模具，对模具性能要求低；

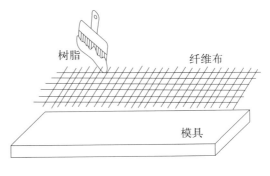

图 5-1　手糊成型过程

成型中不需要大型设备，所需要工具少，制造成本低。

③ 工艺简单：手糊成型工艺过程仅需要手工铺放纤维、涂刷树脂，工艺过程简单。

手糊成型工艺的缺点：

① 生产效率低，劳动强度大，卫生条件差：由于手工操作，制品成型较慢，制造效率低，劳动强度大；操作人员直接接触树脂和纤维，部分树脂具有挥发性，纤维碎屑较多，对劳动防护有较高要求。

② 制品性能及尺寸稳定性差：因为手工涂刷树脂，制品中树脂含量不均匀，制品性能稳定性差；成型操作中施压较小且不能保证稳定，制品厚度不均匀。

③ 制品力学性能较低：手糊成型的树脂含量较高，增强纤维用量相对少，制品力学性能较低。

复合材料手糊成型工艺虽然有诸多缺点，但由于其灵活的工艺特点，非常多的复合材料制品适合于采用手糊成型工艺，其工艺适用范围为：形状复杂、组件多、批量小、成本要求低、性能不高的产品。

对于一些大型的、无法采用机械设备成型的制品，如水上游乐园设施、游艇等，由于这类复合材料制品体积大、形状变化多、生产批量小、制品性能要求不高，非常适合于手糊成型。对于一些不便运输的制品，甚至可以现场制造并安装。对于一些性能要求不高的中小型制品，如果生产批量较小，在经济性上不适合投入新的生产设备，也可以采用手糊成型工艺。

5.2　手糊成型的原材料

手糊成型的原材料包括树脂基体、增强材料、辅助材料。

树脂基体是指基体树脂、固化体系（包括固化剂或引发剂、促进剂等）、功能性助剂等配方体系；增强材料主要是纤维布、纤维毡、短纤维等；辅助材料主要有脱模剂、胶衣树脂等。

复合材料不同的成型工艺方法对原材料的性状、形态有不同的要求，需要根据成型工艺及制品性能要求选择原材料。合理选择原材料是复合材料成型工程设计的重要环节，对保证产品质量、降低成本有重要作用。在选择原材料时需要满足成型工艺要求、满足制品性能要求、满足经济性要求、满足环境安全健康要求。

5.2.1　树脂基体

手糊成型对树脂基体的工艺性要求如下：

① 树脂黏度适中。树脂基体的黏度控制在 $500\sim1500\text{mPa}\cdot\text{s}$，以便于涂刷浸润，同时在竖直面上不易流胶。黏度过大，不易涂刷和浸润增强材料；黏度过小，容易发生流胶，树脂在制品面上含量不均匀，制品成型后存在质量缺陷。

② 树脂适用期满足操作要求，并且对适用期有可调的方法。对于大型制品需要有足够的操作时间，树脂适用期要长；对于小型制品，适用期可以缩短，以减少成型时

间。在进行树脂配方设计时要充分考虑工艺过程，随工艺变化可以对树脂体系作出调整。

③ 树脂可常温固化。手糊成型一般要求常温固化，部分小型制品在模具耐热性足够时可以加热固化，对于大型制品无法加热，必须采用常温固化。在进行树脂配方设计时要考虑树脂反应特性和工艺条件。

按照以上工艺性要求，适合于手糊成型的热固性树脂主要有：不饱和聚酯树脂、乙烯基酯树脂、环氧树脂。

不饱和聚酯树脂是最适合于手糊成型的树脂品种。手糊成型制品性能要求不是很高，不饱和聚酯树脂黏度适中、固化温度和固化速度可调、成本较低，成为手糊成型工艺中最常用的树脂种类。

对于耐腐蚀性及力学性能有一定要求的，可以采用乙烯基酯树脂。乙烯基酯树脂的工艺性与不饱和聚酯树脂相同，且耐腐蚀性和力学性能较好。环氧树脂也可以用于手糊成型，但环氧树脂的黏度较大，需要用稀释剂调节黏度，在配合常温固化剂时树脂体系的适用期较短。

不饱和聚酯树脂的配方体系如表 5-1 所示，该体系也适用于乙烯基酯树脂。不饱和聚酯树脂按 100 份计，采用自由基引发体系，常用的引发剂有过氧化苯甲酰（BPO）、过氧化甲乙酮（MEKP）；促进剂是实现室温固化的必要组分，可以降低自由基引发剂的分解温度，常用的有有机金属盐和叔胺，用量约为引发剂的 1%～10%；在低温环境时为加快固化反应，可以在引发剂-促进剂基础上加入加速剂，如二甲基苯胺、2,4-戊二酮等，进一步提高固化速度；当一次配料较多、操作环境温度高，或制品较大、操作周期长时，可以加入阻聚剂，延长操作时间，防止上一层已固化而下一层还未涂刷；为提高树脂的触变性或黏度，可以加入气相二氧化硅触变剂或碳酸钙等填料；为获得不同颜色，通常以色浆的形式加入颜料。

表 5-1　不饱和聚酯树脂配方体系

配方组分	用量范围/份	说明
树脂	100	通用型不饱和聚酯树脂
引发剂	1～5	自由基引发剂,如：BPO、MEKP
促进剂	0.01～0.1	实现室温固化的必要成分
加速剂	0.01～0.1	环境温度较低时可选用
阻聚剂	0.01～0.1	用于配料较多,或制品较大、操作周期长的场合。防止上一层已固化而下一层还未涂刷
填料	0～100	调节树脂黏度,不至于涂刷后流淌,可选用
颜料	0～5	常以色浆形式加入,以获得不同颜色的制品

以上配方组分并不是都需要加入，而是要根据产品工艺和性能要求选用。其中树脂和引发剂是必需组分，常温固化体系中促进剂也是必需组分，其他组分根据需要添加。

在树脂配合时，引发剂和促进剂必须分开加入，禁止引发剂和促进剂先混合后再一次性加入树脂体系，因为促进剂能快速使有机过氧化物分解，直接混合会消耗大量引发剂，甚至会有爆炸的风险。一般来说先在树脂中加入促进剂，搅拌均匀后再加入引发剂。

商品化的引发剂、促进剂等助剂一般不是纯的化学品，为提高分散性、储存稳定性等会加入一些稀释成分，降低了有效成分含量，需要根据有效含量计算实际添加量。

5.2.2　增强材料

手糊成型用的增强材料主要是玻璃纤维，也可用碳纤维、芳纶等其他纤维。

复合材料中增强材料的选择主要从制品性能要求、工艺要求、成本要求三个方面考虑。手糊成型制品对力学性能要求相对不高，玻璃纤维的强度完全可以满足，而且成本较低。采用其他纤维时除了利用其力学性能外，更多考虑的是功能性，例如采用碳纤维制备手糊成型制品，可以利用其装饰性、抗静电性等功能。

手糊成型工艺中对增强材料的要求：①满足制品性能要求；②对树脂浸润性好；③模具随形性好，满足制品形状要求。

增强材料的形式有纤维布和纤维毡，以玻璃纤维为例，增强纤维形式主要有玻纤编织布、短切毡、表面毡。无捻粗纱方格编织布是最常用的增强材料形式，其特点是成型方便，能有效增加制品的厚度，变形性好，树脂浸润性好，气泡排出性好。玻纤短切毡是一种无纺制品，覆盖性和树脂浸润性好，施工方便。由于短切毡较蓬松，复合材料成型时短切毡能吸收较多的树脂，制品有较好的耐腐蚀性和防渗漏性。短切毡通常与编织布配合使用，可以使制品具有较好的强度和耐腐蚀性。玻纤表面毡厚度为 0.3～0.4mm，克重约为 $30\sim50g/m^2$，主要用于制品的表面，以及结构层和胶衣层的过渡层，能遮住编织布的纹路，使制品表面光滑美观，并提高制品的耐老化性。

5.2.3　辅助材料

（1）脱模剂

脱模剂是复合材料成型工艺中重要的辅助材料，作用是使固化成型后的复合材料制品顺利地从模具中取出。对脱模剂有以下要求：①不腐蚀模具，不影响固化；②成膜迅速、均匀、光滑；③操作简便，使用安全，无毒害。

手糊成型工艺中脱模剂的种类有薄膜型脱模剂、溶液型脱模剂、油蜡型脱模剂。

薄膜型脱模剂即薄膜材料，一般为不黏性薄膜或亲水性薄膜，不黏性薄膜有聚四氟乙烯膜、聚乙烯膜、聚酯硅油膜等，亲水性薄膜常用的有聚乙烯醇（PVA）膜。其中，聚酯硅油膜应用相对广泛，能获得平整光滑、光亮度好的制品，且有不同厚度可供选用。

溶液型脱模剂主要为水溶性高分子的水溶液，将其涂刷在模具表面，干燥后成为一层亲水性薄膜。亲水性薄膜与油性的树脂相容性差，具有良好的脱模效果。较常用的是聚乙烯醇水溶液，其次还可以采用聚丙烯酰胺水溶液、醋酸纤维素水溶液等。聚乙烯醇水溶液采用低聚合度的 PVA 与水和乙醇配制成 5%～8% 的透明液体，黏度约 10～100mPa·s，涂刷在模具表面。聚乙烯醇水溶液脱模剂使用方便、脱模性好、配制简单，可以单独使用，也可以与其他脱模剂配合使用。其缺点是当环境湿度高时，干燥速度慢，影响生产周期和成膜质量。使用时，PVA 膜层必须干燥，否则水分会对不饱和聚酯树脂的交联固化产生不利影响。

油蜡型脱模剂为油性不粘材料，有喷涂型的不干性油或蜡类干性油。不干性油单独使用的脱模效果不好，常与其他脱模剂配合使用。蜡类干性油如汽车上光蜡、地板蜡等这类脱模蜡与树脂的黏附力小，脱模效果好，使用方便。脱模蜡的使用温度在80℃以下，其使用方法为：在清理好的模具表面擦上一层脱模蜡，待溶剂挥发后，用软布进行抛光，放置2~3小时，使蜡中溶剂充分挥发，形成光滑坚硬的蜡膜，再继续重复操作2~3次，模具即可使用。

（2）胶衣树脂

为实现复合材料制品表面光洁的效果及良好的硬度和耐水性，需要在制品表面做一层胶衣层。胶衣层是含有颜料的富树脂层，这种树脂称为胶衣树脂。胶衣树脂一般为固化后硬度大、耐水性好的特种不饱和聚酯树脂，在要求不高的制品中也可以直接使用基体树脂作为胶衣树脂。

胶衣树脂有新戊二醇型胶衣树脂、间苯二甲酸型胶衣树脂等树脂种类，要求具有良好的光泽度和硬度、良好的耐水性，另外要求固化时放热和收缩小、涂刷性好。

配制胶衣树脂时，与基体树脂一样要加入引发剂及促进剂，同时加入颜填料。配制时要充分混合各组分，特别是使用颜料时若混合不均匀，制品表面会出现斑点及条纹，影响表面质量。胶衣层的厚度控制在0.3~0.6mm，太薄的胶衣层可能会固化不充分，并且背面的玻璃纤维容易显露出来，太厚的胶衣层容易产生龟裂，不耐冲击。

涂刷在模具表面的胶衣树脂产生凝胶后即可以铺放增强纤维和涂刷基体树脂，使胶衣树脂和基体树脂能产生良好的粘接并且不会相互混溶。判断凝胶的简单方法是用手触及胶衣树脂表面，感觉有一定发黏但不粘手，即可以进行下一步操作。

5.3　手糊成型模具

模具是复合材料成型的关键，模具设计及制造在复合材料成型工程中占有重要地位，模具的设计合理性和制造准确性是保障复合材料制品质量的重要因素。

手糊成型对模具质量的要求相对较低，因为手糊模具使用频次低，甚至一次性使用，对承压、耐热性没有过高要求，但要求成本低、制作简单快速。

5.3.1　制造模具的材料

手糊成型模具的选材非常广泛，只要能满足复合材料制备的工艺要求，任何材料都可以灵活采用。常用的模具材料有：

（1）木材

木材质轻、易加工，是制作小批量及大型手糊制品的常用模具材料。对实木进行切削加工可以方便地制备小型模具，采用木板、框架的拼接组装可以制备轻便的大型模具，模具制造简单快捷、成本低。木质模具表面需要打磨至平整光滑，拼缝处用腻子填平，表面以清漆或其他材料进行封孔处理，并采用蜡质脱模剂多次处理。

（2）石膏

石膏模具制造简便，造价低，适合于小批量生产形状复杂的制品。石膏粉加水混合成石膏泥之后可以方便地塑形为基本模具形状，干燥后可以准确雕刻打磨，较大的模具可以采用木板等材料辅助成型。石膏模具的缺点是耐用性差、怕冲击。

（3）水泥

水泥模具制造方便，成本低，适合于形状简单、表面要求不高的中大型制品。

（4）石蜡

石蜡模具适合于制作难以取出型芯的复合材料制品，一次性使用，成型后融化掉。

（5）金属

金属模具常用钢材、铸铝等制造，具有耐久性好、不易变形等优点，但加工相对复杂，适合于小型、大批量生产的高精度制品。

（6）玻璃钢

玻璃钢模具是手糊成型的复合材料模具，根据要制备的产品形状先做出母模，在母模上通过手糊成型制造复合材料，这件复合材料就可以作为模具使用。母模可以是产品本身，也可以用木材、石膏等其他材料制作。玻璃钢模具质轻、耐久、制造方便，表面光洁度好，可以长期使用，适合于中小型制品的批量生产。

（7）其他材料

3D打印件、泡沫塑料、可溶性盐等都可以应用于手糊成型模具制作，只要能方便塑形、有一定的稳定性、表面可以做脱模处理，非常多的材料都可以灵活地用于制作手糊成型模具。

5.3.2　手糊成型模具结构

手糊成型模具结构按照制品形状设计可分为单模和对模两类，单模又分为阴模和阳模两种。单模和对模都可以根据工艺要求设计成整体式或组合式，组合式模具可用螺钉或夹具固定成整体，脱模时拆去螺钉或夹具依次脱模。

（1）阳模

阳模的工作面向外凸出，如图 5-2（a）所示。可以制备内表面光滑的复合材料制品，施工操作较方便，制品质量容易控制。其内部尺寸准确，适用于对内部尺寸要求高的制品，如浴缸、电镀槽等。

（2）阴模

阴模的工作面是向内凹陷的，如图 5-2（b）所示。用阴模生产的复合材料制品可获得光滑的外表面，整体尺寸准确，常用来生产各种机罩、车身、船壳等对外表面要求高的制品。但有些凹陷深的阴模，施工操作不便，通风性差。

（3）对模

对模由阴模和阳模两部分模具构成，并通过定位销固定装配，如图 5-2（c）所示。用对模制备的复合材料制品，两面皆接触模具，内外表面均光滑，厚度准确。对模主要用于制备要求表面质量高、壁厚均匀的制品。因操作难度大，不适用于制备大型制品。

（4）组合模

有些形状复杂的制品，因结构形式不易脱模，常将模具分为多块制造，在成型前把模具拼装起来，固化后脱模时再把模块拆开，这类模具称为组合模或拼装模。组合模能解决单一模具无法制备复杂结构制品的问题，对各种形状制品均可以应用，脱模方便。

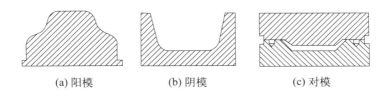

(a) 阳模　　　(b) 阴模　　　(c) 对模

图 5-2　手糊成型模具形式

5.3.3　手糊成型模具设计原则

在设计手糊成型模具时应遵循以下基本原则：

① 根据制品数量及形状确定模具材料。例如：单件或数量较少的、形状复杂的中小型制品，可以用石膏模；形状不复杂或数量多、要求制作快的，可以用木模；批量制作的，可以用玻璃钢模具。模具选材尽量做到加工方便，价格便宜，材料易得。

② 按照制品形状和使用要求设计模具形式。制品接触模具的面是光滑面，应按照使用要求考虑采用阴模还是阳模；复杂形状制品需要用组合模，分块拼装时要考虑定位措施。

③ 保证精度和使用性。模具型面光洁度应比制品表面光洁度高出二级以上，以保证制品的表面质量；模具应满足产品尺寸精度要求，还要有足够的强度、刚度和耐热性，以保证模具在工艺条件下不易变形、不损坏。

④ 考虑脱模。脱模不能有阻碍，大的垂直面需设计脱模斜度（一般≥1°），无法脱模的复杂结构需设计组合模。对于整体式模具，为了成型后易脱模，可在成型面设计气孔；组合模的分模面除应满足易脱模要求外，还要注意尽量不设在质量要求较高或受力较大的部位。

5.3.4　模具制造

制造手糊成型模具，首先根据制品形状、数量、工艺等要求选择合适的模具材料，然后根据制品尺寸要求画出模具图纸，根据图纸加工模具，初步成型后对模具进行表面封孔、光洁化处理。

不同材料的模具加工方法不同。石膏模、蜡模等易加工材料可以采用手工雕刻、打磨的方法制造，木模可以用简单机械加工和手工结合的方法制造，玻璃钢模具是以母模通过手糊成型翻模的方法制造。现介绍玻璃钢模具的制造方法，以说明手糊模具的主要制作流程。

玻璃钢模具的制造需要先制备母模。母模形状就是制品的形状，通常采用石膏、木材等材料制造，也可以用制品本身来作为母模。通过手工或简单机械加工的方法制造出母模的基本形状和相对准确的尺寸，留出一定的表面底漆及腻子的厚度。表面打磨平整光滑后，涂刷醇酸铁红底漆，底漆可以填补表面孔隙，与腻子结合度好。底漆基本干燥后，在表面刮涂腻子，可以采用醇酸树脂腻子、聚氨酯腻子、不饱和聚酯腻子。腻子固化后用 1# ～100# 砂纸干磨，使表面形成均匀的封闭层。刮涂二道腻子，固化后继续干磨平整后，用 400# ～1200# 砂纸进行湿磨，清除表面的微粒及波纹。最后涂刷一层清漆，检查涂刷的均匀性。清漆干燥后研磨抛光、上脱模蜡。

在母模上涂刷脱模剂，准备胶衣树脂。最好使用专门的模具胶衣，其具有硬度高、耐水性好的特点。胶衣树脂中加入引发剂、促进剂、颜填料混合均匀，在母模表面均匀涂刷，一般需要涂刷 2～3 层，每层厚度约 0.2～0.5mm，为便于观察是否涂刷均匀，可以每层采用不同的颜色。每层涂刷需要在上一层凝胶后进行，但不能完全固化。

胶衣层涂刷完成后，待表层产生凝胶前，铺敷 1～2 层玻纤表面毡作为底层，然后铺敷一层短切毡，铺敷过程中用金属辊来回辊压，起到压实、浸透树脂、排气的作用，然后铺敷玻璃纤维编织布，涂刷基体树脂，反复操作至要求厚度，室温固化后，取出模具，修整边缘。

取出的玻璃钢模具还需要进一步做表面处理。用 240# 以上的水砂纸将模具表面打磨均匀，清洗干净，然后用 400# ～1200# 水砂纸逐级打磨，这时模具表面平滑细腻，但不光亮，最后用抛光蜡或抛光膏对模具表面均匀抛光，完成玻璃钢模具制作。

完成的玻璃钢模具通常为面板形，需要用其他材料如木架、铁板或玻璃钢架固定成为一个整体，防止使用时变形。存放时注意防止磕碰、重压、暴晒。

木模、石膏模、水泥模等的模具制作，与前述的母模制作工艺基本相同。

5.4　手糊成型工艺过程

复合材料手糊成型的主要过程有：模具及工具准备、胶衣树脂配制、基体树脂配制、增强材料准备、手糊制备、固化、脱模、后处理。其流程如图 5-3 所示。

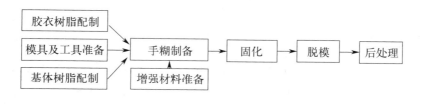

图 5-3　手糊成型工艺过程

5.4.1　模具及工具准备

手糊工艺开始前，首先准备模具和各种工具。模具的制作按上述方法完成，表面清理干净。所用工具包括各种容器、天平、毛刷、刮板、辊子、剪刀等。

容器用于树脂的配制，根据制品大小和树脂用量，可以灵活使用塑料桶、塑料盆、纸杯等方便的容器。天平用于树脂及配合剂的称量，按照树脂用量选择量程和精度。毛刷用于树脂的涂刷，注意操作时不能有毛丝脱落。刮板用于树脂的铺展以及多余树脂的刮除，可以灵活采用各种材质的刮板。辊子有毛辊和金属辊两种，毛辊主要用于均匀涂刷少量树脂，金属辊主要用于压实纤维布，赶出气泡和多余树脂。剪刀用于裁剪纤维增强材料。

手糊成型用工具较为简单，可以根据实际制品情况灵活采用不同工具。

5.4.2　胶衣树脂配制

胶衣树脂是保证制品表面质量的关键，可以使制品表面光亮美观。部分对表面质量要求不高的制品可以不用胶衣树脂，直接用基体树脂作为表面层。

胶衣树脂是单独的树脂品种，其分子结构与基体树脂有区别。常用的有 33 号间苯二甲酸型胶衣树脂和 21 号新戊二醇型胶衣树脂，前者耐水性好，后者耐水煮、耐热、柔韧耐磨。

胶衣树脂与基体树脂一样需配合引发剂和促进剂才能固化，其配方体系除引发剂、促进剂外，还需要颜料、填料，以保证足够的颜色和硬度。配制胶衣树脂时，在容器中先加入树脂原料，称量加入促进剂搅拌均匀，然后加入引发剂搅拌均匀，最后加入色浆和填料搅拌均匀。色浆的均匀度非常重要，否则表面会出现花点、波纹等缺陷。树脂配制后应尽快使用，防止长时间放置出现凝胶。

5.4.3　基体树脂配制

手糊成型的基体树脂以不饱和聚酯树脂为主，部分制品采用乙烯基酯树脂或环氧树脂。乙烯基酯树脂的固化原理与不饱和聚酯树脂相同，都是自由基聚合的机理，其树脂配方基本相同。环氧树脂的固化是逐步加成聚合机理，在手糊成型中采用常温或中温固化剂，一般为改性多元胺固化剂。下面主要介绍不饱和聚酯树脂基体的配制。

不饱和聚酯树脂中加入促进剂搅拌均匀后加入引发剂，注意不能将引发剂和促进剂混合后再加，会有爆炸的风险。为调节树脂黏度，可以加入少量填料和气相二氧化硅触变剂，根据制品颜色要求可以加入色浆，搅拌均匀备用。

树脂配方需要根据制品大小、用胶量、环境温度等因素进行调整，以调整凝胶时间。大型制品需要树脂量较多，一般要求少配勤配，避免一次性配完，以免操作时间过长引起凝胶。凝胶时间是在一定温度下，树脂从黏流态到失去流动性，变成软胶状态凝胶所需要的时间。凝胶过快，来不及操作，制品收缩大、发脆；凝胶过慢，增加了生产周期，还容易发生流胶。

凝胶时间的影响因素：

① 引发剂和促进剂用量：引发剂和促进剂用量越多，凝胶时间越短。在配制时要注意商品引发剂和促进剂的浓度，不同牌号浓度不同，所用量也不同。

② 胶液体积的影响：一次性配制树脂越多，凝胶时间越短。因为树脂中加入引发剂和促进剂后，树脂即开始反应，放出的热量如果不能及时散出，就会导致温度升高使树脂反应更快。

③ 环境温度、湿度的影响：环境温度越高，凝胶时间越短；湿度大，凝胶时间长。

④ 制品厚度的影响：在成型工艺中，制品厚度越大，反应放热越不易散出，凝胶时间越短。

⑤ 交联剂蒸发的损失：不饱和聚酯树脂中含有大量苯乙烯交联剂，容易挥发，表面层交联剂部分挥发后凝胶时间变长。同时因湿度影响及氧气的阻聚，表面层往往一直发黏，难以完全固化，出现这种问题时需要调整配方或做表面防护处理。

5.4.4　增强材料准备

手糊成型制品的主要增强材料为纤维编织布，最常用的是玻璃纤维，也可以用碳纤维等其他材料，在成型时根据制品大小和形状裁剪玻纤布。玻纤布的铺层数根据制品厚度要求计算，一般不能采用测量玻纤布厚度的方法估算，其误差较大。

铺层数基于密度法进行估算，按照玻纤布的克重数和复合材料的估算密度得出铺层数。复合材料密度及玻纤布铺层数的计算如下：

复合材料密度＝玻纤密度×玻纤体积含量＋树脂密度×树脂体积含量

层数＝[玻纤密度（g/cm³）×玻纤体积含量（%）×10^3/玻纤布克重（g/m²）]×制品厚度（mm）

手糊成型压力小，树脂含量较高，一般在 50% 甚至以上，玻纤密度约为 2.5g/cm³，树脂密度 1.2g/cm³。

5.4.5　工艺方法

手糊工艺实施时，首先在已经喷涂脱模剂的模具上涂刷一层胶衣树脂，接近凝胶时再次涂刷，然后铺敷 1～2 层表面毡，不需要胶衣树脂的制品可以直接用基体树脂替代胶衣树脂，涂刷一层树脂后铺敷表面毡。然后铺一层玻纤布，用胶辊顺方向压实，排出气泡；再次涂刷基体树脂，每层都压实排泡，使纤维层贴合均匀，逐层依次操作。每层涂刷的树脂尽量少，使树脂能充分浸润纤维即可，压实后多余的树脂用刮板刮出。达到设计的玻纤布铺层数后，可以铺敷 1～2 层玻纤表面毡，以提高制品表面质量。

玻纤布按照制品形状裁剪，裁剪尺寸要比制品表面尺寸略大，逐层铺敷。在大型制品中不可避免地要对玻纤布进行拼接，在形状复杂部位需要有裁剪贴补等操作，拼接处尽量对齐，每层的拼接缝要错开，以保证制品力学性能的均匀性。

厚度较大的制品，可以采用蜂窝板、泡沫板等夹层填充材料，一次性制备完成。对于不能用夹层材料的大厚度制品，需要充分设计树脂配方和工艺过程，避免固化放热集中，影响产品质量。

5.4.6　固化及后处理

手糊成型一般为室温固化，环境温度保持在 15℃ 以上，湿度不高于 80%。在温度过低及湿度过高的环境中，应调整树脂配方及操作工艺。

在室温下树脂达到充分固化所需时间较长，一般需要几天的时间。24 小时后树脂固化度可以达到 50%～70%，制件能从模具中取出，继续放置 1～2 周或加热几小时，都可以使树脂进一步固化充分，提高力学性能。

制件从模具中取出后，进行后处理修整。首先用锯子裁掉多余的大边，用砂纸打磨毛刺。对于破孔气泡等缺陷点用树脂进行修补。

5.4.7 环境、安全及健康

手糊成型完全手工操作，操作人员直接接触原材料，必须重视环境、安全及健康问题。

环境方面：不饱和聚酯树脂中的苯乙烯挥发性大，有较大的空气污染；玻璃纤维及填料易产生碎屑粉尘。要求生产场所有废气处理设施，以减少粉尘污染和化学品空气污染。

安全方面：不饱和聚酯树脂及环氧树脂为易燃化学品，过氧化物引发剂为易燃易爆危险化学品，需要按照危化品安全要求进行储存和使用。

健康方面：苯乙烯挥发分对人体健康有危害，在操作过程中要正确佩戴防护性口罩；玻纤碎屑粉尘对皮肤有刺激性，操作人员必须穿防护服；配料和直接接触树脂时应穿戴防护手套及防护眼镜。

手糊成型过程的劳动强度大，污染性较大，要正确识别生产过程中的危险因素，按照相关的环境、安全及健康管理体系要求进行管理。

5.5　手糊成型工程设计

5.5.1　手糊成型工程设计原则

制造一种复合材料制品，首先要进行成型工程设计，然后根据设计进行生产。复合材料成型工程设计是指根据产品要求，对成型方法、原材料、设备、模具、工艺过程、生产管理、质量管理、经济性评价、环境安全健康评价等全过程的设计。对产品制备的全流程进行整体性设计，分解出所有过程，识别出重要过程进行重点设计，任何一个过程不满足制品要求及法律法规要求都不能进行实际生产，工程设计是复合材料制备中原则性正确的重要保障。

手糊成型工程设计的要点如下：

① 对制品要求分析充分。对制品力学性能要求、功能性要求、经济性要求、使用方法、使用环境、制品形状及生产数量等要素进行充分分析，以设计合理的生产过程。

② 成型工艺合理。根据制品性能及产量等要求，制定合理的成型工艺。

③ 原材料选择合理、树脂配方正确。根据制品性能要求，选择合适的原材料，并根据具体工艺要求，设计正确的、可适用的树脂基体配方。

④ 模具设计精确，选材合理。选择合适的模具材料，进行模具设计，并考虑加工性。

⑤ 工艺参数正确、操作可行。材料用量、铺层数计算正确，操作过程步骤完整。

⑥ 经济性可行。对原材料成本及生产成本进行估算，满足经济性要求。

⑦ 安全性可靠。有制品质量保障措施，有生产过程的环境安全健康评估及保障措施。

⑧ 有美感。制品设计、模具设计、工程实施等各过程符合工业美学理念。

5.5.2　成型设计案例

以具体复合材料制品为例来说明手糊成型工程设计的方法及实施过程。

要求：制备 2 件复合材料采光罩样品，长宽1000mm×1000mm，厚度 2.5mm，中间为圆形凸起，要求透明性好，户外使用，制品形状如图 5-4所示。

图 5-4　复合材料采光罩

（1）制品分析

首先进行制品分析，根据制品形状、性能要求，确定成型工艺，确定基本原材料。

确定成型工艺：制品尺寸相对较大，数量少，对力学性能无特殊要求，可以采用手糊成型工艺。制品上表面光滑，模具应采用阴模。

确定主要原材料：制品要求透明性好，应采用玻璃纤维为增强材料，高透明不饱和聚酯树脂为基体材料。

（2）树脂基体配方设计

制品要求透明性好，树脂应尽量采用具有高透明性的品种。对不饱和聚酯树脂生产厂家的产品进行评价选择，确定树脂型号。配方中不能加填料，以免影响透光性；制品在常温下固化，配方中应加入促进剂；制品工艺时间不长，可不需阻聚剂。树脂基本配方为：

不饱和聚酯树脂　　　100　　厂家型号略

引发剂 MEKP　　　　4　　　50% 含量，厂家型号略

促进剂异辛酸钴　　　1　　　6% 含量，厂家型号略

树脂基体配方设计中，应注意商品原材料的有效成分含量，不同型号和厂家的助剂有效成分含量可能不同；在环境温度不同时应适当调整配方。

（3）模具设计

模具设计要充分考虑制品形状、尺寸、数量，以及模具的可加工性、耐用性、经济性等各种因素。

本制品长宽 1000mm×1000mm，高度不大，模具材质可选用石膏、木材、玻璃钢，因制品加工数量少，从易加工性、耐用性、经济性角度考虑，选用石膏为模具材料。如果要求的生产量较大，则需要评价石膏模具是否可长期使用，是否需要采用其他材质如玻璃钢模具。

在设计中应充分考虑工程过程的可操作性。石膏粉加水混合为石膏浆料，塑形为模具，应评价这个操作过程是否可行。较小制品的石膏模具塑形可以相对准确，但对于较大模具，应考虑是否会存在变形、开裂等操作问题。如果有这些问题，应采取其他措施保证模具可以准确制造。

例如，在制备该制品模具时先制作模板框，倒入石膏浆，中间压出圆形面，待石膏凝固后再准确修出模具形状，可以保证尺寸准确。最后上模具胶衣树脂，打磨抛光，制备出

成型模具，过程如图 5-5 所示。

图 5-5   模具制造过程

制造模具的材料及方法可以有多种，基本原则是制造简便、成本低、保证使用。在设计中应充分考虑加工可行性。

模具制造的基本过程有了设计方案后，应画出模具图纸，作为模具制造的依据，并作为生产过程文件留存。图纸设计要按照工程制图的规范，具备标准性、通用性。

工程制图软件常用的有 AutoCAD、中望 CAD 等，三维软件有 Solidworks、UG、Fusion360 等。采用专业软件进行模具设计可以使设计工作便捷清晰，不同软件均可以进行工程图设计，但需要注意文件传递中的通用性。

（4）工艺过程设计

工艺过程设计包括原材料用量、辅助材料、工具、过程方法、工艺参数等环节的规划。原材料包括基体树脂、增强纤维材料，辅助材料有脱模剂、胶衣树脂。本例制品对表面光洁度要求不高，对整体透明性有要求，所以不需要胶衣树脂。

原材料按照制品所需量进行准备。对制品体积质量进行估算，根据制品尺寸估算质量约 5kg，手糊成型的树脂含量约为 50%～70%，配树脂时可以留一点余量，这样一次树脂基体可以配制 4kg。一次性配制过多树脂会造成浪费，配制少了进行二次配制会造成过程间断，影响制品质量。

增强材料采用玻纤表面毡和玻纤编织布，选用合适规格的编织布并估算铺层数。铺层数的估算一般采用密度法，即先根据原材料密度和比例估算出复合材料的密度，再计算出纤维的质量，根据纤维布的克重计算层数。但是手糊成型的树脂含量变化较大，估算出纤维布层数后也较难以保证制品准确的厚度。

采用无碱玻纤布 EWR400-1000，面密度为 $400g/m^2$，体密度按 $2.5g/cm^3$ 计，树脂密度按 $1.2g/cm^3$ 计，当树脂含量为 65% 时，复合材料密度应为 $1.655g/cm^3$，厚度 2.5mm 的复合材料板材每平方米的质量则为 $1.655 \times 2.5 = 4.14kg$，其中玻纤质量应为 $4.14kg \times 35\% = 1.45kg$，除以玻纤布的面密度 $400g/m^2$，得出需要 3.6 层。这样可以在铺敷时上下面用几层表面毡，玻纤布可用 3 层。表面毡的克重一般为 $30g/m^2$，上下面各用 2～3 层表面毡，玻纤布铺敷 3 层，基本能达到制品要求的厚度。

如果复合材料的强度要求高，可以在成型时加大辊压力，减少树脂用量，玻纤布可以铺为 4 层。如果复合材料的均匀度和厚度准确性要求高，则需要采用低克重的玻纤布。

基本工艺参数计算完成后，进行手糊工艺实施。首先将模具清理干净，做脱模处理。

因为制品有凹凸面，用膜状的脱模材料会引起褶皱，可采用喷涂型脱模剂，较常用的为聚乙烯醇水溶液。将配制好的 PVA 水溶液涂刷在模具表面，注意覆盖的均匀性，等待干燥。按配方配制 4kg 基体树脂，先在模具上涂刷一层树脂，铺敷玻纤表面毡，用辊子压平，再次铺敷一层并压平；铺敷一层玻纤布，涂刷树脂，用辊子压实，赶出多余树脂，依次铺敷完 3 层玻纤布；最后再铺敷 2 层表面毡，表面辊平。

由于制品较大，整张玻纤布不能完全覆盖，玻纤布及表面毡一定存在裁剪和拼接，且弧形面可能会形成褶皱，需要剪开并拼接。两张布要紧密接触，不能搭在一起也不能距离过远，以免影响平整性和力学性能。两层之间的接缝尽量错开。

手糊工艺完成后常温放置 24 小时，树脂基本固化完成，可以脱模。从四边轻轻撬起制品，使边缘粘接处脱离，然后取出制品，多余的边缘用电锯裁掉，用砂纸打磨平整。检查制品整体是否有缺陷，对于微小缺陷可以用树脂修补，有较大缺陷的只能作不合格品处理。

（5）经济性分析、环境安全健康分析

经济性分析：

在工程设计中，确定了工艺方法、原材料、基本工艺参数后，应进行成本估算，包括单件制品的原材料成本以及生产成本。单件制品的原材料成本即制备一件制品实际消耗的原材料价格，生产成本包括工具、模具、人工等所有涉及生产过程的费用，生产成本受生产量的影响较大。

对于本例制品，按体积估算质量约 5kg，配制树脂 4kg 约 40 元，表面毡 4 层约 6m^2 价格约 5 元，玻纤布 3 层约 4.5m^2 价格约 20 元，原材料费用大约为 65 元，此即原材料成本的估算，制品原材料成本约 65 元/件。在批量化的实际生产中可以通过优化工艺、减少消耗来降低原材料成本。生产成本包含了模具费用、人工成本等，受产量影响大，在小批量制品的生产中尤其不能忽略。估算总成本后，评价是否满足用户成本要求。

安全性分析及措施：

安全性评估包括原材料的安全性和生产过程的安全性。评估原材料的物理化学特性，分析其是否为易燃易爆有毒物品，并按照安全规范进行储存和操作。在本例中，主要原材料有不饱和聚酯树脂、有机过氧化物引发剂、有机金属促进剂、玻璃纤维、聚乙烯醇脱模剂。不饱和聚酯树脂属于易燃化学品，引发剂 MEKP 属于易燃、有爆炸性和有毒的危险化学品，异辛酸钴溶液属于易燃化学品，其他原材料无危险性。

不饱和聚酯树脂和促进剂为易燃化学品，要单独存放于阴凉通风处，配备相应品种和数量的消防器材；过氧化甲乙酮应单独储存于阴凉、通风的库房，远离火种、热源，防止阳光直射，远离促进剂库房，切忌与还原剂、酸类、碱类、易燃可燃物、食用化学品混储，库房温度要保持在 30℃以下，必须配备相应品种和数量的消防器材。

在生产操作时，尤其注意引发剂和促进剂不能预混合，会有爆炸的风险。操作场地不能有明火，并配备消防器材。

职业健康分析及措施：

对生产过程中影响健康及环境的因素进行分析，并制定相应的措施。在本例制品生产中主要污染源有：不饱和聚酯树脂中含有苯乙烯，其在使用中易挥发，形成毒害性气体；模具制造中有粉尘扩散；玻璃纤维在使用中有碎屑，对皮肤有伤害。在生产操作中应佩戴防毒口罩，并穿戴工作防护服和耐溶剂手套，生产场地注意通风，有条件的应进行废气处理和粉尘处理。

5.6　手糊成型的衍生方法

手糊成型是树脂基复合材料成型的基础方法，为提高生产效率、提高制品质量，对成型方法改进，衍生了多种成型方法，其中喷射成型和真空袋压辅助成型较为常用。

5.6.1　喷射成型

喷射成型工艺是通过喷射设备将连续长纤维切成短纤维，在压缩空气作用下，与树脂同时喷射到模具表面，经手工辊压，固化为复合材料的工艺过程。喷射成型将手糊成型操作中的纤维铺敷和树脂涂刷工作交由设备来完成，提高了生产效率，但辊压工作仍需人工完成。喷射成型工艺中由于增强纤维为短切纤维，复合材料力学性能相对较低，在很多制品中还需要人工铺敷纤维编织布来提高制品力学性能。

喷射成型的设备是喷射机，有柱塞泵式、压力罐式、齿轮泵式等多种形式，主要原理是通过压力将树脂输送到喷射枪头，喷射枪头由树脂喷头和切纱器构成，树脂喷头将树脂雾化并喷射出去，切纱器将连续纤维短切，在树脂的裹挟下喷射到模具。过程如图 5-6 所示。

喷射成型提高了手糊成型的工作效率，可采用玻纤粗纱代替编织布，降低了材料成

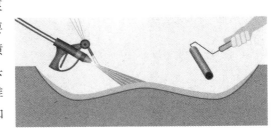

图 5-6　喷射成型

本，生产效率比手糊成型提高了 2～4 倍，产品整体性好，无接缝，树脂含量及短玻纤长度可调，非常适合于大型制品的成型。但是，喷射成型也有其缺点：纤维含量、制品厚度均匀性很大程度上取决于操作工人的技术水平，可控性差；增强材料为短纤维形式，树脂含量高，产品强度相对低，常需要人工铺敷编织布与喷射成型相结合的工作方式；由于树脂雾化喷射分散，工作环境污染度较大。

5.6.2　真空袋压辅助成型

在手糊成型中，通过手工用辊子将浸胶的纤维布压实，实施的压力较小且不均匀，而且开放式的固化方式使树脂中的交联剂部分挥发，制品表面固化不充分。在手糊铺敷完成后，将制品连同模具装在塑料薄膜袋中密封，并且抽真空，使薄膜紧贴在制品表面，形成均匀的压力，这种方法称为真空袋法。通过真空袋压辅助成型，可以使制品整体压力均匀，树脂含量相对可控，提高产品质量，并降低环境污染。

　　整体套袋的方法适用于小型制品，对于大型制品可以采用单层薄膜铺在制品上面，四周用密封胶条粘贴在模具上，抽真空使薄膜压在制品表面。制品与薄膜之间可以放置隔离网、吸胶毡，以吸收压出的多余树脂，使制品获得较高的密实度，提高纤维含量。

　　真空袋压辅助成型进一步发展，与 RTM 工艺结合，可以衍生出真空导入成型方法，将在 RTM 成型工艺中介绍。

 ## 设计题

　　要制作"BUCT"四个字母的复合材料户外标牌，每个字母高 1000mm，宽 700mm，厚 150mm，背面敞开式，壁厚 6mm，要求红色。从工艺方法、原材料、模具制作、工艺过程等方面进行工程设计，做出设计说明。

　　设计要求：

① 对制品进行分析，提出成型工艺。

② 选择树脂基体，做出树脂基体配方，并说明各组分作用、生产厂家和材料牌号。

③ 选择模具材料，说明模具制作过程。以"T"字为例画出模具标准图纸。

④ 详细说明制品制作的工艺过程。

⑤ 估算材料成本。

⑥ 分析制作过程中的安全、健康问题并提出防护预案。

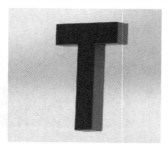

复合材料 RTM 成型

在复合材料手糊成型中，采用开放式模具，手工涂刷树脂，操作偏差大，施加压力小，树脂含量高，复合材料力学性能比较低，且操作卫生条件差。如果采用封闭式模具，先在模具中固定纤维，将液体树脂通过封闭式管路注入模具，复合材料性能会大幅度提高，操作效率提高，环保性好，这类成型方法称为液体成型技术（liquid composite molding，LCM）。液体成型技术的方法很多，有树脂传递模塑（RTM）成型、真空辅助 RTM 成型、真空导入成型、树脂膜渗透成型等，其中 RTM 成型是基础方法。

6.1 RTM 成型特点及工艺适用性

RTM 成型即树脂传递模塑（resin transfer molding）成型，是一种闭模成型方法，通过设备将液体树脂注射于铺满增强纤维的封闭模具中，然后固化成型。这种成型方法需要能注射树脂的设备和能承受一定压力的封闭式模具，其基本原理如图 6-1 所示。

RTM 成型的基本工艺过程为：先在模具的模腔内预先铺放增强材料，根据制品体积计算所需增强材料的量，增强材料可以是纤维布、纤维丝束以及辅助增强材料，也可以预埋嵌件；合模后在压力或真空作用下将树脂注入模腔，直至模腔内增强材料完全被树脂浸润，然后固化、脱模、后加工成制品。

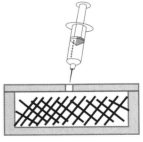

RTM 成型的特点：

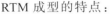

图 6-1 RTM 成型原理

① 成型过程中挥发物少，操作环境干净，气味较小；

② 易实现夹芯结构，可加入嵌件及对局部进行加强；

③ 模具制造及选材灵活性大，设备及模具投资较小，可制备较大型制品；

④ 能制造出具有良好表面的高精度复杂制品，可批量化生产；

⑤ 制品纤维含量较高，可达 60%，孔隙率低，力学性能好。

RTM 成型对有一定力学性能要求的大型复合材料制品、复杂形状制品、小型定制化制品等有较好的工艺适用性。对于一些大型复合材料制品，采用手糊成型无法满足质量要求和批量化生产要求的，可以采用 RTM 或其衍生方法成型；对于批量化生产的中小型制品、复杂形状制品等都可以采用 RTM 成型。

RTM 成型技术涉及材料学、化学、流体力学、计算机仿真等诸多交叉学科领域，是复合材料较活跃的研究领域之一。主要研究方向有：低黏度、高性能树脂体系的开发及其化学动力学和流变学特性研究；纤维预成型体的制备及渗透特性研究；成型过程的计算机模拟仿真技术；成型过程的在线监控技术；模具优化设计；新型工艺及设备的开发；等等。

6.2　RTM 成型的原材料

6.2.1　RTM 成型用树脂基体

RTM 成型的基本工艺方法是向充满增强纤维的模腔内注入树脂，这就要求树脂的黏度小、流动性好。对 RTM 树脂的基本要求是：

① 黏度小：树脂黏度在 100～500mPa·s，流动性好；

② 浸润性好：树脂对增强材料有良好的浸润性、匹配性；

③ 反应活性高：可常温至中温固化，在固化温度下有较高反应活性。

可以满足 RTM 工艺要求的树脂种类有很多，不饱和聚酯树脂、乙烯基酯树脂、环氧树脂、聚氨酯树脂等都可以用于 RTM 成型工艺。

在 RTM 成型中，不饱和聚酯树脂及乙烯基酯树脂较为常用，因为该类树脂黏度较小，通过引发剂、促进剂及阻聚剂的配合可以灵活调整固化温度和工艺性，在玻纤增强复合材料中应用比较普遍。不饱和聚酯树脂及乙烯基酯树脂的生产厂家很多，如 AOC 力联思（原帝斯曼）、常州天马、上纬新材、上海富晨等，各厂家都有 RTM 专用树脂，树脂黏度、反应活性等指标已调整到适合 RTM 工艺。表 6-1 列举了几种适用于 RTM 成型的树脂品种，例如力联思的 Palatal® A400-972 为通用型不饱和树脂，黏度 400～500mPa·s，可以用于多种成型方法，其他树脂品种为 RTM 及真空导入专用树脂，黏度都较低。不同牌号树脂凝胶时间相差较大，注意根据产品注胶时间进行选择。

环氧树脂在 RTM 工艺中主要用于制备高性能复合材料。一个环氧树脂体系是否适用，不仅取决于树脂品种，还取决于固化剂。RTM 用环氧树脂体系同样要求有较低的黏度和较高的反应速度，一般要求中温固化。

环氧树脂体系的配方灵活度较大，可根据制品要求和工艺要求进行树脂体系设计。树脂可选用双酚 F 型二缩水甘油醚、缩水甘油酯、脂环族环氧树脂等低黏度树脂品种，视黏度情况配合活性稀释剂。固化剂常采用改性多元胺或催化型固化剂，满足中温固化的要求，部分高温固化体系可采用液体酸酐。

举例一种 RTM 成型工艺用的环氧树脂配方体系：

双酚 F 型二缩水甘油醚	85
乙二醇二缩水甘油醚	15
异佛尔酮二胺 IPDA	25

表 6-1　适用于 RTM 成型的部分树脂及性能

类型	厂家	牌号	液体树脂		浇注体性能			
			黏度/(mPa·s)(25℃)	凝胶时间/min	拉伸强度/MPa	断裂伸长率/%	弯曲强度/MPa	弯曲模量/GPa
不饱和聚酯树脂	力联思	Palatal RXT-02	220~280	10~15	70	2.3	130	3.8
	力联思	Palatal A400-972	400~500	15~25	80	4.0	140	3.3
	天马	TM-25	140~180	50~80	55	1.8	128	4.2
乙烯基酯树脂	力联思	Synolite 1967-G-3	260~300	42~47	70	2.2	125	
	力联思	Atlac 430 LV GT250	180~250	50~70	80	4.0	130	3.4
	上纬	901-V	200±50	20±5	76~90	4.5~5.5	110~135	3.1~3.3

采用低黏度的双酚 F 型二缩水甘油醚和乙二醇二缩水甘油醚活性稀释剂作为树脂组分，异佛尔酮二胺（IPDA）作为固化剂，配方黏度满足 RTM 工艺要求，固化制度 80℃×4h＋120℃×1h，或根据生产要求适当调整。

根据制品性能要求，还可以使用烯丙基双酚 A 改性双马来酰亚胺树脂、双组分聚氨酯树脂等高性能树脂基体，甚至可以使用合成热塑性树脂的单体化合物，只要能满足 RTM 的工艺要求，在成型过程中树脂可聚合为性能优良的高聚物，此类树脂或单体就可以用作 RTM 成型的原材料。

6.2.2　增强材料

RTM 成型的增强材料可选范围比较广，其应用形式也多种多样。增强纤维主要是玻璃纤维、碳纤维、芳纶等，可以采用编织布、纤维毡、纤维丝束等形式。厚制品常常在纤维布铺层中间采用蜂窝结构材料、夹心泡沫等辅助增强材料（图 6-2），其中铝蜂窝、芳纶蜂窝、聚甲基丙烯酰亚胺（PMI）泡沫等主要用于航空航天高性能复合材料，聚丙烯蜂窝、纸蜂窝、聚氨酯泡沫等主要用于常规复合材料。

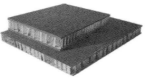

图 6-2　蜂窝及泡沫夹层材料

RTM 工艺对增强材料的要求是整体性均匀、耐树脂冲刷、对树脂浸润性好、树脂流动阻力小。在 RTM 模具中手工铺放纤维是一个比较困难的工序，增强纤维容易错位，增强材料的变形不能与模具型面变化相适应时需要手工裁剪缝合，有时还要根据制品力学性能要求在局部采用不同的铺放方式及局部增强。

纤维预成型技术是为提高生产效率及制品质量，将增强材料预先成型制备成坯体的一种方法，对质量要求高、性能稳定、结构复杂的制品非常重要。纤维预成型技术是 20 世纪 90 年代发展起来的，其原理是在增强纤维或织物表面涂覆少量的定型剂，在预成型模具中加压形成所需形状的预成型体。

6.3　RTM 成型设备及模具

6.3.1　RTM 成型设备

RTM 成型设备的主要作用是将树脂注入模具中，包含有加热、混合、计量、加压等几种主要功能。加压方式有气动加压和泵式加压等，配合精密计量装置，实现精确快速的树脂注入。

根据成型工艺中使用的树脂不同，成型设备主要有单组分注胶机和双组分注胶机（图 6-3）。单组分注胶机适用于单一组分树脂，将配制了引发剂/固化剂的树脂加压注入模具；双组分注胶机可以分别注射两个组分，按设定比例将两种组分混合，加压注入模具。

对 RTM 设备的选型要根据所用基体树脂的类型：如不饱和聚酯树脂、乙烯基酯树脂等，引发剂/促进剂与树脂预先混合的，可以采用单组分注胶机；环氧树脂、聚氨酯树脂等树脂与固化剂需要分别计量后混合的，需要采用双组分注胶机。

图 6-3　RTM 成型设备——单组分注胶机和双组分注胶机

6.3.2　RTM 成型模具

RTM 成型是在低压下成型，对模具刚度相对要求低，但比手糊成型模具要求高。RTM 成型模具主要有玻璃钢模具和金属模具。玻璃钢模具通过制品形状的母模翻制，其制造方法与手糊成型用玻璃钢模具基本相同，成本较低，是 RTM 成型的主要模具类型；金属模具精度高、耐热性好，通过机械加工制备，可施加压力大，同时可以外附加热片进行加热，可用于制备需要中高温固化的高性能复合材料。

在 RTM 成型模具设计中，需要重点考虑的方面有：模具结构设计、注射口和排气口设计、模具密封设计、模具加热方式设计。

（1）模具结构设计

模具的结构设计包括：产品结构分析；嵌模、组合模、预埋结构、夹心结构等模具结构形式；专用锁紧机构、脱模机构、专用密封结构；真空结构形式；模具层合结构、刚度结构形式、模具加热形式等。

模具结构设计主要遵循以下原则：

a. 结构合理：模具总体结构简化，尽量减少分型面的数量，采用平直分型面。

b. 脱模方便：在设计模具时应考虑产品脱模，覆盖件边缘要留有一定的脱模角度，各部分连接处应平滑过渡。

c. 树脂流动合理：充分考虑树脂注射口和树脂在模具内流道的布置。

d. 便于排气：排气口尽量与树脂流动的末端重合，有利于气体排出。

（2）注射口和排气口设计

树脂注射口和排气口关系到树脂的流动，注射口可以在模具的中心位置或边缘位置，要根据制品形状和树脂流动规律设计。形状规则的制品，注射口通常位于模具中心，树脂能均匀充满整个模腔。不规则形状制品，要根据树脂流动速度确定注射口位置，借助于模拟软件可以较好地确定注射口和排气口位置。

通常树脂注射口在下，排气口在上，以保证树脂充满模腔；注射口必须垂直于模具，以防止树脂冲散增强材料。大型制品可以有多个注射口同时注胶，以提高树脂流动性和提高生产效率。树脂注射口（注胶口）和排气口布置示意如图 6-4。

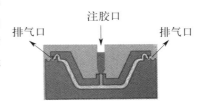

图 6-4　模具注射口和排气口设计

（3）模具密封设计

模具的密封通常采用不同结构形式的密封条来实现，密封条有 O 形、矩形和异形结构，材质使用硅橡胶比较好。为了保证模具的有效密封和模腔内抽真空的需要，经常会用到双密封结构。模具采用双密封结构并且在注胶前对模腔抽真空，有利于降低模具变形、降低孔隙率、提高生产率、减少整修工序。

（4）模具加热方式设计

根据基体树脂配方组成和反应特性，RTM 成型有常温固化和加热固化两种类型。对于常温固化制品，模具不需要设计加热装置，对于需要加热固化的，应考虑加热方式及布置。模具的加热方式主要有介质加热、电加热和整体外部加热，加热方式的选择是由模具的材质、尺寸、树脂固化温度决定的。

介质加热是采用热水、蒸汽、导热油等介质对模具加热。在模具背衬里铺设循环管路，管路尽量覆盖到模具的所有部分，或者用介质加热套覆盖模具。外部设有加热装置，介质在加热装置中加热后通入循环管路，对模具进行加热。介质加热管路循环较长，加热速度慢，适用于中低温固化的制品。

电加热可采用多个加热片贴附在模具表面进行加热，操作相对方便，对金属模具采用加热片加热可以实现中高温固化。

整体外部加热是将模具放入烘箱或加热炉中进行加热，适用于较小尺寸的模具。

6.4 RTM 工艺过程

6.4.1 工艺设计原则

RTM 工艺过程，实际就是树脂注入模具后在模具内流动、浸润纤维、赶出空气、逐渐充满整个模腔并固化的过程。工艺过程的影响因素包括四方面：增强材料、树脂基体、纤维铺层结构、工艺参数。这四个方面相互制约、相互影响。主要工艺原则有：

① 树脂基体和增强纤维要有良好的匹配性：合适的树脂基体可以充分发挥增强纤维的性能，比如，碳纤维原则上与环氧树脂及高性能树脂匹配，不饱和聚酯树脂常与玻璃纤维匹配。

② 合适的树脂黏度和适用期：树脂黏度和适用期对工艺性影响较大，树脂黏度大，则注胶压力要提高；适用期短，工艺温度不能高。

③ 铺层结构有利于树脂的流动并能经受树脂的冲击：增强材料铺好后，其位置和状态固定不动，不应因合模和注射树脂而引起变动；采用长纤维和连续纤维织物可防止被树脂冲散。

④ 合适的工艺参数：根据模具、纤维、树脂等各方面因素制定合适的工艺参数，主要参数有注胶压力、注胶速度、注胶温度。

工艺参数及影响：

① 注胶压力：压力的高低取决于模具材料要求和结构设计。高压力需要高强度、高刚度和大的合模力。降压措施：适当的模具注胶口和排气口设计；适当的纤维排布设计；降低树脂黏度，降低注胶速度。

② 注胶速度：注胶速度取决于树脂对纤维的润湿性和树脂的表面张力及黏度。注胶速度受制件尺寸、模具刚度、压力设备的能力、纤维含量和树脂适用期制约。工艺中一般希望有较高的注胶速度以提高生产效率，但速度的提高会伴随压力的升高。

③ 注胶温度：注胶温度取决于树脂体系的反应活性和最小黏度温度。在不至太大缩短树脂凝胶时间的前提下，为了使树脂在最小的压力下获得纤维的充分浸润，注胶温度应尽量接近最低树脂黏度的温度。较高的温度会使树脂表面张力降低，使纤维中空气受热上升，利于气泡排出。过高的温度会缩短树脂适用期，使树脂黏度增大，导致注胶压力升高，也会降低树脂对纤维的浸润性。

6.4.2 RTM 成型仿真软件

RTM 工艺影响因素较多，普通制品可以通过经验确定相对合理的工艺条件，但对于性能要求高及大型制品，需要通过仿真软件预先进行工艺模拟。

RTM-Worx 仿真软件是一款先进的树脂模注工艺仿真软件，由荷兰国家应用科学研究院（TNO）在 1991 年开发，广泛用于模拟 RTM、VIP 等复合材料工艺过程中树脂的充型流动情况，也可用于模拟压力驱动下多孔介质中的一般流动过程。RTM-Worx 能高效、方便地利用有限元（FEM）和控制体积法（CVM）求解多孔介质中树脂流动过程的物理方程。

RTM-Worx 操作界面具有典型的 Windows 风格，简单易用，通过导入几何体结构或在软件中直接建立模型，属性信息可以直接赋予几何体。RTM-Worx 是一个高度集成化的模拟系统，前处理器、求解器、后处理器三大模块集成于同一界面，可独立完成完整的树脂注射过程分析并获得分析结果。RTM-Worx 不但能用于 RTM 过程仿真，也可以用于反应注射成型（RIM）等液体成型工艺模拟。其界面如图 6-5 所示。

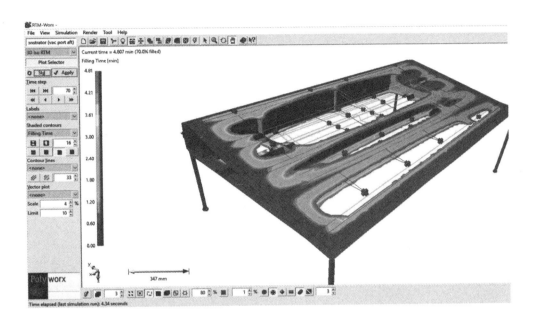

图 6-5　RTM-Worx 软件界面

另外，ESI 的 PAM-RTM 仿真软件、Moldex3D 的 RTM 模拟分析等都具有相应的功能，可以进行 RTM 工艺分析。各仿真软件已经广泛应用于航空航天、风力发电、船舶等各个行业的复合材料结构设计领域。

6.5　RTM 衍生工艺

RTM 技术进一步改进和发展，在其基础上衍生出了多种成型技术，主要有真空辅助 RTM 成型技术、轻型 RTM 成型技术、真空导入成型技术、树脂膜渗透成型（RFI）技术等。RTM 成型还可以与其他成型方法结合产生新的成型技术。

6.5.1　真空辅助 RTM 成型

在 RTM 成型过程中，当复合材料制品较大，或树脂黏度较高，或纤维含量较高时，注胶压力就会很大，甚至超出设备能力，纤维不能充分浸润。为解决此问题，可以在排气口处抽真空，这种工艺称为真空辅助 RTM（VARTM，vacuum assistant resin transfer molding）成型。

真空辅助 RTM 成型是在传统 RTM 技术基础上改进发展起来的。为了改善 RTM 注射时模腔内树脂的流动性、浸渍性，更好地排尽气泡，采用在腔内抽真空，再用注射机注入树脂的工艺。VARTM 在真空状态下排除纤维增强体中的气体，通过树脂的流动、渗透，实现对纤维及其织物的浸渍，并在室温下进行固化。VARTM 基本原理和 RTM 工艺是一致的，适用范围也类似。

VARTM 与常规 RTM 工艺相比，有几方面的优点：RTM 工艺在树脂注入时，模具型腔内压力较大，通过抽真空可减少这种压力，因而增加了使用更轻模具的可能性；真空还有助于树脂对纤维的浸润，使纤维浸渍更充分；真空的使用也可提高增强纤维对树脂的比率，使制品纤维含量更高；真空还起到排除纤维束内空气的作用，减少了微观孔隙的形成，制品孔隙率低，力学性能更好。

VARTM 工艺在许多方面的性能比 RTM 有了很大的提高。对于大尺寸、大厚度的复合材料制件，VARTM 是一种十分有效的成型方法。采用以往的复合材料成型工艺，大型模具的选材困难，而且成本昂贵，制造十分困难，尤其是对于大厚度的船舶、汽车、飞机等结构件。采用 VARTM 工艺制造的复合材料制件具有成本低、孔隙含量小、成型过程中产生的挥发气体少、产品的性能好等优点，工艺具有很大的灵活性。在商业、军事、基础行业以及船舶制造业等方面都有广泛的应用。

6.5.2 轻型 RTM 成型

轻型 RTM（Light-RTM）工艺是在真空辅助 RTM 工艺的基础上发展而来的，适用于制造大面积的薄壁产品。该工艺的典型特征是下模为刚性模具，而上模采用轻质、半刚性的模具，通常厚度为 6～8mm。工艺过程使用双重密封结构，外圈真空用来锁紧模具，内圈真空导入树脂。注射口通常为带有流道的线形注射方式，有利于快速充模。由于上模采用了半刚性的模具，模具成本大大降低，同时在制造大面积的薄壁产品时，模具锁紧力由大气压提供，保证了模具的加压均匀性，模制产品的壁厚均匀性非常好。

6.5.3 真空导入成型

真空导入成型，也称真空灌注成型（vacuum infusion process，VIP）、SCRIMP（seaman composites resin infusion manufacturing process）成型，是由美国西曼复合材料公司在 1990 年获得专利权的一种成型技术。其工艺方法由 VARTM 和 Light-RTM 发展而来，其基本方法是：成型模具只需要一个下模，在模具中铺放纤维布和辅助材料，连同模具装入真空袋，密封后进行抽真空，树脂在真空状态下被吸入纤维层间并浸润纤维，然后固化成型。

与传统的 RTM 工艺相比，VIP 工艺只需一半模具和一个弹性真空袋，这样可以节省一半的模具成本，成型设备简单。由于真空袋的作用，在纤维周围形成真空，可提高树脂的浸润速度和浸透程度。依靠真空压力与大气压之差为树脂注入提供推动力，从而缩短成型时间。树脂浸渍主要通过厚度方向的流动来实现，所以可以浸渍厚度大以及结构复杂制品，甚至含有芯子、嵌件、加筋件和紧固件的结构也可一次注入成型。该工艺对于小型和大型复合材料都可以适用，施工安全、成本较低。

真空导入成型的工艺过程：

① 准备模具。模具清理后涂刷脱模剂，新用模具应多次涂刷。

② 裁剪和铺放纤维增强材料。根据成型需要，裁剪适当尺寸的增强材料，覆盖到产品所有边缘。对于复杂模具，尤其是凹凸不平的或者多轮廓的，有时需要使用定型胶，将织物粘到模具表面以及进行每层之间的粘接。

③ 铺脱模布。脱模布是树脂导流工艺材料的第一层，完成产品制作后可以从产品上撕掉。脱模布铺盖到增强材料的整个表面。

④ 铺导流网。导流网可以确保树脂从导流管中顺利流入到纤维层，即使在全真空下，薄膜紧贴在制件表面时仍有间隙以便树脂流动。

⑤ 固定螺旋导流管。螺旋导流管用于提高树脂从进料管到制件的流动。螺旋导流管一端接到树脂进料口，管体分布于树脂流动面，树脂将沿着整个螺旋导流管而分散。螺旋导流管必须直接固定在导流网上，确保树脂可以更容易地从螺旋导流管流入到导流网中。

⑥ 固定树脂进料端和真空端的接头。树脂进料端接头固定在螺旋导流管的中间部位，将接头安在螺旋导流管之上。真空端接头固定在另一侧的脱模布上。

⑦ 铺密封胶带并粘贴真空袋膜。模具四周贴上密封胶带，将薄膜粘贴牢固，注意进料端和真空端接头处的密封。

⑧ 连接进料管和真空管。准备树脂罐以及真空泵和树脂收集器，连接并保证密封。

⑨ 抽真空，调整真空袋。抽真空并整理真空袋膜的褶皱，观察是否漏气。待真空度达到要求后关紧进出气阀。

⑩ 准备树脂，真空导入。按配方配制树脂，静置脱泡后插入进料管，打开进料阀，保持真空泵运转，树脂被吸入模具并浸润纤维。当树脂流满模腔进入树脂收集器时，依次关闭进料阀和出料阀，关闭真空泵，等待制品固化。

⑪ 去除辅助材料，脱模。制品固化后，撕掉真空袋、螺旋导流管、脱模布等辅助材料，将产品从模具中脱出，进行后处理。图 6-6 是真空导入成型示意图。

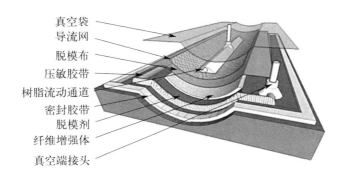

图 6-6　真空导入成型

真空导入成型有诸多优点，如模具简单、不需要树脂注射设备、纤维含量较高、制品质量稳定，但是辅助材料的消耗比较多。真空导入成型最早应用于航天航空等特种领域，后来逐渐应用于高要求的民用产品，目前大型风电叶片的制造基本采用真空导入成型工艺。

6.5.4　树脂膜渗透成型

树脂膜渗透成型（RFI）也是在 RTM 的基础上发展起来的，是一种树脂熔融浸渗和纤维预成型坯相结合的技术。RFI 首次是由美国波音公司的 L. Letterman 申请的专利，最初是用于成型飞机结构件。RFI 不使用液体树脂，而是先制备树脂膜，将树脂膜和纤维布依次铺敷到模具中，再采用真空袋抽真空并加热。达到一定温度后，树脂膜熔融成为黏度很低的液体，在真空作用下沿厚度方向逐步浸润纤维预成型体，继续升温使树脂固化，最终获得复合材料制品。

RFI 工艺不需要复杂的树脂浸渍过程，成型周期短，能一次浸渍超常厚度纤维层；具有高度三维结构的缝编、机织预制件都能浸透，并可加入芯材一并成型；树脂膜在室温下有高的黏结性，可黏着弯曲面；成型压力低，不需要额外的压力，只需要真空压力；模具制造与材料选择的灵活性强，不需要庞大的成型设备就可以制造大型制件，设备和模具的投资低；成型产品孔隙率低，纤维含量高，制品性能优异。

RFI 工艺也存在一些不足之处，例如：对树脂体系要求严格，需要专门制备热固性树脂膜，要求树脂在常温下为固体状，熔点低、熔融后黏度低、固化速度快；由于采用真空袋压法，制品表面受内模的影响，达不到所需的复杂程度及精度要求，不太适合成型形状复杂的小型制件；树脂的用量不能精确计量，需要吸胶布等耗材除去多余树脂，因而固体废物较多。

6.5.5　高压 RTM 成型

高压 RTM（high pressure resin transfer molding，HP-RTM）是一种新型的成型方法，集纤维预成型、RTM 成型、模压成型于一体，自动化程度较高。其工艺路线是先制备纤维预成型体，置入模具中，再利用高压将树脂注入抽真空的模具，加热固化成型，可用于大批量快速生产高性能复合材料。工艺流程如图 6-7 所示。

传统 RTM 工艺因有大量手工操作需要较长的加工时间，而高压 RTM 技术具有较高的自动化程度，生产周期短，可将复合材料制品的生产周期从数小时缩短到几分钟。传统的 RTM 通常使用 10～20bar❶ 的注射压力，而高压 RTM 可使用 30～120bar 的注射压力，极大提高了制品性能。

高压 RTM 要求树脂体系黏度低，对纤维预成型体具有良好浸润性，还要具有较长的适用期和注射工作平台期，并且在升高温度下能够在 2～5min 内迅速反应固化，同时要求具有较高的韧性和玻璃化转变温度，与预成型体的性能匹配性好。用于碳纤维汽车件规模化量产的树脂牌号主要有亨斯曼（Huntsman）公司的 3585/3458、3585/3475，瀚森（Hex-ion）公司的 05475/05443，陶氏化学（Dow）公司的 5310/5350，巴斯夫（BASF）公司的

---

❶　1bar＝0.1MPa。

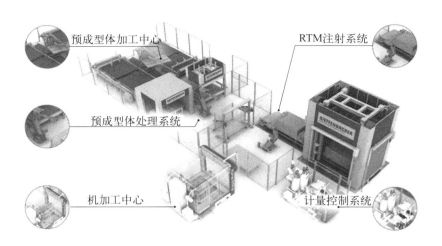

图 6-7　高压 RTM 成型工艺流程

2202/2116，惠柏新材料的 8920/8920B，山东光轩新材料的 T315A/B、T312A/B。不同树脂体系的性能指标见表 6-2。

表 6-2　高压 RTM 用树脂体系的性能

供应商	Huntsman		Hexion	光轩新材料	
牌号	3585/3458	3585/3475	05475/05443	T312A/T312B	T315A/T315B
体积配比	100∶19	100∶19	100∶29	100∶25	100∶23
25℃混合黏度/(mPa·s)	—	900～1100	1100～1300	800～1100	700～900
开始混合黏度/(mPa·s)	＜50	70～80	30	＜50	＜50
凝胶时间(100℃)/min	0.5～1.5	2	3～4	1.5	1
模具温度/℃	100	115	120	120	115
固化时间/min	5	2	—	5	2
拉伸强度/MPa	75～80	75～80	84	80	78
拉伸模量/MPa	3000～3100	2700～3000	2920	3100	2900
断裂伸长率/%	5～7	8～10	6～8	5.5	8.5
弯曲强度/MPa	120～140	—	130	136	126
弯曲模量/MPa	3200～3500	—	3019	3100	2700
层间剪切强度/MPa	60	58～62	58～62	60	59
T_g/℃(DMA)	93～103	105～115	125～130	100	130

　　目前高压 RTM 已经用于航空航天、汽车、新能源等领域。飞机涡扇发动机叶片采用高压 RTM 成型可以得到更高的质量和尺寸稳定性；部分型号的宝马汽车零部件中使用了高压 RTM 成型，如 i3 汽车的顶棚由高压 RTM 整体成型；目前新能源电池外壳大量采用

高压 RTM 成型，以获得更快的生产速度和更好的质量。

设计题

　　飞机涡扇发动机要满足较大的涵道比，必须采用较大尺寸的风扇。风扇段质量约占发动机总质量的 30%～35%，减小风扇段质量是减小发动机整体质量和提高发动机效率的关键手段，采用更大、更轻的风扇叶片已成为涡扇发动机的发展趋势。因此，采用复合材料风扇叶片是目前实现发动机更高涵道比和减重最有效的途径。

　　涡扇发动机叶片工作温度在 130℃ 以下，适合采用轻质高强的碳纤维复合材料。美国 GE 公司从 1985 年开始采用模压成型、热压罐成型等方法研制复合材料发动机叶片，2021 年俄罗斯联合发动机集团（UEC）采用"三维机织/RTM"技术制造了 PD-35 发动机叶片。

　　国产涡扇 10 发动机是我国歼系列战斗机的主要动力来源，其中发动机的复合材料风扇叶片是以 T800 碳纤维织物的预成型体采用 RTM 工艺制备的，如下图所示：

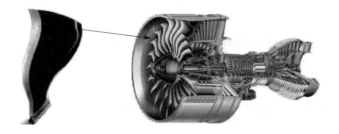

据此设计：
① RTM 成型模具的基本要求及材质要求；
② 写出 RTM 成型树脂的基本要求，并设计一个中温固化环氧树脂的配方；
③ 简述 RTM 成型的工艺流程。

复合材料模压成型

模压成型是一种高分子材料的通用成型方法,在热塑性树脂、热固性树脂、弹性体以及复合材料的制备中,需要加热加压成型的工艺过程都可以采用模压成型。

复合材料模压成型工艺是将模压用原材料放入金属对模中,在一定温度和压力作用下,材料受热流动充满模腔后反应固化,成为制品的过程。模压成型工艺发展较早,在20世纪初就出现了酚醛树脂模压成型,主要用于生产以木粉、石棉及石英粉为填料的酚醛树脂复合材料制品,后来又出现了以三聚氰胺-甲醛树脂和脲醛树脂为基体的模压材料,以及其他各种热固性树脂混合粉体和纤维填充物的材料,这类材料称为"模塑料",是指可以通过模压塑形的材料。

复合材料模压成型的工艺过程相对较简单:将原材料放入模具中,在热压成型机中加热加压,树脂固化后成型。模压材料向着两个方向发展:一是传统模塑料的性能改进,提高生产效率;二是采用连续纤维成型高性能复合材料。另外,在模具设计和产品结构设计中,计算机辅助设计与仿真越来越多地在模压成型中得到应用。

7.1 模压成型设备

模压成型的设备是热压成型机(压机),其主要作用是对模具进行加热加压。压机通过液压油驱动加压,一般由机身、液压油箱、活动横梁、液压传动机构和电气控制系统组成。

液压驱动的热压成型机是利用液体传递压力,基本工作原理基于工程流体力学的帕斯卡定律:不可压缩静止流体中任一点受到压强增值后,此压强增值瞬时传递至静止流体各点,公式为 $F_1/S_1 = F_2/S_2$。在较小面积活塞上施加较小的推力就可以在较大面积活塞上产生较大的推力,以油泵推动小活塞对工作面的大活塞施压。压力传递介质一般为石油基液压油,液压油的压缩性小,而且有润滑性。

压机在使用中主要是控制成型压力、工作速度及温度和时间,主要参数是最大压力、工作面尺寸、压机行程。在选择压机时,应按照制品能承受的单位压力来选择压机吨位。对于模压料需横向流动的偏心制品或深度尺寸大的制品,压机吨位可以按照制品投影面积承受高达 7～10MPa 的单位压力来计算压力吨位。小型压机的压力从几吨到几十吨，常用的有 25 吨、40 吨等型号的热压成型机，大型压机的压力有 800 吨、2000 吨、3000 吨及以上型号，根据制品的大小和要求选用不同压力的设备型号。

　．　压机工作面尺寸是可放入模具的最大尺寸，根据所成型制品的模具长宽确定；压机行程是指压机活动横梁可移动的最大距离，根据所成型制品的模具高度确定。压机的加热方式主要为电加热，也有大型压机采用加热油加热和蒸汽加热。图 7-1 分别是小型和大型热压成型机。

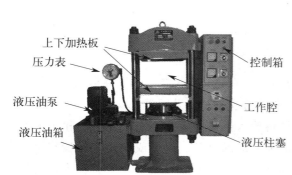

(a) 小型热压成型机　　　　　　　　　　(b) 大型热压成型机

图 7-1　小型和大型热压成型机

热压成型机的使用要配合模具，成型模具放置于压机工作腔内。模具有固定式和活动式：用模塑料连续生产制品的常用固定式模具，上下模具分别固定在压机工作面上，加热和冷却装置可以集成到模具里，模具的设计加工要求比较高；活动式模具是在外部填满模压材料，合模后将模具放入压机工作腔，加热装置设置在压机工作面内，可以灵活更换模具制备不同制品。

7.2　模压成型的原材料

复合材料模压成型的方法是原材料在模具中加热加压成型，所有热固性树脂都可以通过模压成型制备复合材料，而且热塑性树脂基复合材料也可以采用模压成型。在实际生产中根据制品要求和生产效率，模压成型的原材料主要分为模塑料和预浸料两大类。

7.2.1　模塑料

模塑料是以热固性树脂为基体，添加了固化剂/引发剂、短纤维、填料及功能助剂的混合材料，呈粉状、泥状或软片状等形式，可以在模具中塑形并固化，形成复合材料。

最早的模塑料是酚醛模塑料，由线型酚醛树脂加入固化剂、填料和短纤维组成。固化剂一般为六次甲基四胺，填料为碳酸钙、氧化铝等粉体，纤维为玻璃纤维、石棉、棉麻碎片等。酚醛模塑料早期大量应用于电器零件及工业制品，具有绝缘耐热等优点。由于酚醛树脂具有固化温度高、成型时间长、制品脆性大等问题，新型的模塑料不断被研究和应用。

对模塑料的基本工艺要求是常温下不能固化、储存时间长、加热时具有可流动性、能快速固化。酚醛模塑料虽然有非常长的储存时间，但固化温度高、固化时间长，不适用于需要快速成型的复合材料；环氧树脂也可以制备模塑料，但仍然存在固化时间长的问题。目前普遍应用的模塑料品种为不饱和聚酯树脂模塑料，采用高温引发剂可以获得较长的储存时间，由于是自由基引发固化机理，固化速度较快，制品性能较好，而且制备方便、成本较低。

不饱和聚酯树脂模塑料的组成有：不饱和聚酯树脂、引发剂、功能助剂、填料、短纤维、颜料。根据制备方法和形态分为两种：团状模塑料（bulk molding compound，BMC）和片状模塑料（sheet molding compound，SMC），其形态如图 7-2。

图 7-2　团状模塑料和片状模塑料

团状模塑料（BMC）的主要生产设备是捏合机，将液体树脂、粉体填料及增强纤维和助剂等所有原材料加入到捏合机中，通过强力机械搅拌混合成泥团状，再用撕松机打松散便于取用。表 7-1 是在 200L 捏合机中制备 150kg 不饱和聚酯树脂模塑料的配方例。

表 7-1　不饱和聚酯树脂模塑料配方例

组分	名称	规格型号	配方/份	质量/kg
树脂	不饱和聚酯树脂	通用树脂	60	24
	低收缩树脂	LSA	40	16
填料	碳酸钙	500 目	200	80
增稠剂	氢氧化钙		1.2	0.48
引发剂	TBPB		1	0.4
颜料	炭黑		0.3	0.12
脱模剂	硬脂酸锌		3.5	1.4
增强材料	玻纤	6mm	70	28

配方中基体树脂是不饱和聚酯树脂，引发剂采用过氧化苯甲酸叔丁酯（TBPB）。TBPB 分解温度高，10 小时半衰期温度为 105℃，常温下不引发，高温下（约 130℃）可以迅速固化。低收缩树脂是一种热塑性的聚丙烯酸酯树脂，在配方中起到增韧作用，并减少固化后制品的收缩。碳酸钙为主要填料，氢氧化钙可调节树脂黏度。硬脂酸锌作为内脱模

剂，在模压成型时熔化并渗透到制品表面，起脱模作用。炭黑作为颜料，可以制备黑色到灰色的制品，如果需要其他颜色，则加入相应颜色的颜料。短玻纤是主要增强材料，含量越高则制品强度越高，但在 BMC 中短玻纤含量不高，一般在 20%（质量分数）以下。

所有材料在捏合机中混合均匀，打松散后存贮。在制备复合材料时，称取一定质量的 BMC 材料放入模具，模具先升温到 135℃，合模后保温 40 秒左右即可完成固化，开模取出制品。

片状模塑料（SMC）与团状模塑料（BMC）的原材料组成基本相同，但生产工艺不同。SMC 通过连续生产，除纤维之外的其他组分预先混合，在聚乙烯薄膜上刮涂一层，将连续玻纤纱通过旋转切刀短切后撒在树脂上，另外再刮涂一层树脂覆盖在玻纤层上，上下都用聚乙烯薄膜隔离，经压实后收卷。SMC 的玻纤含量及长度可以调节，玻纤长度可以在 6～50mm，一般为 25mm，纤维含量可以达到 20%～40%，比 BMC 有更好的力学性能。SMC 生产过程如图 7-3 所示。

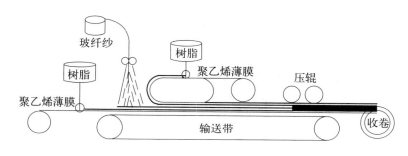

图 7-3 SMC 生产过程

7.2.2 预浸料

预浸料是制备高性能复合材料的重要中间原材料，可以在模压成型、热压罐成型等多种成型工艺中应用。由于预浸料使用连续纤维，有较高的纤维含量和均匀的纤维排布，制备的复合材料具有优异的力学性能。

采用预浸料模压成型制备复合材料，是高性能复合材料成型的重要方法。预浸料的制备及性能已经在第四章中叙述，本部分不再赘述。

7.3 模压成型模具及设计

模压成型的模具设计要综合考虑制品性能要求、所用原料、生产效率等方面，在设计中需要重点考虑模具类型、结构、材料、加工等设计要素。

7.3.1 模具类型

根据模压制品所用原料类型、生产情况及产品结构，首先确定模具类型。模具按照在压机上的固定方式不同，主要分为三种类型：

① 移动式模具（机外装卸模具）：模具的分模、装料、闭合及成型后制品的取出等均在压机外进行，模具本身不带加热装置且不固装在机台上。这种模具适用于内部有嵌件、螺纹孔及旁侧孔的制品，新产品试制以及采用固定式模具加料不方便等情况。

移动式模具结构简单，制造周期短，造价低，但操作劳动强度大，且生产率低，模具尺寸及质量都不宜过大。采用预浸料模压成型的大部分制品采用移动式模具。

② 固定式模具：模具固定安装在压机上，本身带有加热装置。整个生产过程即分模、装料、闭合、成型及顶出制品等都在压机上进行。固定式模具使用方便、生产效率高、劳动强度小、模具使用寿命长，适用于批量、尺寸大的制品生产。缺点是模具结构复杂，造价高，且安装嵌件不方便。采用模塑料连续生产的大部分制品采用固定式模具。

③ 半固定式模具：介于上述两种模具之间，即上模或下模固定在压机上，另一半模具可沿导轨移动进出。一般将上模做成阳模固定，下模做成阴模可移动。成型后阴模被移出压机，在外侧的工作台上进行作业，安放嵌件及加料完成后，再推入压机内进行压制。该结构便于安放嵌件和加料，适用于小批量生产。

7.3.2 模具材料及加工要求

模压成型过程压力大、温度高，对模具材料要求相对较高，必须使用金属材料制造。应根据产品的批量、工艺方法和加工对象选择材料。模压用模具材质与塑料注塑加工用模具材质相同，以下几种钢材是制造模具经常选择的材质。

3Cr2Mo 钢（P20 模具钢）：一种通用型预硬化模具钢，是应用较广泛的塑料注塑模具钢。具有良好的可加工性和镜面研磨抛光性能，具有较好的淬透性及一定的韧性，可以进行渗碳，渗碳淬火后表面硬度可达 65HRC，有较高的热硬度及耐磨性。

3Cr2NiMo 钢（718 模具钢）：是 3Cr2Mo 钢的改进型，在 3Cr2Mo 钢中添加了少量镍，具有极佳的抛光性能及光刻花性。由于淬透性更好，性能更优越，可以制作尺寸大的、高档次的塑料零件。

40Cr 钢：机械制造业使用最广泛的钢之一，调质处理后具有良好的综合力学性能、良好的低温冲击韧性和低缺口敏感性。钢的淬透性良好，切削性能较好，适于制作中型塑料模具、轴类配件。

45 钢：广泛应用于机械零件，是以前常用的模具材料，硬度较低，不耐磨，塑性、韧性较好，因此加工性较好，价格也相对低廉。现在通常用 45 钢来加工垫块、压板等辅助备件。

模具的加工精度主要有三个方面的影响因素：尺寸公差、形位公差和表面粗糙度。通常对模具厂家提出的加工精度要求主要是尺寸公差和表面粗糙度。尺寸公差又大致分为两类，即外形尺寸和模腔尺寸。对于模具外形尺寸，要求比较宽松，实际加工尺寸和模具图纸的理论尺寸误差不超过 ±1.5mm 都算合格。而模腔尺寸精度要求必须按图纸严格控制，一般不超过 0~0.1mm。模具表面精度一般是指表面粗糙度，处理后一般要求模具型腔粗糙度为 0.3μm 以下，其余为 Ra1.6~Ra12.5μm 均可，并且可根据实际产品的表面要求提出相对应的模具表面精度。

7.3.3　模具结构

模具的结构设计是最重要的部分，不但要保证制品的尺寸结构及质量要求，还要保证成型工艺性良好。模具由上下两部分或多部分组成，内部型腔就是制品形状，除了根据制品形状设计模腔结构外，还要考虑上下模具的定位措施、分型面设计、开模措施、制品取出方法，同时考虑加料与溢料措施等。

模腔结构：模具型腔根据制品形状设计，要考虑加料方式和制品取出方式。对于采用模塑料尤其是 BMC 的制品来说，因原料较蓬松，模具型腔上方应多留有一段空间（加料室），以防止原料随下压过程溢出，导致不能充满模腔。对于采用预浸料成型的模具，可以少留或不留加料室。在型腔设计中需同时考虑溢料形式，为保证制品尺寸精确度，模具要充分合模并保证压力，加料量需要准确或微过量，就可能存在少量树脂溢出的情况，一般需要设计溢料槽。对于制品要求不高、模具设计简单的，可以不设计溢料槽。

定位措施：上下模具合模时要保证对齐不错位，需要有定位措施。对于固定式模具，主要依靠导向装置定位，一面模具装有 2 根到 4 根光滑的导柱，另一面模具上有对应的导向孔，模具的开合沿导柱上下，保证定位准确。移动式模具一般采用定位销形式，用对角 2 个定位销就可以完成定位。在不适于用定位销的模具中，可以用型面设计的方法定位。

分型面设计：一般来说模具以阴阳模的形式分为上下模具，上下模具的分型在型腔以上。要根据制品形状和溢料设计来确定具体位置。

开模措施：对于固定式模具，由于开模过程通过压机带动，不需要专门的开模措施，但移动式模具需要考虑开模。物料固化后有一定的黏合力，移动式模具取出后上下模具不容易打开，小型模具可以在分型面上留出几个撬起槽，以便用工具撬开；对于质量较大的模具可以在上模具中设计螺栓孔，以螺栓顶开的方式开模，同时设计有吊环丝孔，将上模具吊起辅助开模。

制品取出方法：制品成型后在模腔内不易取出，固定式模具通常设计有顶出装置，利用模具的运动行程，开模时模具下移，顶杆不动，将制品从模腔内顶出。对于移动式模具，尽量通过型腔型面设计以方便制品取出，部分型腔较深的模具可以采用销孔式或其他方式进行顶出。

图 7-4 是固定式模具的典型结构，基本构造包括型腔、加料室、导向机构、抽芯机构、加热冷却系统和脱模机构等。固定式模具固定在压机工作面上，方便开模和闭模，用于模塑料成型的复合材料制品。

型腔由上凸模 3、下凸模 8、型芯 7 和凹

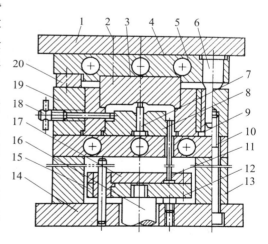

图 7-4　固定式模具的典型结构

1—上板；2—螺钉；3—上凸模；4—凹模；5—加热板；6—导柱；7—型芯；8—下凸模；9—加热棒；10—导向套；11—顶杆；12—挡钉；13，15—垫板；14—底座；16—拉杆；17—顶杆固定板；18—侧型芯；19—型腔固定板；20—承压板

模 4 组成；加料室是凹模 4 上半部分；导向机构由上模的四根导柱 6 和装有导向套 10 的

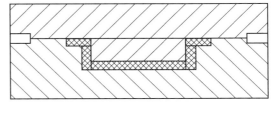

导向孔组成，导向机构的作用是保证上下
模合模的对中性；抽芯机构是侧型芯 18，
在成型有侧向凹凸或侧孔的塑件时，模具
必须设有各种侧向分型抽芯机构，塑件才
能抽出；5 是插入加热棒的加热板；11 是
脱模用顶杆。

图 7-5 是移动式模具的示意图。移动式
模具结构较简单，一般只由上下模具构成，

图 7-5　移动式模具

部分复杂形状制品可以采用组合式模具。模具上下面平整，与压机工作面完全接触。移动
式模具要有上下模具的定位措施和开模措施。分型面的设计要利于制品的取出。

7.3.4　模压成型的等压力设计

在模压成型过程中，应尽量保证制品的每个面受的压力相等，即等压力设计。如果制
品各处受力不均匀，密实度有差异，树脂固化度也有差别，制品将发生翘曲变形等缺陷。
对于异形制品来说，等压力设计较为重要。应根据制品形状进行受力分析，通过模具组合
设计保证制品的受力均匀。

在使用模塑料模压成型的制品中，由
于模塑料流动性较好，在原料充满模腔过
程中各方向已经受到较均匀压力，基本不
存在各面受力相差较大的情况。但是在使
用预浸料模压成型的制品中，由于预浸料
几乎没有流动性，制品各个面的受力完全
需要由模具直接施加，在上下模具垂直加
压的情况下，制品垂直面上几乎没有压力，

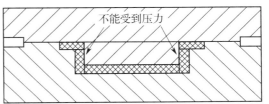

不能受到压力

图 7-6　制品垂直面上不能受到压力的情况

如图 7-6 所示，这样就容易造成制品垂直面部分质量较差。一些有弧面转折的制品也常会
出现成型时压力不均等的情况。

对于此类情况的解决方案：

① 改变制品形状设计：如果允许改变制品形状，可以将垂直面改为斜面、弧面，
除了能均匀受到压力外，还有利于脱模。制品形状设计是模压成型工程设计中的重要
环节，在保证制品使用的前提下，合理的形状设计能保证工艺过程顺利、制品质量
优良。

② 增加预浸料铺层：如果不允许改变制品形状，对于较小的垂直面、小范围内局
部压力突变的弧形面等情况，在难以通过改变模具结构实现等压力设计时，可以在低
压力处适当增加预浸料铺层，以相对多的材料来获得同等厚度下的密实度，实现压力
均匀。

③ 改变模具结构：对于较大的垂直面，需要改变模具结构来实现各面的等压力，通
过模具的多组件嵌套等方式，使垂直压力转换为各方向的压力。

7.4　成型设计中的工业软件

工业软件是指主要用于工业领域，为提高工业企业研发、制造、生产管理水平和工业装备性能而研发的软件。工业软件能够控制生产设备、优化制造和管理流程、提高生产率，是现代工业的灵魂。目前在各重要工程领域中，工业软件已经深度使用，发挥着重要的作用。

在复合材料成型工程设计中，在制品设计、模具设计、工程设计、制品及模具的力学性能分析等各个环节，都要用到专业性的工业软件进行设计与分析。工业软件已经广泛用于复合材料工程设计及实施的各方面，是准确、快捷地进行工程制造的有力支撑。

7.4.1　工程制图软件

平面工程制图软件的典型代表——AutoCAD，是美国 Autodesk 公司于 1982 年首次开发的一款计算机辅助设计软件。CAD 的概念是 computer aided design，指利用计算机及其图形设备帮助设计人员进行设计工作。AutoCAD 软件可用于平面工程图设计和基本三维设计，现已成为国际上广为流行的绘图工具，广泛应用于建筑、机械和电气等行业。AutoCAD 具有良好的用户界面，可通过交互菜单或命令行方式进行各种操作，能够处理大型复杂的设计和工程项目。同时还具有开放式应用程序接口（API），专业人员可以进行二次开发。

国产 CAD 软件有中望 CAD、浩辰 CAD、CAXA 等，与 AutoCAD 的界面和操作方法很相近，功能也基本接近 AutoCAD。中望 CAD 兼容 Windows 和 Linux 系统，也开始支持华为鸿蒙系统；CAXA 电子图板使用简单，能智能标注尺寸，自动识别标注对象特征，并提供开放的图纸幅面设置系统，能快速设置图纸属性信息。

在复合材料成型工程设计中，平面工程制图软件可以用于模具设计，简单的模压模具设计可以直接用 AutoCAD 绘制平面工程图用于加工，复杂模具最好采用三维软件设计，有良好的直观性，多组件模具可以方便地进行装配设计，在需要平面工程图时可以转化为 2D 图形导出。

7.4.2　三维建模软件

三维建模软件（3D CAD）目前已成为先进工业设计及制造领域不可或缺的工具，是先进制造的灵魂。世界各国都在大力研发三维工业软件，应用较普及的参数化三维建模软件有 Solidworks、UG NX、Solid Edge、Creo 等。复合材料成型工程中的产品设计、模具设计、结构分析等环节都要用到该类软件。

Solidworks 是法国达索系统公司（Dassault Systèmes）开发的基于特征、参数化和实体建模的设计工具，注重机械设计和制造领域，提供了建模、曲面、钣金、装配、工程图、动画制作、有限元分析、流体分析、渲染、管路设计等较全面的功能。Solidworks 可以从三维模型中自动生成工程图，包括视图、尺寸和标注。Solidworks 有清晰直观的用户界面，操作简单方便、易学易用。

UG（Unigraphics NX）是 Siemens PLM Software 公司出品的一个产品工程解决方案，是一个集成了计算机辅助设计（CAD）、计算机辅助制造（CAM）、计算机辅助工程（CAE）功能的软件系统。UG 拥有强大的几何建模能力，可以快速准确地完成复杂的几何建模，更适宜进行复杂曲面设计、高级装配和大型项目管理，在复杂模具设计及编程方面较为常用。2002 年，Unigraphics 发布了 UG NX1.0 版本，软件更名为 NX。

Solid Edge 也是 Siemens PLM Software 公司出品的一款设计软件，具有经济实惠、易于使用的特点，不仅提供了 3D 设计、仿真、制造、设计管理等产品开发流程的各个方面的解决方案，满足各种广泛的业务需求，还将直接建模的快速性和简易性与参数化设计的灵活性和可控性相结合，从而实现同步建模技术。内置了质量特性计算、设计参数监视器、运动分析、干涉检查和其他多种工具，方便实现设计理念。

Creo 是美国参数技术公司（PTC）开发的 CAD/CAM/CAE 一体化的三维软件，在机械设计与加工、产品造型设计等方面有较高的认可度。其早期版本为 Pro/Engineer，主要用于机械设计和模具设计。Creo 整合了 PTC 公司的三个软件技术：Pro/Engineer 的参数化技术、CoCreate 的直接建模技术和 ProductView 的三维可视化技术。

另外，Autodesk Inventor 也是一款用于三维机械设计、建模和工程制图的专业级软件，主要用于制造业、工程领域，以及产品设计和创新。非参数化的艺术类建模软件如 3Ds Max、Maya、Rhino 等不适用于复合材料制品设计。

需要注意的是，不同设计软件的文件格式不同，在不同软件之间尽量以通用的兼容性文件格式传递，step 文件是符合 ISO 国际标准的三维图形数据文件交换格式，dwg 文件是大部分 2D/3D 软件可支持的平面图形数据文件。

7.4.3　有限元分析软件

采用专业软件对设计的制品进行力学性能分析，可以保证设计的合理性。常用的有限元分析软件有 Abaqus、Ansys 等。

Abaqus 是达索系统公司开发的仿真模拟有限元软件，可以进行从相对简单的线性分析到复杂的非线性问题分析。Abaqus 包括一个丰富的可模拟任意几何形状的单元库，并拥有各种典型的材料模型库，可以模拟典型工程材料的性能，其中包括金属、橡胶、高分子材料、复合材料、钢筋混凝土、可压缩超弹性泡沫材料以及土壤和岩石等地质材料。作为通用的模拟工具，Abaqus 除了能解决大量结构（应力/位移）问题，还可以模拟其他工程领域的许多问题，例如热传导、质量扩散、热电耦合分析、声学分析、岩土力学分析及压电介质分析。主要集中于结构力学和相关领域研究，能解决该领域的深层次实际问题。

Ansys 软件是美国 Ansys 公司开发的大型通用有限元分析软件，能与多数计算机辅助设计软件兼容，实现数据的共享和交换，融合结构、流体、电场、磁场、声场分析于一体。Ansys 功能强大，操作简单方便，已成为国际最流行的有限元分析软件。Ansys 软件注重应用领域的拓展，覆盖流体、电磁场和多物理场耦合等十分广泛的研究领域。

大部分 3D CAD 软件通常都集成了有限元分析功能，零件设计完成后可以直接进行力学性能分析，也可以导出数据到 Abaqus、Ansys 等软件进行分析。

7.4.4　工程设计软件

（1）Fibersim 复合材料工程软件

Fibersim 是一款专用于复合材料设计和制造解决方案的软件。Fibersim 的开发商为美国 Siemens PLM 公司，Fibersim 经过不断发展，成为了一个整合复合材料从最初的概念设计，到中间的详细设计，进而到后来的制造过程，支持复合材料完整生命周期的先进专业软件。Fibersim 适用于航空航天、汽车、航海和风能等行业中复合材料制品的设计与制造。

Fibersim 由一套完整的工具组成，支持从零件概念到产品制造整个复合材料的工程过程，其独有的复合材料仿真技术，能够预测复合材料如何在复杂的模具面上进行铺敷。Fibersim 软件极大增强及扩展了主流 3D CAD 软件的功能，捕获与产品设计相关的信息，使得工程师能够同时在零件 CAD 模型、材料、结构要求以及工艺过程约束之间进行权衡。使用 Fibersim 软件，工程师能够快速可视化铺层形状和纤维方向，在设计的初级阶段即可发现问题，并采取相应的工艺优化处理。在 Fibersim 的帮助下，设计师很容易创建和转换准确的设计、工程图以及相关的数据。

Fibersim 集成在包含 NX、CATIA 和 Creo 软件的商用三维 CAD 系统中，可以实现无缝协同，是一款能满足从概念、层合定义、层片生成到仿真、记录与制造的整个复合材料工程流程要求的综合软件。

将制品建模分析的 CAE 模型数据直接导入到 Fibersim 中，软件能进行初步设计、详细设计定义、设计数据验证、产品生产能力仿真、制造定义等全流程工程过程分析模拟，其设计流程如图 7-7 所示。

另外，Fibersim 的数据组织采用 XML 技术，可以在企业间进行通信，使复合材料零件数据在 Fibersim 软件、设计、制造以及商业应用之间进行交换和传递。Fibersim 已成功应用于航空、航天、汽车、船舶、医疗和体育用品等业界领先公司的复合材料工程产品设计中。

（2）CATIA

CATIA 是法国达索系统公司开发的一款软件，帮助企业提供一体化工程解决方案。CATIA 通常被称为 3D 产品生命周期管理软件套件，支持产品开发的多个阶段，其在 CAD/CAE/CAM 以及产品数据管理（PDM）领域内具有领先地位。作为产品生命周期管理（PLM）协同解决方案的一个重要组成部分，CATIA 可以通过建模帮助制造厂商设计开发产品，并支持从项目前期阶段、具体设计、分析、模拟、组装到维护在内的全部工业设计流程。

模块化的 CATIA 系列软件提供产品的外形设计、机

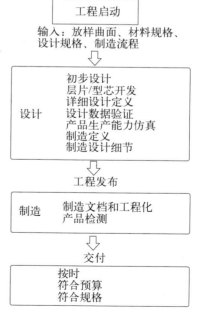

图 7-7　Fibersim 的设计流程

械设计、设备与系统工程、管理数字样机、机械加工、分析和模拟等。

CATIA V5 CPD（composite design）模块为复合材料设计提供了一整套完整而专业的解决方案，包括复合材料产品设计、可制造性分析设计、DMU（digital mock-up 电子样机）、CAE 分析等。CATIA CPD 与 Fibersim 有很大的相似之处，如复合材料设计以流程为中心，为用户提供完整的端到端的解决方案。在复合材料初步设计阶段，利用 CPD 建立复合材料库，定义复合材料属性（基本参数包括所属材料库、纤维铺设角度、有限元等），设置复合材料环境参数，定义区域组并分析边界状态，直到满足设计要求；在复合材料工程设计阶段，CPD 提供了纤维铺层生成、复合材料分析、爆破显示、工程图定义等功能；在复合材料加工设计阶段，CPD 提供制造模型定义、曲面转换、毛坯尺寸定义、可制造性分析、皱褶裁剪、平面样图展开等功能；在复合材料加工输出阶段，CPD 提供了完整的制造系统，如激光投影辅助铺层、织物嵌套与裁剪、树脂传递模塑模拟、自动铺带、自动铺丝等。

7.5　模压成型工艺

模压成型工艺是原材料在模具中加热加压固化的过程，以模塑料为原料和以预浸料为原料的模压过程有很大不同，其工艺过程需要根据原料特性进行设计。

7.5.1　模塑料的模压成型

对于模塑料的模压成型，无论是 SMC、BMC 还是粉体模塑料，其工艺过程大体相近。主要步骤有：工艺参数制订、装料量确定、模具预热、涂脱模剂、预压、加压、保温、冷却、开模几个过程。模塑料的模压成型一般采用固定式模具。

首先根据原材料固化特性、流动性确定加压温度和压力等工艺参数，根据制品体积密度估算出需要的加料量，称量出一次加料质量。模具清理干净，预热至 90℃ 以下，喷涂外脱模剂。模塑料原料中通常已经含有内脱模剂，但在工艺中仍需在几次压制后喷涂一次外脱模剂，以保证工艺顺利。松散型的模塑料需要先预压一次减小体积，便于排气和流动。模具加热到工艺温度时开始加压，并保温一段时间，固化完成冷却后开模，取出制品。

模压工艺参数概括起来主要有三个方面：温度、压力、时间。这三个因素相互匹配，是影响工艺过程的重要因素。

（1）成型温度

成型温度的高低，取决于基体树脂的固化体系，以及制品厚度、生产效率和制品结构的复杂程度。成型温度必须保证固化体系引发、交联反应的顺利进行，并实现完全固化。一般来说，厚度大的制品所选择的成型温度应比薄壁制品略低，这样可以防止过高温度导致在厚壁制品内部产生过度的热积聚。如不饱和聚酯树脂的 SMC 料，制品厚度为 25～32mm，其成型温度为 135～145℃。成型温度提高，可缩短固化时间；成型温度降低，则需延长固化时间。成型温度应在最高固化速度和最佳成型条件之间权衡选定，一般认为，

SMC 成型温度在 120～155℃。

（2）成型压力

模压成型压力由物料特性、制品大小、模具结构决定。物料流动性差、反应温度高，所需的成型压力也越大；制品尺寸越大，需要的压力也越大；水平分型结构的模具及配合间隙较小的模具所需压力也要比垂直分型及配合间隙大的模具所需压力大。另外，外观性能和平滑度要求高的制品，成型压力也相对大。成型压力应考虑多方面的因素，一般来说，不饱和聚酯树脂 SMC 的成型压力在 3～7MPa，但酚醛模塑料的成型压力要大很多，一般在 30～50MPa，而环氧酚醛模塑料的成型压力大约在 5～30MPa。

（3）固化时间

固化时间（也称保温时间）取决于树脂反应特性及成型温度，另外与制品厚度也有关系。不饱和聚酯树脂 SMC 在成型温度下一般几十秒到几分钟可以固化完成，可以按制品厚度 40s/mm 估算。酚醛树脂及环氧树脂模塑料的固化时间较长，一般需要几十分钟到数小时。

在模压成型过程中，按照工艺流程设计各阶段关键工艺参数，主要有：

① 装模温度：装模温度是将模塑料放入模腔时的模具温度，取决于模塑料品种和质量指标。挥发分含量高的模塑料，装模温度要降低，反之要适当提高装模温度。制品结构复杂及大型制品装模温度一般在室温～90℃。

② 升温速度：升温速度是指由装模温度到最高成型温度的速度。对于快速模压工艺，装模温度即为成型温度，不存在升温速度的问题。而慢速模压工艺，应根据模塑料树脂的类型、制品的厚度选择适当的升温速度。

③ 成型温度：成型温度与模塑料的品种有很大的关系，通过差示扫描量热（DSC）法可以先确定树脂固化温度范围，再通过具体工艺调整。成型温度、速度、压力要匹配，成型温度过高，树脂反应速率过快，物料流动性快速降低，易出现早期局部凝胶，无法充满模腔；温度过低，制品保温时间不足，则会出现固化不完全等缺陷。

④ 加压时机：合模进行加压操作时，加压时机选择对制品的质量有很大的影响。加压过早，树脂反应程度低，树脂在压力下易流失，在制品中会产生树脂积聚或局部纤维裸露。加压过迟，树脂反应程度高，物料流动性差，难以充满型腔。通常快速成型工艺不存在加压时机的选择问题。

⑤ 保温时间：保温时间是指在成型压力和成型温度下保持的时间，其作用是使制品固化完全和消除内应力。保温时间的长短取决于模塑料的品种、成型温度的高低及制品的结构尺寸和性能。

⑥ 降温：在慢速成型中，保温结束后要在保持压力下逐渐降温，模具温度降至 60℃以下时方可进行脱模操作。降温方式有自然冷却和强制降温两种。快速成型工艺可不采用降温操作，待保温结束后即可在成型温度下脱模，取出制品。

7.5.2　预浸料的模压成型

预浸料的模压成型与模塑料的成型有很大不同，一般采用移动式模具，模具经脱模剂处理后，先在模具中铺敷预浸料，合模后放入压机加热加压固化成型。工艺重点在于铺层设计和温度压力制度。

（1）铺层设计

预浸料铺层设计首先根据制品厚度和预浸料规格，计算铺层数。铺层数的计算方法有厚度法和密度法两种。厚度法就是制品厚度除以预浸料厚度，得出铺层数，但预浸料厚度往往测量不准确，在厚制品铺层中有较大误差。密度法是根据预浸料面密度和复合材料体密度来计算，用体密度乘以制品厚度，再除以预浸料面密度，得出铺层数。其中复合材料体密度根据预浸料中纤维和树脂的密度以及树脂含量计算。

预浸料铺层结构要考虑预浸料形态，比如是单向纤维预浸料还是编织布预浸料。编织布预浸料按经纬方向顺序铺层，不规则处预先裁片后铺敷，多余部分裁剪掉，使预浸料充分铺满模腔。单向纤维预浸料要设计铺层角度和铺层形式，铺层角度有 0°、90°、±45°四种，按照均衡对称的原则铺层，避免应力集中发生翘曲变形。

（2）温度压力制度

预浸料铺层完成后合模，放入压机进行固化，工艺过程仅涉及加热和加压。加热过程一般采用梯度升温方式，以多个温度段升温及保温。第一梯度温度为预热阶段，高于树脂流动温度，但低于树脂固化温度；第二梯度温度为主要固化反应温度。一般两个温度段即可以满足充分固化，部分树脂体系需要高温后固化的，增加第三梯度温度。梯度升温的作用主要为：预热阶段使树脂充分流动，使多层预浸料成为均一整体；保证传热均匀，使固化反应平稳进行。

预浸料模压成型时，加压时机的选择非常重要。不能在模具放入压机后就进行加压，此时树脂没有流动性，直接加压会造成制品缺陷。必须经过预热阶段，树脂已经开始能流动，在树脂凝胶之前进行加压。加压过早，材料不能充满模腔；加压过晚，树脂已经固化，制品不均匀。温度压力过程如图 7-8 所示。

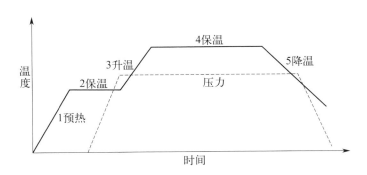

图 7-8　模压成型工艺中温度压力过程

预浸料经预热保温一段时间，使树脂充分流动，在继续升温的同时加压，保持温度和压力，使复合材料固化。达到预设时间后降温，待降到一定温度后可以撤掉压力，取出模具并开模取出复合材料制品。

7.6　层压成型工艺

复合材料层压成型是模压成型的一种特殊形式，是制造板状复合材料的成型方法。层压成型在玻璃钢成型工艺中发展得较早，通过树脂浸渍纤维布，制备成预浸料，将预浸料层层铺叠，在平板模具中加压固化成型为板材。

层压成型在早期采用氨基树脂和织物纤维及矿物纤维等复合，生产纸质层压板、木质层压板、棉布层压板、石棉层压板和玻璃纤维层压板等，广泛用于电气电子船舶等行业。随着材料的不断发展，目前层压成型制品主要用于绝缘板和覆铜板。

7.6.1　层压成型设备及工艺过程

层压成型的主体设备同样是热压成型机，为提高生产效率，层压成型设备一般为多层工作腔，各工作腔之间的加热板可以由液压缸逐层顶起，对各层物料均匀施压。加热方式可以是电加热、油加热或蒸汽加热。一种层压成型设备如图 7-9 所示。

层压成型的模具是两张钢板，成型时在一张钢板上铺放聚酯离型膜，再逐层铺放预浸料，达到所需厚度时铺放离型膜，再放上一张钢板。可以继续铺放离型膜和预浸料，在压机的一个工作腔中压制多层，铺放形式如图 7-10 所示。铺放完成后由输送机放入压机，进行加热加压，制备成板状复合材料。

图 7-9　层压成型设备

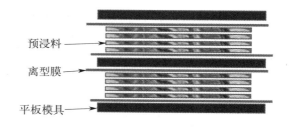

图 7-10　层压成型模具与物料的铺放形式

层压成型的预浸料需要单独制备，制备预浸料的设备主要有树脂反应釜和浸胶机，浸胶机一般由送布架、热处理炉、浸胶槽、烘箱等部分组成。在树脂反应釜中合成或改性树脂，加入固化体系及溶剂配制成树脂基体溶液，置入浸胶槽；纤维布通过送布架在浸胶槽中浸渍树脂，控制树脂含量，通过烘箱脱除溶剂，并产生部分预交联，形成层压用预浸料。

7.6.2　层压成型用原材料

层压成型所用的预浸料种类较多，根据制品的用途和性能要求，可以采用多种增强材料和树脂制备预浸料。

（1）增强材料

预浸料的增强材料可以用玻璃纤维布、高硅氧石英纤维布、碳纤维布、纸、棉布等多种材质。

玻璃纤维布一般为平纹无碱玻纤编织布，具有良好的力学性能和电绝缘性，是制备高性能覆铜板、绝缘板的主要原材料。

高硅氧石英纤维布具有耐高温、耐烧蚀的特性，主要用于制备特种板材。

碳纤维布具有极高的力学性能，但具有导电性，主要用于制备具有特殊力学性能要求的及抗静电的板材。

纸具有价格便宜的优点，一般采用牛皮纸，是制备普通绝缘板、覆铜板的主要增强材料。

棉布的浸胶性、粘接性好，柔性好，耐磨，主要用于制备绝缘垫片用板材，但棉布的吸湿性较大，不适用于高绝缘性材料。

各种纤维增强材料都可以用于层压成型，可根据品种性能要求灵活选择。

（2）基体树脂

适合用作预浸料的基体树脂主要有酚醛树脂、环氧树脂、不饱和聚酯树脂、聚酰亚胺树脂、有机硅树脂、聚四氟乙烯乳液等。

酚醛树脂耐热性好，电性能良好，具有优良的耐腐蚀性。酚醛树脂及改性酚醛树脂在绝缘材料和覆铜板中应用比较普遍。

环氧树脂具有优良的黏结性能，强度高、耐化学腐蚀性好、尺寸稳定性好、吸水率低、综合性能良好，在高性能层压板中应用较多。溴化环氧树脂可以用于制备阻燃板。

不饱和聚酯树脂价格低廉，工艺性良好，可常压或低压成型，固化后树脂综合性能良好，但耐热性稍低。

聚酰亚胺树脂具有极高的耐热性和优良的电性能，常用于制备耐高温绝缘材料。

有机硅树脂耐热性好，在260～400℃仍保持其强度和电性能，可以用于制备耐高温绝缘材料，但树脂力学性能和粘接性能较差。

聚四氟乙烯乳液耐化学腐蚀性好、电绝缘性好、耐热、有自润滑性，但与纤维的粘接性能很差，板材的力学性能不好，可以用于对力学性能要求不高的耐高温密封用材料。

热固性树脂以及部分热塑性树脂均可以用于制备层压成型预浸料，可根据制品性能要求进行选择。热塑性树脂用于制备层压预浸料时工艺性较差，一般来说只有能制备成乳液或溶液的树脂才可以用于预浸料的湿法工艺。

（3）辅助材料

层压成型中的辅助材料主要有离型膜和铜箔。离型膜有硅油纸、聚四氟乙烯膜、聚酯膜等材质，在层压工艺中一般采用硅油处理的聚酯膜。铜箔的作用是用于制备覆铜板，在预浸料铺敷时，最上层铺放一张铜箔，加热加压固化时二者粘接成为一体。覆铜板主要用于制备电路板。

7.6.3 层压工艺适用性及发展

层压成型适用于制备板状复合材料，其工艺过程与模压成型相似，根据物料反应特性确定工艺参数，批量制备复合材料板材。

规模化生产的层压板主要用于绝缘板和覆铜板，其基体树脂主要是改性酚醛树脂及改性环氧树脂，通过湿法工艺制备预浸料。湿法制备预浸料中要用到大量溶剂，需要有完善的环保措施处理溶剂和废气。对于一些具有特殊性能要求的复合材料板材，需要制备特殊品种的树脂，再进一步制备预浸料，或者直接采用商品化的预浸料进行层压成型。

各行业对复合材料板材的性能要求越来越高，除了基本的力学性能要求外，还有绝缘、介电、透波、阻燃、耐热等多种功能性要求，对树脂基体及其预浸料提出了更高的要求。小批量特种复合材料板材除了采用层压成型外，还可以采用热压罐成型，其具有更好的成型灵活性。

7.7　模压成型设计案例

汽车 B 柱是非常重要的承载结构件，同时是向顶梁和门槛梁传力的重要部件。传统汽车 B 柱结构复杂，零部件较多，轻量化潜力较大。将采用柔性轧制工艺的连续变截面板（TRB）技术运用在汽车 B 柱的结构设计中，是实现其轻量化设计的有效途径。德国宝马公司推出的新 7 系汽车的 B 柱结构采用钢/碳纤维复合材料混合成型，将厚度 1.3～2.2mm 的 TRB 变截面金属 B 柱与 CFRP 加强板通过模压方式一体化成型，构成一个超混杂复合材料结构，在保持优异的力学和碰撞性能的前提下进一步减小了质量。

（1）超混杂 B 柱结构设计与分析

制品结构设计的重点包括两部分：结构模型建立与分析、确定材料性能和品种。

首先根据 B 柱的外形要求建立制品模型，在 TRB 钢板结构中加入复合材料结构，计算超混杂结构的力学性能，优化 TRB 钢板各处厚度及复合材料的位置和用量，达到性能和质量的最优化。制品建模可以采用 Solidworks 等 3D 设计软件，力学性能分析可以采用 Abaqus、Ansys 等分析软件，在对复合材料优化的过程中，要充分考虑到复合材料的力学性能问题，如复合材料的应力、应变、失效等，同时还应考虑制造约束，在满足力学性能的同时，也应降低加工成本。

根据计算分析确定复合材料种类和原料品种，并确定加工成型的基本方法。超混杂 B 柱结构中的复合材料部分要求强度高、质量小，在优化设计时同时考虑性价比，采用 T700 碳纤维为增强材料，以碳纤维单向预浸料的形式与 TRB 钢结构复合，采用模压成型工艺制造。所建立的制品模型如图 7-11 所示。

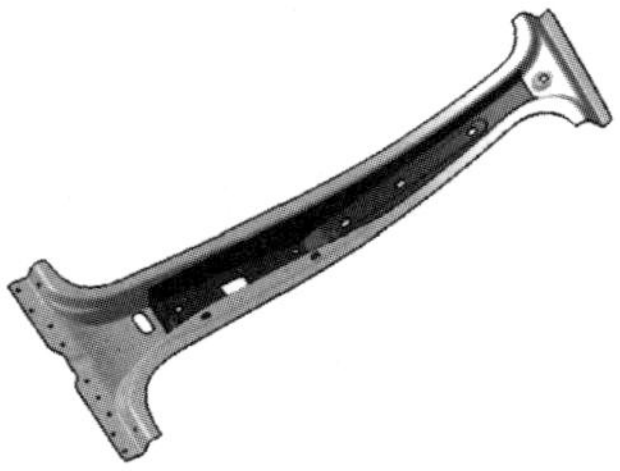

图 7-11　建立超混杂 B 柱模型

（2）工程流程设计

确定了复合材料在 B 柱结构中的形状与位置、碳纤维预浸料的种类与性能后，进行预浸料铺敷性分析，确认产品可以铺敷并能达到设计要求。

使用 Fibersim 软件，对该产品几何结构的铺敷性进行仿真分析，输入碳纤维预浸料的边界参数，计算碳纤维预浸料的铺层数、铺层角度。

仿真优化后的预浸料铺层工艺如表 7-2，共铺敷 10 层，其中胶膜 1 层，预浸料 9 层，预浸料采用 90°和 0°方向，由于制品主要在纵向受力，放弃 45°铺层，增加 0°铺层结构能达到更好的性能质量比。首先在钢板上铺敷 1 层环氧树脂胶膜，能有效提高两种材料的粘接性，然后采用面密度 $300g/m^2$ 的 T700 碳纤维单向预浸料，按 $0°/90°/0°$ 顺序铺敷，其中第 5～7 层为局部增强铺层，在制品中部按设计加厚。各铺层中均采用同等克重的预浸料。

表 7-2　设计的碳纤维预浸料铺层工艺表

铺层顺序号	材料	面密度/(g/m^2)	厚度/mm	铺层角度	备注
P001	环氧树脂胶膜[①]	200	0.16	NA	铺层起始面；与 B 柱加强板贴合
P002	碳纤维单向预浸料	300	0.306	0	
P003	碳纤维单向预浸料	300	0.306	90	
P004	碳纤维单向预浸料	300	0.306	0	
P005	碳纤维单向预浸料	300	0.306	0	局部增强铺层
P006	碳纤维单向预浸料	300	0.306	90	局部增强铺层
P007	碳纤维单向预浸料	300	0.306	0	局部增强铺层
P008	碳纤维单向预浸料	300	0.306	0	
P009	碳纤维单向预浸料	300	0.306	90	
P010	碳纤维单向预浸料	300	0.306	0	

① 此胶膜指复合材料与金属粘接用结构胶膜。

（3）加工设计及输出

在加工设计部分主要有模具设计和工艺方法设计，这两部分要综合考虑，协调好工艺进程。由于制品坯件是钢板和预浸料的复合结构，碳纤维预浸料的铺层工序需要在模压设备的外部进行，坯件有钢结构的支撑很容易放入模具，所以可以采用固定式或半固定式模具，以提高工作效率。这种固定式模具不必像模塑料成型的固定式模具一样有复杂结构，只需要将移动式模具固定在压机工

图 7-12　模压成型的模具形式

作面上即可以满足成型工艺要求。模具形式如图 7-12 所示。

模具设计可以采用 Solidworks 等 3D 设计软件进行，并按照材质和结构形式分析模具在长期高温和受力状态下的使用性能。设计完成后输出数据进行模具加工。

加工过程的工艺设计采用 Fibersim 等工程软件进行铺层分析，输出每层预浸料的形状及尺寸到自动裁剪机进行预浸料的裁剪。

商品预浸料都会提供指导性固化工艺参数，首先按照预浸料的固化参数制备试样进行测试，然后分析固化工艺在该制品上的适用性，必要时可适当优化工艺参数。

（4）工艺实施与性能检测

所有设计完成后，按照设计实施工艺过程：设备及模具准备、预浸料裁剪、胶膜及预浸料铺敷、模压固化，最后得到固化后的制品。

实物制品制作完成后进行性能测试，分析实际性能测试结果与设计数值的差异性。对于结果有较大差异的，分析原材料和工艺过程中存在的问题，进行工艺优化。对于设计中出现计算偏差的，需要重新设置边界条件，改进设计方法。

 设计题

新能源电池组的外壳（如图）为碳纤维复合材料，以单向预浸料通过模压成型制备而成。一种外壳的上端盖长宽高为 600mm×400mm×10mm，厚度 2mm，制品图纸及尺寸如图。

请设计该电池组上端盖的成型模具，用制图软件画出平面工程图纸，要求：

① 分析该制品成型工艺过程，设计适用的模具类型；

② 模具有完善的定位、开模等措施，满足使用要求；

③ 完成模具各零件图的标准图纸绘制，尺寸标注完整、清楚，材料选择合理；

④ 模具便于加工制造。

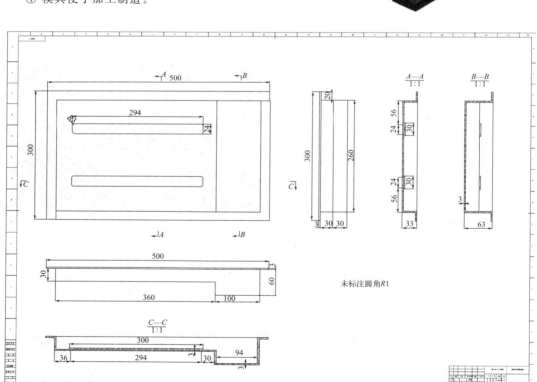

8

复合材料热压罐成型

热压罐成型技术是航空航天等高科技领域重点发展的一种复合材料成型技术。复合材料热压罐成型工艺起始于 20 世纪 60 年代，是目前生产航空航天高质量先进树脂基复合材料制件的主要方法。原材料主要采用预浸料，将预浸料铺放在模具中，用真空袋密封在模具上，置于热压罐中，在内部抽真空和外部热空气加压的条件下，使材料成型固化。热压罐成型结合了真空袋压成型和压力袋成型的优点并发展了工艺技术，是制备先进复合材料的重要成型方法。

8.1 真空袋压成型和压力袋成型

热压罐成型的基本方法是模具套袋抽真空和外部热空气加压同时进行，类似真空袋压成型和压力袋成型两种工艺的结合，首先介绍这两种基本工艺方法。

在复合材料模压成型工艺中，可以对原材料施加较大压力，提高复合材料制品性能。但受设备的限制，只能制备中小型制品，不能制备大型复合材料制品。通过空气加压的方式可以不受模压设备尺寸的限制，使材料获得压力。真空袋压成型和压力袋成型统称为袋压成型，其原材料一般采用预浸料，真空袋压成型通过负压获得压力，压力袋成型通过正压获得压力。

8.1.1 真空袋压成型

真空袋压成型的方法是采用薄膜袋套住整个模具和树脂/纤维铺层，对薄膜袋抽真空，使薄膜袋紧压在制品表面，使材料获得一定压力，并进行固化。真空袋压成型工艺中所使用的原材料可以是预浸料，也可以是手糊或喷射的树脂纤维材料。所用的薄膜袋可以是将模具和原材料整体套住的袋状膜，也可以是黏附密封在模具表面的单层膜。其工艺形式如图 8-1 所示。

真空袋压成型的特点是工艺简单，不需要专用设备，但获得的压力较小，最大为 0.1MPa，只适用于厚度在 2mm 以下的复合材料制品，或用于大尺寸制品，如船体、浴缸及小型飞机部件的成型。

以预浸料为原材料的真空袋压成型工艺可以直接采用烘箱固化，能降低制造成本，在汽车用复合材料如一体化车顶、翼子板等领域有较多的应用。由于真空袋压力较低，采用的预浸料必须能满足工艺的要求，同时对预浸料树脂流变特性有一定要求。另外，真空袋压成型工艺中需要采用脱模布、透气毡、密封胶条等耗材。

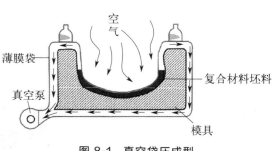

图 8-1　真空袋压成型

8.1.2　压力袋成型

真空袋压成型的负压最大为 1 个大气压，如果需要更大的压力，只能采用正压加压。压力袋成型是采用压力袋在模具的上层固定，用压缩空气加压，压力可达 5 个大气压。其工艺形式如图 8-2 所示。

压力袋成型施加的压力较大，制品质量较好，但对于模具及压力件连接有较高要求，适用于部分中小型制品，如薄蒙皮、蜂窝夹层结构件等。

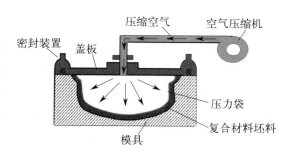

图 8-2　压力袋成型

压力袋成型的衍生方法有吹胀成型：对于形状复杂、内模无法取出的复合材料制品，可以采用硅橡胶等柔性材料加压吹胀作为内模，与其他成型方法如模压成型结合，固化后撤除压力取出柔性材料，制备出内表面光滑的复合材料。

8.2　热压罐成型的工艺特点

热压罐成型是在模具上铺敷预浸料后，将模具整体套入密封袋或在模具上黏附单层密封膜，置入密闭的罐体内，袋内抽真空和罐体热空气加压同时进行，对复合材料进行加热加压，完成固化成型。其工艺形式如图 8-3 所示。

热压罐成型工艺中罐内压力均匀、空气温度均匀，成型工艺稳定可靠，几乎能满足所有聚合物基复合材料的成型工艺要求，适合于大面积、复杂型面、高性能的复合材料成型，广泛应用于航空、航天、汽车等领域的高性能复合材料制

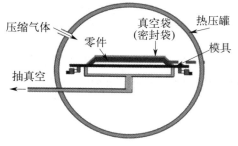

图 8-3　热压罐成型

备，如制备火箭整流罩及导流板、小型飞机一体化外壳、大型飞机机翼、汽车轮毂、体育器材等。热压罐成型的主要工艺特点有：

（1）罐内温度场和压力场均匀

成型过程中采用压缩空气或惰性气体向热压罐中充气增压，作用在真空袋表面各点法线上的压力相同。同时热压罐内装有大功率的风扇和导风套，加热（或冷却）气体在罐内高速循环，罐内各点的气体温度基本一样，在模具尺寸合理的前提下，可保证密封在模具上的制品升降温过程中各点温差不大。因此在成型过程中，可使真空袋内的制品在均匀的压力场和温度场下成型，制品均匀固化。

（2）适用范围较广

热压罐成型可适用于多种先进复合材料的生产，只要是固化周期、压力和温度在热压罐的极限范围之内的复合材料都能进行成型，其温度和压力条件几乎能满足所有的聚合物基复合材料的成型工艺要求。可适合制造多种大面积、复杂型面结构的蒙皮、壁板和壳体，以及具有层合结构、夹芯结构、胶接结构、缝纫结构等多种结构的整体成型。

（3）成型模具简单

热压罐成型用的模具为单面模，相对比较简单，适合于大面积复杂型面的复合材料成型。在热压罐容积允许的条件下，可同时放置多个模具，同时成型各种较复杂结构及不同尺寸的复合材料件。

（4）成型工艺可靠

由于热压罐的压力和温度均匀，且采用预浸料为原料，复合材料制品孔隙率低，树脂含量均匀，纤维体积含量较高，制品力学性能稳定可靠。目前要求高承载的绝大多数复合材料都采用热压罐成型工艺。

8.3 热压罐成型用原材料

热压罐成型所用的主要原材料为预浸料。可以是玻纤预浸料、碳纤维预浸料或其他纤维预浸料，经过裁剪铺敷到模具上形成复合材料毛坯，再铺敷其他辅助耗材，并粘贴真空薄膜。

所用的主要耗材有：

① 脱模布：脱模布的作用是防止树脂固化后黏附在模具上导致制品难以取出，以及防止树脂与其他耗材粘在一起，脱模布铺放在模具底层和吸胶材料的上层。复杂形状的模具底层可喷涂脱模剂替代脱模布。通常用聚四氟乙烯布作脱模布。

② 吸胶材料：吸胶材料的作用是吸收预浸料经加热加压后溢出的多余树脂。常用的吸胶材料一般为有机纤维无纺布、玻璃棉、滤纸等。

③ 有孔/无孔隔离膜：作用是防止固化后的复合材料粘在吸胶材料上，隔开复合材料毛坯和吸胶材料，让预浸料中多余的树脂、空气及挥发分能通过，并进入吸胶层。一般采用聚四氟乙烯或者其他改性氟塑料薄膜作为隔离膜。

④ 透气毡：透气毡的作用是分配制件面上的真空，疏导真空袋内的气体排出真空袋系统，导入真空管路。透气毡通常采用较厚的涤纶非织造布或者玻璃布。

⑤ 真空薄膜、密封胶条、挡条：用密封胶条将真空薄膜密封在模具周围，构成密闭

的真空袋系统。100℃以下的真空袋材料可用聚乙烯薄膜，200℃以下可用改性尼龙薄膜，更高温度下需要用耐高温的聚酰亚胺薄膜。挡条的作用是限制树脂侧面的流动，防止流出的树脂侵蚀密封胶条导致漏气，挡条可以是柔性聚合物、软木、金属等材料。

热压罐成型原材料构成及铺层如图 8-4 所示。

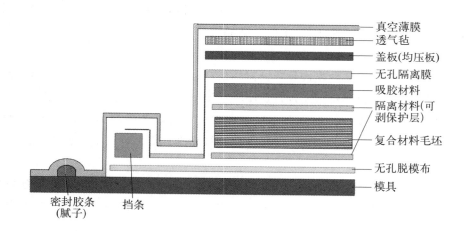

图 8-4　热压罐成型原材料构成及铺层

8.4　热压罐成型设备及模具

8.4.1　热压罐

热压罐是端部带盖的罐体，包含有加热、加压、冷却、真空等系统。复合材料坯体及模具套真空袋后放入热压罐中，端盖密闭，启动各系统，按既定工艺进行加热加压固化成型。

热压罐主要包括以下系统：

罐体系统：包括圆柱形罐体、罐门及其密封装置、电机鼓风系统、内保温、罐内冷却器、电加热器、搅拌风机及其他附件等。罐体由内外层构成，要求耐压、保温，加热冷却装置在内外层之间。

加热系统：加热功率要满足罐体的高温度和升温速率要求，一般升温速率 1～8℃/min 可调，罐内各点温差≤5℃。

冷却系统：循环水冷却，降温速率 0.5～6℃/min 可调。

真空系统：使制品与模具贴紧，形成一定真空度。要求有多个真空管接头，以保证各个接点法线上的压力一致。

加压系统：充气加压，一般是压缩空气，或者是氮气、二氧化碳等气体；压力可达 2.5MPa，误差不大于 0.05MPa；设有安全防爆装置。

控制系统：包括温度、压力、真空等各系统部分的控制，要求有真空渗漏检查、多点测温、超温超压报警、安全自锁等多项功能。

进料系统：罐内设置滑轨和移动平台，便于模具进出。

热压罐构成如图 8-5 所示，热压罐实物如图 8-6。

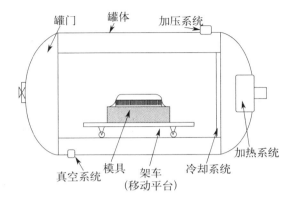

图 8-5　热压罐形式及各系统构成

图 8-6　热压罐实物

8.4.2　成型模具

热压罐成型的模具为单面模，与真空导入成型的模具相似，但要求更高，要求模具在力学性能上应刚度大、质量小，在热性能上应耐热性好、导热快、热膨胀系数小，使用中应有较长的使用寿命、维修方便。

热压罐模具用材料可以是金属或复合材料，其他材料一般难以达到工艺要求。金属材料需要进行机加工成型及表面处理，由多部分组成的应连接可靠、拆装方便、接缝平整；复合材料通过手糊成型或热压罐翻模制备，要求树脂具有足够的耐热性，表面做光洁化处理。热压罐成型的模具材料主要包括：

铝模：质量小、导热性好，但热膨胀系数高，表面硬度低，易划伤。

钢模：加工精度高、强度高、硬度高、耐热性好，热膨胀系数是铝模的一半；缺点是质量大、热容量高、传热速度慢。

玻纤复合材料模：质量较小、成本低，但是模量低、模具刚性差。可适用于玻纤复合材料成型。

碳纤维复合材料模：质量小、模量高、模具刚性好，非常适合于碳纤维复合材料的热压罐成型。可以做到高精度，但成本高，尤其对树脂基体的要求高。

8.5　热压罐成型工艺及设计

8.5.1　成型工艺过程

热压罐成型的工艺过程由于使用预浸料，工艺过程相对较简单，主要包括材料及模具准备、预浸料裁剪及铺敷、辅助材料铺敷及真空袋制备、进罐固化、检测及修整等几个过程。

① 材料及模具准备：检查需要的主体材料和各种辅助材料，模具清理干净并喷涂合适的脱模剂。

② 预浸料裁剪及铺敷：预浸料的裁剪与铺敷是最重要的工艺过程，直接关系到制品质量。应预先设计铺层数、每层预浸料的尺寸形状和纤维排布方向，简单形状可以手工裁剪，复杂形状应在自动裁剪机上进行裁剪。将设计的尺寸形状等数据（如 AutoCAD 数据）输入自动裁剪机，顺序裁剪出各层预浸料。自动裁剪机裁剪的预浸料尺寸精确，有较好的可设计性，适用于各种复杂形状。

裁剪后的预浸料立即进行铺敷，铺敷方法有手工铺敷和机械辅助铺敷。复杂制件主要采用手工铺敷，因其有较大的灵活性，可以适应任何形状的制件。铺敷时应按设计的各层顺序和纤维方向逐层进行，同时用工具压实，拼接处不能有离缝和重叠。

③ 辅助材料铺敷及真空袋制备：按照有孔隔离膜、吸胶材料、脱模布、透气毡、真空膜的顺序依次铺敷，在外形允许的情况下可以在透气毡下加均压板以增加压力均匀性。各种辅助材料必须铺放平整，否则可能会使制件出现压痕。真空膜用胶条密封在模具四周，在合适位置安装抽气嘴并连接真空泵。确认真空袋不漏气后方可进罐。真空袋的尺寸不宜过小，以防在抽真空和加压过程中顶破真空袋。在封装真空袋时，同时将热电偶装入袋内靠近制件的位置，在大型制件中还将同时放置多个热电偶，以监测制件温度分布，控制升温程序。

④ 进罐固化：复合材料坯件组合装袋后，先抽真空使材料定位，观察并调整辅助材料的平整度。置入热压罐中，连接真空管路，锁紧热压罐门，按固化工艺制度进行升温加压固化。固化结束后以较慢的降温速度（通常应小于 2℃/min）降至接近室温后取出制件，以防降温速度过快而导致制件有较大的残余应力。

⑤ 检测及修整：固化后的制件去除真空膜等辅助材料，通过目测检查外观是否有未浸润的干斑、缺胶和积胶等缺陷。在必要时通过无损检测（如超声扫描、X 射线检测等）检查复合材料内部情况。修整是通过抛光机、超高压水切割机或铣床对制件进行修整。固化后的复合材料可能有一定的飞边或毛刺等，可以通过抛光机或铣床进行修整，以达到设计要求。

8.5.2　预浸料铺层设计

在热压罐成型工艺中，有两个重要的设计：预浸料铺层设计、固化制度设计。这两个设计直接关系到复合材料成型后的性能。

预浸料铺层设计是指各层预浸料的铺层角度、各角度铺层的百分比、铺层顺序设计。

以纤维编织布预浸料铺敷时，一般不涉及铺层设计，按纤维方向平行铺敷即可。但是在高性能复合材料制备中，一般采用单向纤维预浸料，必须进行铺层设计。

单向纤维预浸料的铺敷原则为：

① 均衡对称原则：不同角度的纤维一般为均衡对称形式，以避免翘曲变形。即中间层的上层和下层为同样角度的纤维，再次的上下层为另外同样角度的纤维，且上下层的铺层数相等。

② 铺层定向原则：在满足受力的情况下，铺层角度数目应尽量少，一般选择 0°、90°

和±45°四个角度。

③ 最小比例原则：对于 0°、90°、±45°的铺层，各角度层数尽量相等，在特殊情况下无法达到均衡时，任一角度的最小铺层比例应大于 6%。

④ 铺层顺序原则：避免将同一铺层角度的铺层集中放置，尽量在＋45°层和－45°层之间用 0°层或 90°层隔开，以降低层间应力。

图 8-7 为铺层设计示意图，中间层为 2 层 0°，上下依次为 1 层 45°、1 层 90°、2 层－45°、1 层 90°、1 层 45°、1 层 0°。四个角度各 4 层，上下对称，每层夹角 45°依次层叠，避免层间应力和变形的可能。

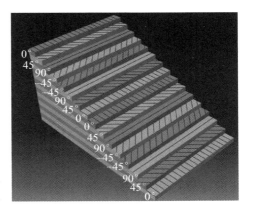

图 8-7　单向纤维预浸料铺层设计

8.5.3　工艺路线图及工艺参数设计

复合材料热压罐成型过程就是树脂的固化过程，热固性树脂在一定的固化工艺条件下进行反应，最后形成三维网状结构。树脂固化反应分三个阶段：

树脂流动阶段：热固性树脂为小分子化合物或低分子量预聚物，预浸料树脂在常温下呈高黏度不流动状态，加热后小分子运动能力增大，树脂黏度降低，在铺层结构中可以流动，充分浸润纤维及纤维布的层间。

树脂凝胶阶段：随温度升高，树脂分子之间开始反应并产生部分交联，分子量增大，树脂黏度逐渐增大，形成不流动的凝胶状态。加压时机一定要选在凝胶点之前。

树脂固化阶段：继续升高温度和延长反应时间，树脂分子间逐渐完成交联反应，形成均一的固化物。这一过程中需要保证热压罐内均匀的热传递，包括热压罐的加热系统与模具和制件的传热，以及模具和辅助材料整套组合系统内部的传热。

热压罐成型过程中随温度升高，树脂经过流动、凝胶、固化三个阶段，其中温度和压力是两个主要工艺参数，需要根据复合材料的固化特性、制品的结构特性和工艺装备的工作特性，合理选择工艺参数，否则会导致固化周期长，复合材料的质量性能较差。

在复合材料的加热固化过程中，随温度升高，树脂黏度开始急剧下降，并在一定的温度下达到最低值，此时对其施加压力，既可确保树脂完全浸透纤维并有效挤出多余的树脂，又可抽走预浸料中的低分子挥发物和夹杂在预浸料中的气体，排除基体中可能存在的孔隙，通过压实作用使复合材料中增强纤维的体积含量达到最大。如果压力施加过早，将会使大量树脂流失；而压力施加过晚，树脂已经开始凝胶，内部将会夹杂大量的气泡和孔隙并难以排除。随交联度提高，树脂黏度急剧升高，固化度不断增加，固化物的孔隙率和内部残余热应力将与固化温度和热传递过程紧密相关，升温降温速度控制不当，将会引起构件局部体积收缩不一致，导致制件有较大的残余应力。

在设计温度和压力工艺参数时，要首先分析预浸料树脂的黏温特性和固化特性，做出树脂凝胶时间曲线和 DSC 固化特性曲线。根据凝胶特性设定加压时机，加压要在凝胶点之前进行，并根据 DSC 曲线设计梯度升温参数。做出的工艺图如图 8-8 所示。保持真空袋内的真空度，第一段升温至树脂流动温度之后、凝胶点之前，保持一段时间；待树脂流动基本充分时，开始加压，使树脂充分流动、纤维压实；继续升温到固化温度，保持一段时间，使树脂充分固化；固化结束后，停止加热，使材料按一定速度冷却，这时仍然要保留压力，待温度降至一定温度以下时泄压，打开热压罐，取出制件。

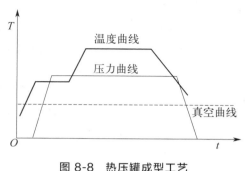

图 8-8　热压罐成型工艺

8.6　热压罐成型工程设计案例

热压罐成型复合材料制品的工程设计主要包括需求分析、结构设计与仿真、材料设计、模具设计、工艺设计及应用评价与迭代几个部分，其流程如图 8-9 所示。

在科技部冬奥专项"冬季项目碳纤维复合材料高性能器材关键技术"（项目编号：2019YFF0302000）支持下，航天材料及工艺研究所联合北京化工大学、航天十一院、国家体育总局体科所等九家单位，自主设计制造了第一代国产雪车（图 8-10），实现了国产雪车从"0"到"1"的突破。下面以国产雪车的碳纤维复合材料部件为例，说明热压罐成型的工程设计过程。

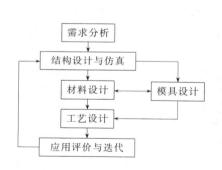

图 8-9　热压罐成型工程设计流程

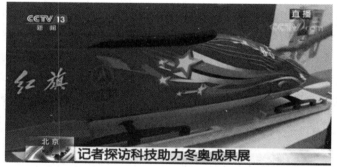

图 8-10　第一台自主设计制造的国产雪车

（1）需求分析

雪车也称"有舵雪橇"，由底盘、座舱、滑行器、防护罩、操纵舵以及制动器等部分组成。2 人座有舵雪橇最大长度 270cm，最大宽度 67cm，滑橇板宽度 8mm，最大质量（含 2 名运动员）不得超过 375kg；4 人座最大长度 380cm，最大宽度 67cm，最大质量（含 4 名运动员）630kg。要求雪车有良好的空气动力性，符合质量要求，有较高的强度和耐冲击性，其外形尺寸等需符合国际雪车联合会（IBSF）的国际通用规则要求。

雪车形状复杂，各项性能要求高，主体外壳需要由碳纤维复合材料制备，见图 8-11，其制备方法采用热压罐成型最为合理。

（2）结构设计与仿真

首先对雪车进行形状设计，根据标准要求确定基本尺寸及外形，采用三维建模软件（如 Solidworks、Pro/Engineer、UG NX 等）建立产品模型。在建模时要充分考虑成型工艺的可行性，即是整体性一次成型还是分模具多部件成型后组装，需要根据具体制品形状及力学性能进行设计。雪车的形状较复杂，对整体力学性能要求较高，主体结构应尽量整体性一次成型，按此设计思路进行建模，如图 8-12 所示。

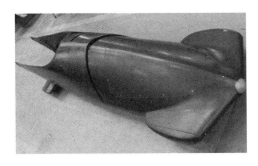 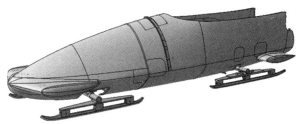

图 8-11　国产雪车的碳纤维复合材料部件　　　　　图 8-12　国产雪车建模

建模完成后进行力学性能分析，可以采用 Abaqus、Ansys 等软件，输入所用材料的基本数据，分析受力特性和承载情况，如图 8-13 所示。

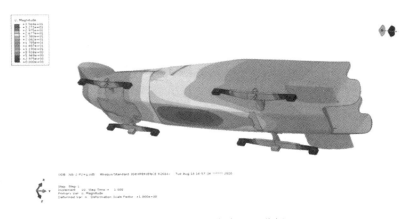

图 8-13　国产雪车有限元分析

分析结果如出现结构强度不足、受力不合理等情况时，需要重新进行结构设计，调整结构、调整材料布局、更换材料等。

（3）材料设计

关键制品所用原材料应尽量基于国产化，同时满足产品性能和工艺要求。雪车复合材料部分根据性能要求及结构分析，采用国产 T800 级碳纤维，可以满足高强度、轻量化的要求。碳纤维制备成预浸料使用，便于采用热压罐成型工艺制备，以满足工艺性要求。基体树脂采用环氧树脂，要求高韧性以满足制品的抗冲击性能。考察国产碳纤维预浸料及其树脂，选择适用的产品。在无合适树脂的情况下，需要开发新型树脂体系，达到制品性能要求。

树脂的开发是高性能复合材料成型工程中的重要环节，非常多的高性能复合材料制品性能要求特殊，市售产品往往难以满足所有性能要求，这时需要单独开发树脂基体。预浸料树脂的开发需要重点考虑基体树脂、固化体系、催化体系、增韧方法及体系、工艺适配性等几个方面，在本案例中，树脂的增韧方法是重点之一，可以从共混增韧、分子主链增韧、层间增韧等多方面进行探索。

基体树脂定型后，与 T800 级碳纤维共同制备单向纤维或织物预浸料，用于热压罐工艺成型。

（4）模具设计

雪车制品设计完成后，确定所用主要原材料，按照制品形状及原材料特性进行模具设计。热压罐成型为单面模，由于制品形状复杂，根据脱模特性设计组合模具，组装后一体成型，脱模时分拆模具逐步脱模。组合模具要注意各模具间的有效连接和固定，各组件材质相同，可防止热膨胀系数差异，有高精度要求时应计算尺寸补偿。图 8-14 为雪车模具的部分设计。

模具设计完成后进行加工，要保证各组件的可加工性。加工完成后对模具进行组装，检查尺寸一致性。图 8-15 是组装的部分模组。

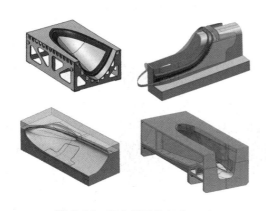

图 8-14　雪车模具的部分设计

图 8-15　雪车的部分模组

（5）工艺设计

成型工艺设计的重点是预浸料铺层设计和工艺参数设计。

铺层设计：在制品结构设计时已经确定了制品的强度、厚度，根据预浸料面密度进行铺层设计及计算，铺层设计时遵循均衡对称原则、铺层定向原则等基本要求。制品各部分有不同厚度的，设计出铺层数和加厚方式，最后输出各片层尺寸，用于裁剪预浸料。

根据预浸料树脂的固化特性制作工艺路线图及进行工艺参数设计。根据预浸料树脂的反应特性参数和黏度参数，设计固化过程的升温梯度、加压点。图 8-16 是预浸料树脂的黏度特性和固化制度，按照 130℃ × 1h+ 180℃ × 3h 进行固化。

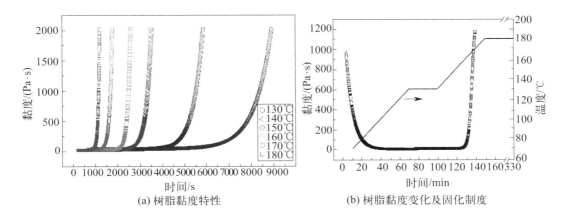

图 8-16　预浸料树脂的黏度特性及固化制度

（6）应用评价与迭代

各项工程设计完成后，进行工艺制备，经过模具准备、预浸料铺敷后，套真空袋，按工艺参数进行热压罐成型。脱模后修整并组装其他零件，进行工程验证评价，包括随罐层合板的力学性能检测、雪车外形风洞测试、实际应用测试等。

经实际验证，如发现结构设计、零件尺寸等存在问题，需要进行二次迭代，针对实际问题重新进行工程设计。对制品结构设计、模具设计、材料设计等全面修改，进行二次开发。

 设计题

北京 2022 冬奥会使用的一种雪橇，其底板为碳纤维复合材料，如下图所示。原材料采用碳纤维预浸料，以热压罐成型工艺制备。请分析雪橇的使用特点，进行雪橇成型设计，要求：

① 预浸料树脂配方设计，包括原料选择依据、各组分作用、必要的说明等；

② 热压罐成型工艺设计；

③ 根据简化的制品图纸画出成型模具的标准图纸。

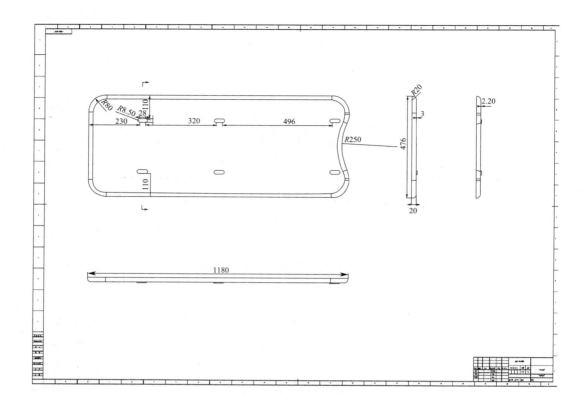

9

复合材料缠绕成型

复合材料的缠绕成型是目前生产复合材料的重要工艺技术之一，主要用来制备圆形截面的复合材料制品，如复合材料管道、储罐等。随着原材料和自动化技术的发展，新型缠绕成型技术不断被开发应用，可以用于各种特殊结构的复合材料成型，使复合材料高结构效率特性更加突出。近年来在应用需求牵引下，如新能源储氢气瓶设计和干法预浸纱等新技术的需求，随着材料、工艺和装备技术的进步，复合材料缠绕成型技术得到了更加快速的发展。

9.1 复合材料缠绕成型工艺

缠绕成型是将浸过树脂胶液的连续纤维或预浸带、预浸纱，按照一定规律缠绕到芯模上，固化后脱模，使其成为复合材料制品的工艺过程。通过截面为圆形的模具旋转，缠绕头带着纤维左右往返移动，纤维一层层地缠绕在模具上，形成制品。缠绕成型可制备圆形截面的制品，如管材、罐体等。

9.1.1 缠绕成型工艺方法

缠绕成型有湿法缠绕成型、干法缠绕成型和半干法缠绕成型三种工艺方法。

湿法缠绕成型工艺是将连续纤维浸渍树脂后直接缠绕到芯模上，固化后直接使用或脱模后使用。湿法缠绕用的树脂基体为低黏度液体形态，根据所成型制品形状的复杂程度，成型设备可以选择较简单的两轴缠绕机，或者自动化程度较高的多轴缠绕机。湿法缠绕成型是缠绕成型工艺中采用的主要方法。

干法缠绕成型工艺所使用的原料是预浸带或预浸纱。先将纤维和树脂制备成预浸带或预浸纱，在缠绕成型时按一定缠绕规律直接缠绕在芯模上，固化后直接使用或脱模后使用。干法缠绕速度快，制品质量较稳定，但对预浸材料的工艺性有较高要求。

半干法缠绕成型是在湿法缠绕的基础上，将浸渍树脂的纤维经加热烘干后缠绕到芯模上。这种方法所用的树脂常为含溶剂树脂，须经烘干脱除溶剂，目前已较少采用。

9.1.2　缠绕成型工艺过程

湿法缠绕成型的工艺过程包括树脂配制、纤维排布、浸胶、张力控制、芯模设计与制造、缠绕参数设定、缠绕成型、固化、脱模、后处理这些工艺过程，其流程如图 9-1 所示。

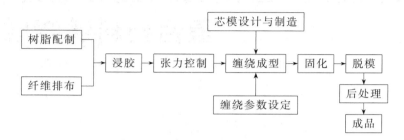

图 9-1　缠绕成型工艺过程

湿法缠绕是主要的缠绕成型形式，使用连续纤维和液体形式的树脂，纤维放置在纱架上，抽出后集中排布，进入浸胶槽。树脂配制后加入浸胶槽，纤维浸渍树脂后刮掉多余树脂，对纤维施加一定张力使其穿过可活动的缠绕头。缠绕头带着纤维移动，将纤维缠绕在旋转的芯模上。缠绕完成后通过加热措施（如放入烘箱）进行固化，形成制品。固化后的制品根据芯模形式及制品要求，选择是否脱除芯模，若保留芯模，芯模可作为制品的一部分使用。

缠绕成型的优点是工艺过程快、自动化程度高、树脂含量可控、纤维含量高、制品力学性能好。纤维在张力控制下排布均匀整齐，同时能控制树脂含量，缠绕过程通过预先设定的参数进行，可以有较高的自动化程度。缺点是制品的轴向增强比较困难，产品形状受到工艺限制，自动化程度受设备和软件及编程的制约。

9.2　缠绕成型用原材料

湿法缠绕成型用的原材料主要是增强纤维和树脂，干法缠绕用的是预浸带或预浸纱。本部分重点介绍湿法缠绕成型用原材料。

9.2.1　增强纤维

湿法缠绕成型用的增强纤维为连续纤维，要求纤维有较高的强度和模量，易于浸润树脂，有良好的缠绕工艺性，如缠绕时不起毛和不断头。用于缠绕工艺的纤维主要有玻璃纤维、碳纤维、芳纶等。

玻璃纤维强度高、价格便宜，是复合材料缠绕成型最常用的增强纤维。缠绕成型用玻璃纤维是单束或者多束粗纱，常用的玻璃纤维是 E 玻纤或 S 玻纤，在缠绕大型制品时可以多束并排缠绕以提高工作效率。玻纤以内抽头的整卷纱形式为主，部分规格是外抽头锭子包装，在使用时应注意玻纤包装形式与设备纱架的匹配。

碳纤维强度和模量非常高，是制备高性能复合材料的主要增强纤维。缠绕成型用碳纤维为连续单束纤维，有 3K、6K、12K、24K、48K 等规格，一般常用的是 12K 纤维，在缠绕要求高均匀度的军工制品等特殊制品时，可以采用 3K、6K 的小丝束碳纤维，有些较大的工业制品可以采用大丝束碳纤维。碳纤维的型号根据制品力学性能要求选用，较常用的为 T300 级和 T700 级，有特殊要求的制品选用更高规格的碳纤维。碳纤维具有导电性，设备应尽量采用封闭式纱架，防止飞毛导致电气设备损坏；碳纤维较脆，在工艺过程中应尽量减少摩擦和弯曲次数，减少纤维损伤。

芳纶有较高的强度和柔韧性，可以制备高强度、耐冲击的复合材料，但是芳纶与树脂的界面粘接性较差，复合材料性能难以充分体现，在普通缠绕成型中较少采用，主要用于一些特殊要求的缠绕制品。

其他增强材料还有聚酰亚胺纤维、PBO 纤维、超高分子量聚乙烯纤维等，都可以用于缠绕成型，但这些纤维品种与树脂的界面粘接力都相对较差，主要用于一些特殊功能要求的制品。

9.2.2　树脂基体

缠绕成型用树脂主要有环氧树脂、不饱和聚酯树脂、乙烯基酯树脂等，对于湿法缠绕用基体树脂，其工艺性有独特的要求：

① 黏度低：缠绕树脂的黏度一般要求在 500～800mPa·s，超过 1500mPa·s 将很难满足生产工艺。低黏度的树脂能快速浸润纤维，易于控制合适的树脂含量。黏度过高，纤维上浸渍较多的树脂，难以刮除，刮除时易损伤纤维，缠绕后多余的树脂难以挤出，导致制品纤维含量不足，影响力学性能。

不饱和聚酯树脂、乙烯基酯树脂黏度较低，加引发剂后可以直接用；环氧树脂黏度较高，需要采用低黏度固化剂或加活性稀释剂，以降低黏度。

② 有较长的适用期：缠绕周期一般较长，树脂基体需要有较长的适用期，以防止浸胶槽里的树脂很快黏度增大，失去工艺性。高温固化制品一般要求基体树脂有 8 小时以上的适用期；常温及中低温固化的制品需要有连续配胶式的浸胶槽。

③ 满足制品固化条件：大型制品一般需要常温固化，高性能制品一般需要高温固化。树脂的配方设计要根据固化条件、制品性能要求来进行。

9.3　缠绕成型设备及软件

缠绕成型的原理是：圆形截面的芯模转动，连续纤维浸渍树脂后按一定规律左右移动，使纤维缠绕到芯模上，缠绕完成后树脂固化，制品成型后脱出芯模，或带芯模使用。按照这个原理进行设计制造缠绕设备与模具，缠绕设备是缠绕成型中的关键要素，设备形式及自动化程度直接影响制品成型。

9.3.1　缠绕成型设备

按照缠绕工艺过程，缠绕成型设备主要由 5 个功能部分组成：纤维纱架、张力控制器、浸胶槽、缠绕头、芯模。通过控制系统协调各功能部分。

①　纤维纱架：是放置纤维的部件，根据玻璃纤维、碳纤维内外抽头的区别，有台式纱架和轴式纱架。台式纱架是平台架，用于放置内抽头的玻璃纤维；轴式纱架用于放置外抽头的碳纤维、芳纶等，碳纤维插入纱架轴上固定，可以集成张力控制器。其基本形态如图9-2所示。

(a) 台式纱架　　　　　　　　　　　(b) 轴式纱架

图 9-2　台式纱架和轴式纱架

②　张力控制器：用于控制纤维的张力，使纤维始终以设置的恒定张力缠绕在芯模上。缠绕速度快慢、缠绕头走到不同角度时，纤维都有相同的张力，使制品性能稳定。张力控制器通常有机械式和电子式两种。机械式张力控制器通过多个轮轴和弹簧组合，控制纤维的张力，在自动化程度较低、制品性能要求不高的设备上采用。电子式张力控制器以力矩传感器和单片机控制，可以设定较准确的张力值，灵敏度和稳定性好，在碳纤维缠绕设备上普遍采用。

③　浸胶槽：是盛装树脂并浸渍纤维的部件。根据纤维种类和用量，浸胶槽有上浸胶和下浸胶两种形式。上浸胶方式是浸胶槽中有个辊轮，纤维贴在辊轮上面，纤维前行带着辊轮转动，辊轮上黏附一层树脂，靠这一层树脂浸渍纤维。上浸胶方式树脂含量控制好，常用于一束丝或几束丝的碳纤维缠绕。下浸胶是将纤维浸没在树脂内的浸胶方式，常用于较多束丝的玻璃纤维浸胶。上浸胶和下浸胶方式示意如图9-3所示。

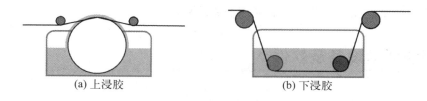

(a) 上浸胶　　　　　　　　　　　(b) 下浸胶

图 9-3　上浸胶和下浸胶方式示意

④　缠绕头：缠绕头及其运动部分是缠绕设备的核心，根据纤维随缠绕头及芯模运动的自由度，缠绕设备分为两轴缠绕机、四轴缠绕机、六轴缠绕机等。

自由度是纤维能运动的方向数，也称为一个轴，自由度越多，可以实现的缠绕方式就越复杂。芯模旋转为一个自由度，缠绕头左右运动为一个自由度，这种缠绕头只有一个左右运动方向的缠绕设备称为两轴缠绕机，可以缠绕等截面的管材。

缠绕头除了左右运动外，还可以前后运动、旋转运动的，加上芯模旋转，共有四个运动量，这种设备为四轴缠绕机，可以用来成型罐体。

缠绕头可以左右、前后、上下、旋转、扭摆运动，加上芯模旋转，共有六个运动量，这种设备为六轴缠绕机，可以成型复杂形状的制品。

⑤ 芯模：芯模通过伺服电机带动旋转，将纤维缠绕到芯模上。芯模旋转与缠绕头联动，可以形成不同的缠绕角度和缠绕规律。

缠绕成型的芯模根据制品形状设计。管材的芯模是钢柱或者钢筒，缠绕成型前，在芯模表面涂覆脱模剂或粘贴隔离膜，缠绕完成后芯模与制品同时加热进行固化，小型制品可以在烘箱中加热固化，大型制品通常需要常温固化或者用红外灯烘烤固化。固化完成后，用脱模机抽出芯模。

罐体的芯模有内置胆和可溶模两种。内置胆通常为金属胆或聚合物胆，以铝胆最为常用。内置胆作为芯模，缠绕后不取出，作为气密层。可溶模主要是砂模和盐模，以水溶性胶黏剂粘接沙子或盐粒，干燥后加工成芯模，缠绕固化后，用高压水枪从罐口冲散芯模。

⑥ 控制系统：缠绕机的缠绕头、芯模等运动单元由控制系统协调动作。各运动单元通过伺服电机带动，由 PLC 控制器统一控制。工艺数据由软件设计后输入 PLC，或者在 PLC 上直接编程设置，缠绕规律解析为各伺服电机的动作执行，协调运动缠绕出制品。

9.3.2　缠绕成型软件

缠绕成型首先要根据制品要求设计缠绕规律，计算并设置缠绕工艺参数，如缠绕厚度、缠绕层数、各层缠绕线型、缠绕角度、缠绕速度等。较简单制品如工业管材的工艺参数可以通过公式估算后输入 PLC 的参数界面，试缠绕后调整；复杂制品如要求较高的罐体，其参数计算较为复杂，目前通常采用软件进行模拟计算，输出参数及路径。

CADWIND 软件为比利时材料工程有限公司（MATERIAL）开发，是世界上广泛应用的纤维缠绕工艺设计模拟软件。最早的 CADWIND 软件版本发布于 1990 年，至今已经有30 多年的应用历史。

CADWIND 软件是一个集 CAD/CAM/CAE 于一体的专业纤维缠绕工艺设计模拟系统。主要功能包括层合结构复合材料设计、纤维缠绕线型设计、机床缠绕程序计算、缠绕产品的结构强度计算，真正实现了从材料到产品的全流程的设计仿真功能。软件界面如图 9-4。CADWIND 可以帮助用户实现不同铺层结构的复合材料刚度、强度、失效过程计算，提供不同缠绕线型设计分析功能，使用户准确掌握纤维滑线、纤维架空等可缠绕性工艺分析，了解缠绕角度和缠绕层厚度的分布情况；实时动态的缠绕过程机床动态仿真功能，可避免机床运动干涉，提高缠绕效率和优化缠绕程序。

CADWIND 适用的缠绕产品：软件适用于圆形截面的轴对称回转几何体缠绕制品（压力容器、瓶体、圆锥体、球体、直管）、非轴对称几何体缠绕制品（矩形截面和椭圆形截面直管、三类典型截面类型弯管、T 形件）的纤维缠绕工艺设计。

CADWIND 适用的缠绕机床：软件能够适用于 2～6 轴缠绕机床或机械臂，可以根据不同缠绕机床的硬件设置和数控系统语言，实现自动缠绕程序编程。

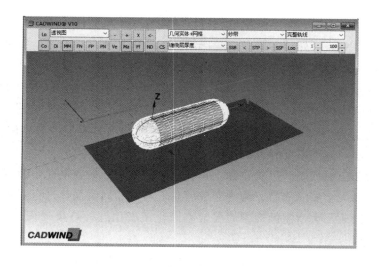

图 9-4　CADWIND 软件界面

CADWIND 软件的主要模块：软件主要模块包括层合结构复合材料的材料设计模块（铺层角度、铺层比例和铺层厚度计算，以及层合材料刚度、强度、失效过程计算）、建立几何芯模模块、缠绕线型设计与分析模块、机床参数设置模块、机床缠绕程序计算模块、实时机床运动仿真模块、缠绕产品的结构强度计算的有限元数据接口模块。

另外一款缠绕软件为 Composicad，2010 年由原 CADWIND 研发团队中的部分成员重新开发。软件使用了一些改进的算法来计算纤维路径，可控制纤维宽度、厚度、滑线系数、密度、成本及其他参数。另外，Composicad 可生成直接用于 ESAComp 软件（一款复合材料结构分析设计软件）的文件。例如，通过 ESAComp 软件可快速实现复合材料气瓶在内压下的应力应变分析，并且可引入各种失效判据，对复合材料气瓶进行爆破压强的预测。

国内首款自主研发的商业复合材料缠绕软件为 Kwind，该软件具备测地线与非测地线缠绕线型规划能力，可控制纱宽、厚度、滑线系数及其他参数，能实现相应线型缠绕三维可视化运动仿真，针对某一结构可自动生成上百种设计方案，并给出优选方案。同时可以生成相应的缠绕机丝嘴运行轨迹及有限元仿真分析所需的数据，用于实际产品生产制造和有限元建模分析。

9.4　缠绕规律及设计

9.4.1　缠绕规律

缠绕规律是描述纤维均匀、稳定、连续排布在芯模表面的形式，以及芯模与缠绕头间运动关系的规律。纤维在芯模上的线型排布，要求纤维既不重叠又不离缝，均匀连续布满芯模表面，纤维在芯模表面位置稳定，不打滑。

缠绕制品的规格、形状、种类繁多，但缠绕规律可以归结为三种：环向缠绕、螺旋缠绕、纵向缠绕。

（1）环向缠绕

环向缠绕（hoop winding）是纤维沿芯模圆周方向的缠绕。缠绕时，芯模绕自身轴线作匀速转动，缠绕头在平行于轴线方向的筒体区间运动。芯模每转一周，缠绕头移动一个纤维束宽度，按此循环，直至纤维束布满芯模筒体段表面为止。缠绕形式如图9-5所示。

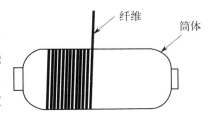

图9-5　环向缠绕形式

环向缠绕的特点是缠绕只能在筒体段进行，不能缠封头，相邻纤维束之间相接而不重叠，其缠绕角在85°～90°之间。

（2）螺旋缠绕

螺旋缠绕（helical winding）是芯模绕自身轴线匀速转动，缠绕头按一定的速比沿轴线方向往复运动，从而实现在芯模筒体和封头上的螺旋缠绕。螺旋缠绕的缠绕角度通常为12°～70°，如图9-6所示。

图9-6　螺旋缠绕形式及效果

图9-7　纵向缠绕形式

在螺旋缠绕中，纤维缠绕不仅在筒体段进行，而且也在封头上进行。其缠绕过程为：纤维从容器一端的极孔圆周上某一点出发，沿着封头曲面上与极孔圆周相切的曲线绕过封头，并按螺旋线轨迹绕过筒体段，进入另一端封头，然后再返回到筒体段，最后绕回到开始缠绕的封头，如此循环下去，直至芯模表面均匀布满纤维为止。由此可见，螺旋缠绕的轨迹由筒体段上的螺旋线和封头上与极孔圆周相切的空间曲线所组成，即在缠绕过程中，纤维若以右旋螺纹缠到芯模上，返回时则以左旋螺纹缠到芯模上。

螺旋缠绕的特点是每束纤维都对应极孔圆周上的一个切点，相同方向邻近纤维之间相接而不相交，不同方向的纤维则相交。这样当纤维均匀缠满芯模表面时，就构成了双层纤维层。

（3）纵向缠绕

纵向缠绕（longitudinal winding）又称平面缠绕，在进行缠绕时，缠绕头在固定平面内做匀速圆周运动，芯模绕自身轴线慢速旋转。缠绕头每转一周，芯模转过一个微小的角度，反映到芯模表面是一个纤维束宽度。纤维与芯模纵轴之间的交角为0°～25°，并与两端的极孔相切，依次连续缠绕到芯模上。平面缠绕的纤维彼此间不发生纤维交叉，纤维缠绕轨迹是一条单圆平面封闭曲线。平面缠绕的速比是指单位时间内芯模转数与缠绕头旋转的转数比，纤维与纵轴的交角称为缠绕角，一般用 α 表示。图9-7为纵向缠绕形式示意图。

纵向缠绕主要用于球形、椭球形及长径比小于1的短粗筒形容器的缠绕，纵向缠绕时容器头部纤维可能出现严重的架空现象。

缠绕规律的设计要素：

① 缠绕角度：测地线缠绕纤维是实现等张力封头的条件，缠绕角度应尽量等于或接近于测地线缠绕角（测地线是三维物体表面上两点间的最短距离）。从罐体封头强度分析，缠绕角过小，会破坏等张力封头纤维受力的理想状态；从筒体段强度分析，缠绕角减小，则纵向缠绕的层数要减少，轴向受力能力增强、环向受力能力减弱。如缠绕角过大，环向缠绕层数增加，不能全部利用封头环向强度，封头处纤维堆积、架空的现象严重，纤维强度得不到充分发挥。

纤维在封头极孔处的相交次数不宜过多，因为切点数目越多，纤维交叉次数越多，纤维强度的损失就越大，同时也使极孔附近区域的纤维堆积、架空现象严重，出现不连续应力和不相等应变。

② 缠绕线型：宜采用多缠绕角度进行缠绕，以免形成不稳定的纤维结构；封头缠绕包络圆直径应逐渐扩大，使纤维在封头分布均衡，减轻纤维在极孔附近的堆积现象，不会使封头外形曲线发生较大变化，有利于发挥封头处纤维强度；环向缠绕应与螺旋缠绕交替进行，以保证横纵向强度。

③ 缠绕张力：遵循张力逐层递减原则。

9.4.2　缠绕张力

缠绕张力是缠绕工艺的重要参数，张力大小、各束纤维间张力的均匀性以及各缠绕层之间纤维张力的均匀性，对制品的质量影响极大。缠绕张力根据芯模结构、增强纤维强度、树脂黏度及芯模是否加热等具体情况而定，张力对复合材料成型工艺及制品性能有较大影响。

（1）对制品力学性能的影响

复合材料缠绕制品的强度和疲劳性能与缠绕张力有密切关系。张力过小，制品强度偏低，内衬所受压缩应力较小，因而内衬在充压时的变形较大，疲劳性能降低。张力过大，则纤维磨损大，使纤维和制品强度都下降。此外，过大的缠绕张力还可能造成内衬失稳。

各束纤维之间张力的均匀性对制品性能影响也很大。纤维张紧程度不同，当承受载荷时纤维就不能同时承受力，纤维强度不能充分发挥。纤维束所受张力的不均匀性越大，制品强度越低。因此在缠绕复合材料制品时，应尽量保持纤维束之间、束内纤维间的张力均匀。

为使制品各纤维层不会出现由缠绕张力作用导致的内松外紧现象，应有规律地使张力逐层递减，使内外层纤维的初始应力都相同，容器充压后内外层纤维能同时承受载荷。

（2）对制品密实度的影响

缠绕在曲面上的纤维，在缠绕张力 T_0 的作用下，将产生垂直于芯模表面的法向力 N，在工艺上称为成型压力，可由下式计算：

$$N = \frac{T_0}{r} \times \sin\alpha$$

式中，T_0 为缠绕张力，N/cm；r 为芯模半径，cm；α 为缠绕角，°。

使制品致密的成型压力与缠绕张力成正比，与芯模半径成反比。在湿法缠绕工艺中，对于预设的密实度，成型压力也受树脂黏度的影响，树脂黏度越小，所需成型压力就越小。压力增大使纤维间孔隙率降低，这也是增大缠绕张力可以提高制品强度的一个重要因素。

（3）对树脂含量的影响

缠绕张力对纤维浸渍树脂的影响非常大，随着缠绕张力的增大，树脂含量降低。在多层缠绕过程中，由于缠绕张力的径向分量 N 的作用，外层纤维将对内层施加压力，树脂由内层被挤向外层，从而出现树脂含量沿壁厚方向内低外高。采用张力逐层递减的方式，使各层间压力均匀，可以减轻或避免这种现象。

（4）张力作用位置的影响

缠绕张力可在纤维轴或纤维轴与芯模之间某一位置施加。在纤维轴上施加张力对设备要求比较简单，但会加重纤维磨损，也可能影响浸渍树脂的均匀性。一般湿法缠绕宜在纤维浸胶后施加张力，干法缠绕宜在预浸带轴上施加张力。缠绕张力是指纤维缠到芯模上以前的实际张力，因此张力控制器最好安装在距芯模最近的地方。但是在实际生产中，可以根据制品形式及设备情况，协调设备复杂度和生产工艺性，灵活调整张力控制器的形式和位置。

9.5　缠绕工艺参数计算

在缠绕成型工艺参数设计中，罐体容器的缠绕设计具有代表性，在没有软件模拟的情况下，通常采用经典的网格理论对内压容器缠绕参数进行初步计算，尤其对小容量内压容器进行设计时，与实际结果的吻合性较好。

网格理论是纤维增强复合材料结构中用于预测应力的一种十分重要的分析方法，通过这种分析方法可以确定纤维缠绕结构的缠绕角和壁厚等设计参数。特别是可以使纤维在不同方向的配置与参考轴的载荷相匹配，从而使结构设计达到优化。

9.5.1　缠绕角计算

容器的螺旋缠绕不仅在筒体段进行，而且也在封头上进行。按照网格理论，纤维缠绕容器的封头以等张力封头最为合理，这不仅因为等张力封头是按测地线缠绕，纤维不易打滑，而且在整个封头上，纤维所受应力相等，且等于筒体段纵向纤维的应力。

等张力封头的纤维缠绕角满足测地线方程：

$$\sin\alpha = \frac{r}{R}$$

式中，α 为缠绕角，°；r 为极孔半径，cm；R 为内胆半径，cm。

9.5.2　缠绕层纤维层厚度及壁厚计算

在网格理论中，假定纤维是承力材料，制品的所有强度和刚度均由纤维提供。在内压容器的筒体段，螺旋缠绕的纤维承担全部的纵向载荷。

筒体截面内的纵向承受总载荷 N_ϕ 为：

$$N_\phi = \frac{1}{2} R P_b$$

纵向载荷为：

$$N_\varphi = \frac{N_\phi}{\cos^2 \alpha} = \frac{R P_b}{2\cos^2 \alpha}$$

故螺旋缠绕中的纤维层厚度为：

$$t_\varphi = \frac{N_\varphi}{f} = \frac{R P_b}{2f\cos^2 \alpha}$$

筒体段中的环向载荷，有一部分由环向缠绕纤维承担。螺旋缠绕纤维也承担一部分环向载荷：

$$N'_{90} = N_\varphi \sin^2 \alpha$$

总的环向载荷为：

$$N_\theta = R P_b$$

环向纤维承担的载荷应从总载荷中减去螺旋缠绕纤维承担的载荷，即：

$$N_{90} = N_\theta - N'_{90} = R P_b - N_\varphi \sin^2 \alpha = R P_b \left(1 - \frac{\tan^2 \alpha}{2}\right)$$

故环向缠绕中的纤维层厚度为：

$$t_\theta = \frac{N_{90}}{f} = \frac{R P_b}{2f}(2 - \tan^2 \alpha)$$

在以上各式中，

R——内胆半径，cm；

P_b——气瓶爆破压力，MPa；

f——每股纤维的拉伸应力，MPa；

α——纵向纤维与母线夹角（即缠绕角），°。

缠绕层壁厚则为螺旋纤维层和环向纤维层厚度之和除以复合材料中纤维体积含量：

$$t = \frac{t_\theta + t_\varphi}{V_f}$$

式中，t 为缠绕层总厚度，mm；t_θ 为环向缠绕中的纤维层厚度，mm；t_φ 为螺旋缠绕中的纤维层厚度，mm；V_f 为纤维体积含量，%。

纤维缠绕层数由螺旋及环向纤维层厚度除以单束纤维的厚度计算，其中单束纤维层厚度由纤维截面积除以纤维展开宽度计算。

9.5.3　缠绕张力计算

缠绕纤维预应力与内衬材料、内衬壁厚以及缠绕纤维总层数有关，缠绕纤维的总层数是由强度设计决定的，内衬壁厚根据使用寿命、疲劳条件确定，则缠绕纤维预应力值就取决于内衬材料所能承受的最大压力。各层缠绕纤维的张力计算，由内到外，逐层考虑。

由于第一层纤维的张力作用，使内衬受到压缩，根据内力平衡，缠绕第一层纤维的应力为：

$$\sigma_1 = \frac{T_1}{t}$$

在内衬中的应力为：

$$\sigma_A = \frac{T_A}{t_0}$$

按变形协调条件：

$$\frac{\sigma_A}{E_A} = \frac{\sigma_i}{E_G}$$

所以得：

$$\sigma_A = \frac{E_A}{E_G} \sigma_i$$

上述各式中：

E_A、E_G——内衬及碳纤维的弹性模量；

σ_A——内衬的内应力；

σ_i——各层纤维的应力；

t_0——内衬的壁厚；

T——缠绕张力。

在缠绕第二层时，第二层不仅对内衬，而且对先缠上的第一层均有压紧作用，则使第一层的应力降低。

缠绕第二层纤维的应力：

$$\sigma_2 = \frac{T_2}{t}$$

由内力平衡条件得：

$$\nabla T_A + \nabla T_1 = T_2$$
$$\nabla T_A = \nabla \sigma_A t_0$$
$$\nabla T_1 = \nabla \sigma_1 t$$

又

$$\nabla \sigma_A = \frac{E_A}{E_G} \times \nabla \sigma_1$$

所以得：

$$\frac{E_A}{E_G} \nabla \sigma_1 t_0 + \nabla \sigma_1 t = T_2$$

解得：

$$\nabla \sigma_1 = \frac{T_2}{\dfrac{E_A}{E_G} t_0 + t}$$

在缠绕完第二层后，第一层纤维的应力降为：

$$\sigma_1' = \sigma_1 - \nabla \sigma_1$$
$$\sigma_1 = \frac{T_3}{t} - \frac{T_3}{\dfrac{E}{E_G} t_0 + t}$$

同理，在缠绕完 k 层后，各层纤维内的应力将是：

第一层：
$$\sigma_1 = \frac{T_1}{t} - \frac{T_2}{\frac{E_A}{E_G}t_0 + t} - \cdots - \frac{T_n}{\frac{E_A}{E_G}t_0 + (n-1)t}$$

第二层：
$$\sigma_2 = \frac{T_2}{t} - \frac{T_3}{\frac{E_A}{E_G}t_0 + 2t} - \cdots - \frac{T_n}{\frac{E_A}{E_G}t_0 + (n-1)t}$$

第 i 层：
$$\sigma_i = \frac{T_i}{t} - \frac{T_{i+1}}{\frac{E_A}{E_G}t_0 + it} - \cdots - \frac{T_n}{\frac{E_A}{E_G}t_0 + (n-1)t}$$

第 k 层：
$$\sigma_k = \frac{T_k}{t}$$

以上 $n = 2，3，4，\cdots，k$。

根据各缠绕层预应力相等的条件：
$$\sigma_1 = \sigma_2 = \cdots = \sigma_i = \cdots = \sigma_k$$

可得：
$$T_k = \frac{\frac{E_A}{E_G}t_0 + t}{\frac{E_A}{E_G}t_0 + kt}T_i$$

当纤维预应力为最佳预应力状态时：
$$T_k = \sigma_{Gi}t$$

由此得第一层纤维缠绕张力计算式为：
$$T_1 = \frac{\frac{E_A}{E_G}t_0 + kt}{\frac{E_A}{E_G}t_0 + t}\sigma_{Gi}t$$

任意一层纤维缠绕张力的计算式为：
$$T_i = \frac{\frac{E_A}{E_G}t_0 + kt}{\frac{E_A}{E_G}t_0 + it}\sigma_{Gi}t$$

上述各式中：

E_A、E_G——内衬及碳纤维的弹性模量；

σ_A——内衬的内应力；

σ_{Gi}——碳纤维的预应力；

t_0——内衬的壁厚；

T——缠绕张力。

9.6　缠绕成型设计案例

复合材料缠绕成型工程设计主要包括树脂基体配方设计、增强材料选择、设备与芯

模、工艺过程设计、固化制度设计等。根据制品要求进行系列相关设计。现通过一个复合
材料气瓶举例说明工程设计主要过程。

案例：铝合金内胆碳纤维全缠绕高压气瓶的缠绕成型。

纤维缠绕内压容器能够充分发挥纤维的强度和刚度，是复合材料实际应用的一个重要方
面。近二十年来国内在纤维缠绕铝合金内胆高压气瓶的研制方面取得了长足的进步，纤维缠
绕压力容器逐渐取代了全金属压力容器，明显提高了空间系统压力容器的可靠性、安全性、
承载能力、储存寿命和循环寿命，大大减小了高压气体和液体储存容器的质量。一般而言在
相同容积、承受相同内压情况下，复合材料高压气瓶的质量大约是钢瓶的 50% ～60% 。因
此，复合材料高压气瓶的应用越来越广泛。

复合材料气瓶的成型工艺采用纤维缠绕法，此方法比金属气瓶成型工艺简单，而且可
设计性强，对于筒形容器很容易实现等强度。对于金属内衬复合材料气瓶还可省去固化后
的脱模环节。同时具有工作压力较高、耐腐蚀、安全性能好等优点。可广泛应用于航空航
天压力容器、消防空气呼吸器、天然气汽车用瓶等领域。

本案例根据铝合金内胆碳纤维全缠绕高压气瓶的技术特性要求进行成型设计。

气瓶要求：

筒体长度：500mm；

内胆外径：145mm；

内部容积：7.0L；

工作压力：35MPa；

水压试验压力：45MPa；

水压爆破压力：102MPa；

耐疲劳性：在水压试验压力下 10000 次不泄漏，继续做压力循环直至泄漏，不允许
爆破。

（1）制品分析

制品为罐型压力容器，需要采用缠绕成型工艺；工作压力 35MPa，最适合采用碳纤维
作为增强材料；有渗透性要求，需要采用内胆，可使用铝质内胆作为芯模；与碳纤维配合
的树脂基体可采用环氧树脂；制品有较高的力学性能要求，制品尺寸较小，可采用高温
固化。

（2）增强材料选择

增强纤维选用 T700-12K 碳纤维。虽然 T300 碳纤维也可适用，但在经济性相差不大的
情况下采用高强度的纤维可减少厚度、提高制品质量。

T700 碳纤维的主要技术参数：

拉伸强度 $\sigma = 4900MPa$；

弹性模量 $E = 240GPa$；

断裂伸长率 $\delta = 2.1\%$；

密度 $d = 1.8g/cm^3$。

（3）树脂基体配方设计

纤维缠绕内压容器复合材料结构件，基体树脂通常为环氧树脂。一般认为，树脂基体

在复合材料中的主要作用是粘接定位和在纤维间传递应力。但是，树脂基体的力学性能也是影响复合材料整体力学性能的重要因素。尤其在高压容器中，树脂强度虽较高，但断裂伸长率很小，即当纤维还处在较低应力（内压容器以受拉为主）水平时，纤维应变已大于基体极限应变，此时基体就会开裂，导致复合材料逐渐失去整体性而破坏，这种情况下纤维强度得不到充分发挥，容器爆破强度也就不会高；相反，断裂伸长率较高的树脂基体，能保证纤维断裂之前基体的完整性，此时材料将因纤维断裂而破坏，容器爆破强度也将提高。所以，在内压容器复合材料结构件应用中，基体的断裂应变应充分大，基体与纤维在拉伸应力作用下的变形协调性比基体本身的强度更为重要。树脂基体拉伸性能的优劣应以拉伸强度和断裂伸长率的乘积来衡量。另外，树脂基体应具有较大的热变形温度，以确保结构件在高温环境下的强度和刚度要求。

不同的树脂体系缠绕制造的容器性能相差较大，主要是树脂基体的断裂韧性、断裂伸长率、弹性模量和拉伸强度等性能指标对容器性能有影响。大量试验证明，适合于压力容器缠绕的树脂应具有以下特点：①适当的拉伸强度、模量、断裂伸长率；②与纤维有良好的结合力；③工艺性好，具有合适的黏度、适用期，适于缠绕成型。

缠绕成型树脂要求黏度低，与纤维界面结合力好，有较长的工艺适用期。树脂浇注体要有较大的拉伸强度、较高的断裂伸长率和热变形温度。

树脂配方有多种多样，每一种配方体系均应计算固化剂用量及测试浇注体性能。缠绕用树脂体系要求黏度低，可以采用液体酸酐类固化剂；对力学性能和耐热性能有一定要求时，基体树脂可采用两种树脂复配。本例设计了三种树脂配方，如表9-1所示。

表9-1　三种配方组成

配方组成	配方1	配方2	配方3
环氧树脂 E-51	40	60	80
环氧树脂 TDE-85	60	40	20
甲基四氢苯酐（MeTHPA）	115	100	96
二乙基四甲基咪唑	1	1	1

对上述三种树脂体系分别用数字式旋转黏度计测试25℃、30℃、35℃、40℃、50℃、60℃、70℃、80℃下的黏度，绘制树脂体系黏度-温度曲线，如图9-8所示。然后将上述三种树脂体系，分别倒入预先清理的模具中，根据相同的固化制度制备浇注体拉伸样条和弯曲样条，将样条分别进行机械加工，再经固化处理消除内应力后，分别测试三种体系的拉伸、弯曲性能，结果见表9-2。

表9-2　三种配方浇注体的力学性能

性能	配方1	配方2	配方3
拉伸强度/MPa	63.5	67.7	55.9
拉伸模量/MPa	2555	2651	2357
断裂伸长率/%	5.3	4.9	5.6
弯曲强度/MPa	116.5	75.3	107
弯曲模量/MPa	2505	2420	2434

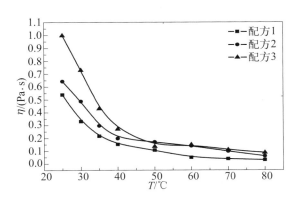

图 9-8　三种配方的黏度-温度曲线

经过综合性能对比，选用配方 1 的树脂体系，该树脂体系有良好的强度、刚度和断裂伸长率，具有一定的韧性，适合用作缠绕气瓶的树脂基体。该树脂体系还具有良好的耐热性和低廉的价格，故能够满足缠绕气瓶的设计要求。

（4）设备及芯模

由于进行罐体缠绕，设备应采用四轴或以上缠绕机。

金属内衬一般选用铝合金材料。铝内衬的气密性好，大张力缠绕可使内衬产生预压应力，有利于其承受内压；由于铝内衬的刚度较非金属内衬的刚度大，卸压时不会使内衬失稳或破裂；铝内衬在较大的温度范围内是稳定的，不会在反复加压、卸压时引起材料性能的明显改变。内胆材料选用国际上通用的制造铝瓶的材料 6061 铝合金，必须为无缝柱体。内胆壁厚一般应该满足内胆爆破压力大于等于纤维全缠绕气瓶的设计爆破压力的 5%，经估算内胆壁厚设计选定 2.5mm。

（5）缠绕设计与计算

内压容器的缠绕设计可以采用 CADWIND 等专业软件来完成，将内胆参数、纤维参数、气瓶性能要求等输入软件进行模拟，可以得到优化的设计方案。

在没有设计软件的情况下，通常采用经典的网格理论对内压容器缠绕参数进行初步计算，主要计算参数包括缠绕角、环向缠绕厚度及层数、螺旋缠绕厚度及层数、缠绕张力。

基础参数：铝的比例极限 $\sigma = 44\text{MPa}$，铝的弹性模量 $E_A = 66\text{GPa}$。

T700 碳纤维，密度 $\rho_f = 1.8\text{g/cm}^3$，弹性模量 $E_f = 240\text{GPa}$，纤维的许用应力 $f = 4600\text{MPa}$。

a. 缠绕角计算：

根据筒体缠绕角公式 $\sin\alpha = r/R$，得：

第一个螺旋向缠绕角 $\alpha_1 = \arcsin(45/140) = 18.75°$。

第二个螺旋向缠绕角 $\alpha_2 = \arcsin(50/140) = 20.92°$。

第三个螺旋向缠绕角 $\alpha_3 = \arcsin(55/140) = 23.13°$。

故缠绕角平均值为 20.93°。

b. 环向缠绕厚度及层数：

$$t_\theta = \frac{RP_b}{2f}(2 - \tan^2\alpha) = \frac{70 \times 102}{2 \times 4600}(2 - \tan^2 20.93) = 1.44\text{mm}$$

式中，R 为内胆半径；P_b 为水压爆破压力，102MPa；f 为碳纤维许用应力，4600MPa。

环向碳纤维单束展开宽度 2.56mm，12K 碳纤维单束截面积 0.467mm^2，所以单束纤维层厚度为 0.182mm，故环向缠绕层数为：1.44/0.182＝7.91，取 8 层。

c. 螺旋缠绕厚度及层数：

$$t_\varphi = \frac{RP_b}{2f\cos^2\alpha} = \frac{70 \times 102}{2 \times 4600 \times \cos^2 20.93} = 0.89\text{mm}$$

由于封头部位只能进行螺旋缠绕，不能进行环向缠绕，而螺旋缠绕纤维相互交叉，纤维强度发挥达不到环向纤维水平，故取螺旋缠绕纤维强度利用系数 $K = 0.75$，则：

$$t_{\varphi实} = t_\varphi/K = 0.89/0.75 = 1.19\text{mm}$$

螺旋缠绕时的纤维宽度为 2.28mm，纤维层厚度为 0.20mm，故螺旋缠绕层数为：1.19/0.20＝5.95，取 6 层。

d. 缠绕张力：在缠绕过程中，随着缠绕层数的增加，外层的缠绕纤维如一圈环向箍，紧包内层，使内层纤维应力降低。因此，为使各层缠绕纤维都有相等的预应力，必须控制缠绕张力由内到外逐层递减。

成型后气瓶的总层数为：

$$n = 环向层数\ k + 3 \times 螺旋层数\ j = 8 + 3 \times 6 = 26\ 层$$

气瓶的缠绕层总厚度为：

$$t_G = kt_{\theta 0} + 3jt_{\varphi 0} = 8 \times 0.182 + 3 \times 6 \times 0.20 = 5.056\text{mm}$$

式中，$t_{\theta 0}$ 为环向缠绕单层纤维厚度；$t_{\varphi 0}$ 为螺旋缠绕单层纤维层厚度。

选择预应力值：

$$\sigma_{Gi} = \frac{t_0}{t_G} \times \sigma_{Ai} = \frac{2.5}{5.056} \times 44 = 21.76\text{MPa}$$

式中，t_0 为铝胆壁厚，t_G 为缠绕层厚度，σ_{Ai} 为铝的比例极限。

第一层张力计算：

$$T_1 = \frac{\dfrac{E_A}{E_G} \times t_0 + nt_{\theta 0}}{\dfrac{E_A}{E_G} \times t_0 + t_{\theta 0}} \times \sigma_{Gi} \times t_{\theta 0} = \frac{\dfrac{66}{240} \times 2.5 + 26 \times 0.182}{\dfrac{66}{240} \times 2.5 + 0.182} \times 21.38 \times 0.182 \times 10^3$$

$$= 242.5(\text{N/cm})$$

纤维缠绕密度为 3.9 条/cm，缠绕中对一束纤维所施加的张力为：

$$f_1 = \frac{T_1}{m} = \frac{242.5}{3.9} = 62.2\text{N}$$

第 i 层张力为：

$$T_i = \frac{\dfrac{E_A}{E_G} \times t_0 + nt_{\theta 0}}{\dfrac{E_A}{E_G} \times t_0 + nt_{\theta 0}} \times \sigma_{Gi} \times t_{\theta 0}$$

依次计算出各层纤维需要的张力，结果为 62.2N～16.7N 逐层递减。

（6）工艺实施过程

按照气瓶缠绕层体积或质量估算所需树脂用量，按配方配制树脂，实际投料量如表 9-3。

表 9-3 树脂配比及投料量

材料名称	配比/质量份	实际投料量/g
环氧树脂 E-51	60	300
环氧树脂 TDE-85	40	200
甲基四氢苯酐	100	500
二乙基四甲基咪唑	1	5

按计算的工艺参数做出生产工艺表，如表 9-4。

表 9-4 缠绕过程生产工艺表

工艺	缠绕线型及缠绕角		缠绕层数及次序			张力/N
缠绕	螺旋缠绕 线型：P＝－3/1 缠绕角：20.93°		2 层环向；2 层螺旋向；2 层环向；2 层螺旋向；2 层环向；2 层螺旋向；2 层环向			逐层递减 60～20
固化	温度/℃	80	120	140	160	
	时间/h	2	2	1	1	

碳纤维进行烘干处理，烘箱温度 100℃ 左右，时间 12 小时。

按表 9-3 配制树脂，用搅拌机搅拌均匀后部分倒入浸胶槽，胶液温度保持在 40℃ 左右。

铝内胆安装在缠绕机上，碳纤维通过浸胶槽引到缠绕头，固定在内胆上，按表 9-4 的工艺进行缠绕。

缠绕完成后，将制件放置于旋转固化装置上，按设计的固化制度在固化炉内旋转固化。

固化完成后检查表面情况，适当进行后处理。

 设计题

一种短程小火箭的原有筒体是铝合金材料。由于其质量大、强度不足，拟改为复合材料。该筒体长度 750mm，外径 56mm，壁厚 2.5mm，爆破压力≥10MPa。请设计该复合材料筒体的制备方法。要求：

① 说明成型工艺，基体树脂和增强材料的选用；

② 设计该制品成型用的基体树脂体系，说明配方设计思路及各组分的作用；

③ 说明工艺过程。

10

复合材料拉挤成型

复合材料拉挤成型技术是制造高性能、高纤维含量、低成本复合材料的重要技术方法，是制备连续复合材料的主要方法。拉挤成型技术发展较晚，从 20 世纪 70 年代才开始进入应用阶段，我国的拉挤成型技术从 1985 年引进第一套拉挤成型设备，到 90 年代引进拉挤专用树脂进行生产才进入快速发展时期。

10.1　拉挤成型特点及工艺过程

拉挤成型（Pultrusion）是一种自动化连续生产复合材料的生产方法，其基本工艺过程是：连续纤维或其织物在外力牵引下进入浸胶槽，浸渍树脂后，在模具内动态加热固化，连续生产长度不限的复合材料。

拉挤成型可制造各种等截面形状的连续复合材料制品，其主要工艺特点是连续成型。这与其他成型方法不同：复合材料其他成型方法基本都是间歇性成型，单独制造每一件复合材料制品；而拉挤成型为连续化生产，制造的复合材料制品理论上可以无限长，其截面形状必须是固定的，在生产中可以根据长度要求裁断。拉挤成型工艺可以生产各种等截面形状的制品，如棒材、管材、实体型（工字形、槽形、方形型材）和空腹型型材（门窗型材、叶片）等。部分拉挤成型产品如图 10-1。

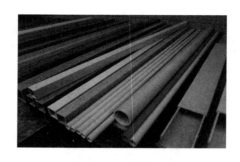

图 10-1　拉挤成型的复合材料

拉挤成型的工艺过程是连续纤维浸渍树脂后经过加热的模具，树脂固化，形成连续复合材料，分为排纱、浸胶、固化、牵引、裁断或卷绕五个主要工艺过程（图 10-2）。连续纤维从丝架上抽出后集束，进入装有树脂的浸胶槽，浸渍树脂后进入加热的模具，在模具内固化，牵引机牵引着整个纤维体系连续不断地向前移动。树脂在模具内的固化是一个动态过程，一边向前运动一边固化。

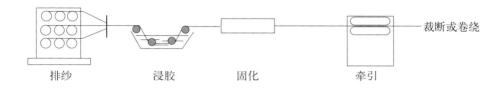

图 10-2　拉挤成型工艺过程

拉挤成型所用的增强纤维必须是连续纤维，成型前预先穿过模具，由牵引机牵引运动，纤维数量根据模具内腔截面积确定，必须充满模腔使树脂形成一定压力，才能保证固化充分和工艺稳定性。所用树脂为低黏度液体状热固性树脂，以保证纤维的快速浸渍。牵引机持续工作，生产过程连续进行。拉挤生产的制品根据要求裁断为所需长度，较长的制品需要有卷绕装置。

拉挤成型工艺的优点是：①连续成型，自动化程度高，生产效率高；②原材料利用率高，可达 95% 以上，原材料浪费少，废品率低；③拉挤制品纤维含量高，可达 80%，可与多种增强材料组合，能充分发挥增强纤维的力学性能，产品强度高；④制品质量稳定，尺寸稳定。

但拉挤成型也有其缺点：由于增强纤维主要为纵向连续排布，复合材料的纵向强度非常高，但横向强度较低；只能生产固定横截面的连续产品。

10.2　拉挤成型用原材料

10.2.1　增强材料

拉挤成型所用的增强材料分为主要增强材料和辅助增强材料。主要增强材料为连续纤维，常用的有玻璃纤维、碳纤维、玄武岩纤维、芳纶等；辅助增强材料的作用主要是包覆在制品表面，用于提高横向强度、改善拉挤工艺、提高制品表面光洁度及耐磨性等，有玻纤表面毡、碳纤维编织布等材料。

（1）玻璃纤维

玻璃纤维是拉挤成型中使用最多的增强材料，多采用无捻玻璃纤维粗纱，无捻玻璃纤维粗纱可分为合股原丝、直接无捻粗纱及膨体无捻粗纱三种。合股原丝由于张力不均匀，易产生悬垂现象，使得在拉挤设备进料端形成松弛的圈结，影响作业顺利进行。直接无捻粗纱具有集束性好、树脂浸透速度快、制品力学性能优良等特点，是目前最主要的应用形式。膨体无捻粗纱有利于提高制品的横向强度，常用的有卷曲无捻粗纱和空气变形无捻粗纱等。膨体无捻粗纱兼有连续长纤维的高强度和短纤维的蓬松性，是一种耐高温、低热导率、耐腐蚀、高容空量、高过滤效率的材料，膨体无捻粗纱中有部分纤维蓬松成单丝状态，所以还能改善拉挤成型制品的表面质量。目前膨体无捻粗纱在国内外已得到广泛使用，可用于装饰或工业用编织物的经纱和纬纱，也可以用于生产摩擦、绝缘、防护或密封材料。

（2）碳纤维

碳纤维越来越多地用于高性能复合材料的拉挤成型，用于制备高强度、高弹性模量的连续复合材料制品，如碳纤维复合材料电缆芯、碳纤维连续抽油杆、航天卫星用豆荚杆、支架材料等。

拉挤成型用的碳纤维一般采用 T300、T700 连续长丝，拉伸强度已满足大部分高性能复合材料的要求；纤维规格一般采用 12K 以上的，以减少排丝数量。大丝束碳纤维（如 24K、48K 碳纤维等）因其成本相对较低，越来越多地用于拉挤成型。

（3）玄武岩纤维

玄武岩纤维是以天然玄武岩为主要原料，在 1450～1500℃ 熔融后，通过铂铑合金拉丝漏板高速拉制而成的连续纤维。拉伸强度 3000～4800MPa，单丝直径 7～20μm，具有良好的耐腐蚀性能和介电性能。其拉挤成型复合材料制品可用于建筑增强材料、海水下结构材料、高耐候性要求的光伏边框材料等。由于玄武岩纤维成本相对较高，在玻璃纤维可替代的领域竞争性不强，应用范围有一定限制。

（4）辅助增强材料

辅助增强材料的作用是提高制品横向强度、提高工艺稳定性、提高制品表面质量。

拉挤成型的主要增强材料都是纵向纤维，复合材料横向强度较低；在成型工艺过程中，纵向纤维易与模具表面磨损发生聚集，导致工艺稳定性差，制品表面有缺陷。在主要增强纤维外层增加辅助增强材料可以大幅度改善这些缺点。

辅助增强材料主要为纤维毡和纤维编织布。较常用的有玻纤毡、玻纤表面毡、聚酯纤维表面毡、聚酯纤维布、玻璃纤维编织布、芳纶玻纤混编布、碳纤维编织布等。

玻纤毡浸胶性好、成本低，在普通玻璃钢拉挤制品中应用较广泛，对提高制品横向强度有较好的作用；表面毡厚度较薄、纤维分布均匀，能有效提高制品表面质量；编织布能有效提高制品横向强度和表面质量，还可以赋予制品一定的功能性，如芳纶布可以使制品具有良好的耐磨性。

10.2.2　树脂基体及配方设计

拉挤成型工艺中，纤维浸渍树脂后经过加热的模具进行固化，工艺过程为中高温固化成型，生产速度较快，根据所用树脂不同，一般拉挤速度在 0.2～2m/min。这就要求树脂基体有较低的黏度，能快速浸润纤维，黏度一般在 2Pa·s 以下；树脂在浸胶槽中存放时间长，要求树脂有较长的适用期，避免树脂在短时间内自身黏度增大，影响制品质量和工艺稳定性，一般要求树脂的适用期在 8 小时以上；纤维浸渍树脂后通过模具的时间很短，基本在 0.5～5min 内通过模具完成固化，要求树脂具有较快的反应速度。低黏度、反应快、适用期长是对拉挤成型树脂基体的基本要求。

拉挤成型树脂配方体系如下：

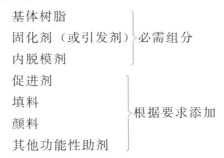

拉挤工艺可用的基体树脂有不饱和聚酯树脂、乙烯基酯树脂、环氧树脂、酚醛树脂、聚氨酯树脂等，这些树脂与各自的引发剂或固化剂，以及其他助剂配合，配制成拉挤成型用树脂基体。

10.2.2.1　不饱和聚酯树脂体系

不饱和聚酯树脂是拉挤成型制品中应用最多的树脂。不饱和聚酯树脂由不饱和聚酯低聚物与含双键的小分子化合物（如苯乙烯、甲基丙烯酸甲酯等）混合而成，含双键小分子化合物，起到降低树脂黏度、作为交联剂形成交联网络、提高固化物刚度和耐热性的作用。分子结构中含有双键，采用有机过氧化物为引发剂，按照自由基聚合的机理进行固化。自由基聚合的特点是反应速度快，通过引发剂种类选择可以方便地调整固化速度和适用期，非常适合于拉挤成型工艺。不饱和聚酯树脂价格较低、性能可靠、工艺性好，因此在拉挤成型中应用最多，主要用于与玻璃纤维拉挤成型玻璃钢复合材料。

（1）引发剂

不饱和聚酯树脂的引发剂采用有机过氧化物，常用的引发剂见表 10-1。由于拉挤成型要求中高温固化，树脂体系中一般不能加入促进剂，以防止树脂适用期过短。在实际工艺中，经常是几种不同 10 小时半衰期温度（10h $t_{1/2}$）的引发剂共同使用，使树脂在模具中升温的各阶段中一直有自由基被分解出来，树脂固化反应平稳快速进行，提高固化效率，防止在某一温度段集中引发导致工艺不稳定。

表 10-1　不饱和聚酯树脂拉挤成型常用的引发剂

引发剂	名称	10h 半衰期温度（10h $t_{1/2}$）
BCHPC	双(4-叔丁基环己基)过氧化二碳酸酯	48℃
BPO	过氧化苯甲酰	73℃
MEKP	过氧化甲乙酮	80℃
TBPB	过氧化苯甲酸叔丁酯	105℃

（2）内脱模剂

内脱模剂是拉挤成型树脂的必备助剂。在复合材料成型工艺中，树脂和模具表面之间会产生很强的黏合力，制品不易从模具上取下，其他间歇法制备复合材料时可以在模具上喷涂脱模剂或铺放离型纸，但在拉挤成型这种连续成型工艺中，无法对模具进行喷涂脱模剂，只能在树脂配方体系中加入内脱模剂。

内脱模剂是一种油性物质，与液体树脂有一定的相容性，与树脂固化物相容性较差，在树脂固化过程中，逐渐析出到模具内表面，起到脱模作用。同时，内脱模剂还可以改善树脂流动，提高拉挤线速度，提升制品表面质量。内脱模剂用量一般为 0.5～3 份，超量使用时会引起制品性能下降。

常用的内脱模剂有金属皂类、磷酸酯及脂肪酸酯类、聚烯烃蜡类、改性有机氟硅类等，助剂厂家有针对各种树脂及拉挤工艺开发的专用内脱模剂市售产品。

（3）颜填料及其他助剂

拉挤树脂配方体系中的颜填料等助剂不是必需组分，可根据制品性能及工艺要求添加。

填料可以认为是一种辅助增强材料，其主要作用是提高制品的刚度，同时可部分改善工艺性。填料的加入会提高树脂体系的黏度，大量添加时势必使增强纤维用量减少，影响制品强度，所以填料用量一般在 10 份以内，且尽量使用吸油值较低的填料。

颜料的作用是赋予制品各种颜色，因用量较少且要求与树脂混合均匀，一般以色浆的形式使用。色浆是由颜料粉与树脂充分混合制备而成，便于在树脂体系中混合均匀。

其他功能性助剂如阻燃剂、低收缩添加剂、表面光亮剂等根据制品性能要求灵活选用。

举例一个不饱和聚酯树脂的拉挤成型配方：

196♯不饱和聚酯：	100
BPO：	1.5
TBPB：	0.7
碳酸钙：	8
内脱模剂：	1.5
灰色色浆：	0.2

该配方中，以通用型 196 不饱和聚酯树脂为基体树脂，采用两种引发剂，其中 BPO 为主引发剂、TBPB 为辅助引发剂，添加 8 份重质碳酸钙为填料，以及 1.5 份的内脱模剂，模具三段温度设在 80℃、100℃、120℃ 左右，可以用于灰色玻璃纤维复合材料的拉挤成型。

10.2.2.2　乙烯基酯树脂体系

由环氧树脂和丙烯酸酯反应合成的端基为双键的化合物，与含双键的小分子化合物如苯乙烯等混合，形成乙烯基酯树脂。乙烯基酯树脂与不饱和聚酯树脂一样可自由基固化，有良好的工艺性，树脂固化物兼具了环氧树脂的耐腐蚀性和耐热性，常用于制备有一定耐腐蚀性要求的拉挤成型制品。

乙烯基酯树脂的拉挤配方体系与不饱和聚酯树脂的完全一样，这两种树脂与玻璃纤维的匹配性较好，主要用于玻璃纤维复合材料的拉挤成型。

10.2.2.3　环氧树脂体系

环氧树脂种类多、配方灵活、综合性能优良，常用于制备高性能复合材料。但由于环氧树脂是逐步聚合的反应机理，固化反应较慢，拉挤成型工艺性相对较差，需要有较好的树脂体系配方设计。

　　拉挤用环氧树脂应用较多的为双酚 A 型、双酚 F 型二缩水甘油醚，部分有特殊要求的制品可采用酚醛型环氧树脂、脂环族环氧树脂等。

　　固化剂应采用中高温固化剂，有液体酸酐类和胺类两种。酸酐类中最常用的是甲基四氢苯酐（MeTHPA）和甲基六氢苯酐（MeHHPA），均为低黏度液体，与环氧树脂配合后树脂体系的黏度较低，非常适合于拉挤成型工艺。酸酐与环氧树脂的反应速度慢、固化温度高，配方体系中应加入促进剂，常用促进剂有叔胺类化合物（如 DMP-30、二甲基苄胺等）、咪唑类化合物（如 2-乙基-4-甲基咪唑）。胺类固化剂一般采用改性芳香胺，但由于胺类固化剂用量少、黏度大，混合后树脂体系黏度较大，通常需要加入活性稀释剂以降低体系黏度。活性稀释剂为黏度很低的环氧化合物，如乙二醇二缩水甘油醚（669♯稀释剂）、苄基缩水甘油醚（692♯稀释剂）等，双官能环氧化合物稀释剂能产生有效交联，通常要比单官能环氧化合物的性能好。

　　举例一个环氧树脂的拉挤成型配方：

618♯环氧树脂：　　100

甲基四氢苯酐：　　80

DMP-30：　　　　1

内脱模剂：　　　　2

　　该配方中采用 618♯双酚 A 型环氧树脂（E51）为基体树脂，以液体状的甲基四氢苯酐为固化剂，其用量要通过环氧值及酸酐分子量计算得出。添加叔胺促进剂 DMP-30 以加快反应速度，并且加入合适的内脱模剂。模具三段温度可设在 120℃、150℃、180℃左右，可用于玻璃纤维或碳纤维复合材料的拉挤成型。

10.2.2.4　其他树脂体系

　　其他可用于拉挤成型的树脂有酚醛树脂、聚氨酯树脂等，应用相对较少。酚醛树脂具有优异的耐热性能，但固化温度很高、反应较慢，用于一些特殊要求的耐高温耐腐蚀制品；聚氨酯树脂具有良好的韧性，可用于制备高韧性复合材料，但聚氨酯的固化反应速度非常快，不能采用常规的开放式浸胶方式，通常采用模具内注射式浸胶方式。

　　拉挤成型应用最多的三种树脂的工艺特性和制品性能如表 10-2。

表 10-2　拉挤成型树脂的工艺特性与制品性能

树脂	引发剂/固化剂	促进剂	模具温度	成型工艺性	树脂浇注体强度	耐水/耐候性	成本
不饱和聚酯树脂	有机过氧化物，如：过氧化甲乙酮、BPO、TBPB	无	80～150℃	好	差	差	低
乙烯基酯树脂	有机过氧化物，如：过氧化甲乙酮、BPO、TBPB	无	80～150℃	好	好	好	高
环氧树脂	液体改性胺/液体酸酐	叔胺、咪唑等	80～220℃	差	很好	好/可调	高

10

10.3　拉挤成型设备与模具

复合材料拉挤成型是连续化成型过程，自动化程度相对较高，设备的稳定性和模具的精密度极大影响成型过程的工艺性和制品质量稳定性。拉挤成型生产线由纤维丝架、纤维集束板、浸胶槽、预成型板、成型模具及温控系统、牵引装置、切割及卷绕装置几个单元组成，每个单元有电气驱动及控制系统，由台架将各单元固定到一起。拉挤设备的主体部分如图 10-3 所示。

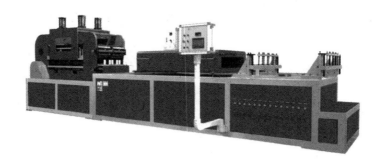

图 10-3　拉挤设备的主体部分

10.3.1　设备组成

（1）纤维丝架

纤维丝架的作用是放置增强纤维，并将纤维引出，均匀排布。部分工艺中还包括了放置辅助增强毡布的装置。

纤维丝架根据纤维卷轴的形式不同，分为轴式丝架和平台丝架。碳纤维是有内筒的外抽头形式，应使用轴式丝架；玻璃纤维粗纱多数是无内筒的内抽头形式，应使用平台丝架。也有带内筒的外抽头玻璃纤维丝束，也需要使用轴式丝架，但内筒的规格尺寸与碳纤维内筒不同，应根据玻纤内筒尺寸设计制造丝架。

纤维丝架根据纤维抽头方式和使用纤维轴的数量进行设计制造，纤维抽头后排布不能交叉，避免相互摩擦。轴式丝架和平台丝架如图 10-4 所示。

（2）纤维集束板

纤维集束板是一张钻有大量小孔的板材，作用是将丝架引出的纤维集中到一起，便于集中、平稳地进入浸胶槽。纤维集束板由尼龙板、聚四氟乙烯板、复合材料层压板或钢板钻孔制备，要求孔内壁非常光滑，不能损伤纤维。在无法保证孔内光滑度的情况下，应嵌入光滑耐磨的陶瓷环。纤维集束板可以固定在浸胶槽的机架上，在纤维丝束较多、分布较宽时，可以采用多个集束板独立分布放置。

（3）浸胶槽

增强纤维从丝架上引出，经集束板集中后进入树脂浸胶槽。浸胶槽的作用是存放树

(a) 碳纤维轴式丝架

(b) 玻璃纤维平台丝架

(c) 玻璃纤维轴式丝架

图 10-4　纤维丝架形式

脂，使纤维浸渍树脂。浸胶槽由导向辊、压辊、槽体、温控装置、架体组成，纤维从前导向辊进入槽体，由压辊压入到树脂液面下浸渍，由后导向辊部分挤出多余树脂后进入预成型板。槽体一般为夹层结构，夹层中通水，控制树脂的恒温。纤维经过的各部件要求光滑，尽量减少纤维损伤；各组成部件易拆装，便于树脂清理。纤维浸胶形式如图 10-5 所示。

（4）预成型板

预成型板也叫预成型模具，是一张有孔的板材，孔的形状与成型模具内腔相似，但要比模具内腔尺寸大，放置在浸胶槽与模具之间。预成型板的作用是将浸胶的纤维集束到模腔形状，保证纤维进入模具时均为平直状态进入，使每束纤维受力基本均匀。模腔形状复杂时经常采用多个预成型板，使浸胶后平铺的纤维逐渐收拢集束到模腔形状。

图 10-5　纤维浸胶形式（俯视）

（5）成型模具及温控系统

拉挤成型模具是拉挤成型生产线的重要部件，模具与设备是相对独立的，可以拆卸和更换，在拉挤设备上有放置模具的台架和温控装置。模具温控装置一般为加热板或加热片。加热板为上下两片铸铝板，内有放置加热棒的孔及温度传感器，加热棒首先加热铸铝板，然后传递到模具上，温度分布较为均匀（如图 10-6 所示）。加热片加热方式是将多个加热片和温度传感器固定在模具上，测温较为准确，但热量散失较大。

图 10-6　拉挤成型加热板及模具

模具的加热一般为三段加热，均匀分布在模具的前中后部，加热温度根据树脂配方及工艺进行调整。

（6）牵引装置

牵引装置是把固化的复合材料制品从模具中拉出，并拉动着所有纤维，是成型过程中的唯一动力。牵引装置有履带式和液压往复式两种类型。履带式牵引机由上下两条履带夹持着制品前进，两条履带间的压紧度会极大影响牵引力，当压紧度不足时，制品容易打滑，当压紧度过大时，异形制品容易被压裂。履带式牵引机的牵引力相对小，适用于平板制品。

液压往复式牵引机有前后两组液压夹持块，前组通过液压夹持住制品向前运动，后组打开夹持退后，当前组移动到位时，后组夹持住制品开始向前运动，同时前组打开夹持退后，如此往复交替夹持着制品向前运动。液压往复式牵引机的动力大，可根据制品截面形状加工夹持头，不易压坏制品。

牵引机的速度采用无级变速，一般牵引速度在 0.1～3m/min。牵引速度是平衡固化程度和生产速度的参数，在保证固化的前提下尽量提高牵引速度。图 10-7 是履带式和液压往复式牵引机。

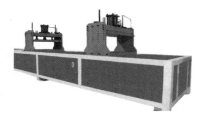

（a）履带式牵引机　　　　　　（b）液压往复式牵引机

图 10-7　履带式和液压往复式牵引机

（7）切割及卷绕装置

拉挤成型的复合材料制品按长度要求或者切割或者卷绕存放。切割装置是与制品同步移动的切割锯，当制品长度达到要求时触碰到行程开关，切割锯的气动件落下夹持住制品，切割锯随制品移动的同时将制品裁断。当要求制备较长的连续复合材料制品时，需要卷绕装置将复合材料卷绕成盘，复合材料弹性模量较高，卷绕盘的内径要足够大，以满足材料的最小盘绕直径。

10.3.2　拉挤成型模具

拉挤成型模具为等截面、通孔的长条状模具，由上下两部分或多部分组成，模腔截面形状即制品截面形状。

（1）拉挤模具的要求

模具内表面形状一致，要求有极高的光洁度和极高的表面硬度，通常需要渗氮、渗碳处理，以减少成型时的摩擦阻力，提高对高模量纤维的耐磨性；外表面平整，无突出的螺栓，以便于加热板的紧贴安放。模具截面积与制品截面积之比一般应大于10，以保证模具有足够的刚度以及均匀的热传导。模具长度一般在800～1200mm，常规制品的模具长度一般为900mm。上下模具及各部分的合模面严密匹配，误差小于0.02mm，模具各部分配合紧密，便于拆卸。

（2）模具材质

拉挤模具要有较好的耐热性和尺寸稳定性，一般采用合金模具钢制造，如40Cr、3Cr2Mo、3Cr2NiMo等。模具经过粗加工后再精加工，表面镀硬铬或者渗氮、渗碳处理，使模腔型面达到很高的光洁度，表面粗糙度要求在Ra0.2以下。制造的模具表面光滑致密，硬度高，易于脱模，清理模具时不易损坏。

有些低成本模具可以采用45钢在模腔型面做电镀处理。45钢硬度较低，不耐磨，在模腔型面上镀铬可以有效提高表面光洁度和硬度，降低材料成本和制造成本。但是电镀模具的耐久性较差，长期使用后电镀层易腐蚀脱落。电镀模具可适用于短期使用的低成本模具。

为降低材料成本和保证模具质量，经常采用普通钢与合金模具钢的嵌套来制造模具。以合金模具钢为内芯，加工出模腔型面，嵌套在外面的普通钢材中，可以实现高质量低成本的要求。

（3）合模面设计

拉挤模具的模腔形状由制品形状决定，模具至少由上下模两部分组成，复杂形状制品的模具可由多件组成，必然产生组件之间的合模面。合模面位置的确定应遵循便于模具机械加工、拆装方便、不影响制品质量的原则。

对于圆形、方形等规则截面形状的制品，只需要上下两件模具，合模面一般在模腔截面中间位置，上下模具受力相同，传热均匀。对于"工"字形制品，如果合模面在中间，将无法对模具进行加工，需要多件模具组合。对于复杂的不规则形状模具，则要根据截面形状选择便于加工的合模面。

10.4 拉挤成型工程设计

拉挤成型工程设计主要包括制品性能分析、设备组成及模具设计、增强材料选择及用量计算、树脂基体配方设计、拉挤工艺参数设计、环境安全评价、经济性分析等几部分。

（1）制品性能分析

首先对制品性能要求进行分析，确定设备形式和所需原材料。主要是制品截面形状、长度要求、力学性能要求、表面性能要求以及功能性要求，还要了解制品的使用环境，以确定使用的原材料和设备形式。

（2）设备组成及模具设计

依据制品截面形状、长度要求和使用的主要原材料，确定生产设备的基本形式。要求定长的制品，设备需要加配切割锯；而超长连续制品，需要配备卷绕装置。对于玻璃纤维制品，需要使用平台丝架，而碳纤维制品需要使用轴式丝架，丝架大小及轴数要根据制品截面面积计算纤维用量确定。大尺寸及复杂形状的制品，一般采用液压往复式牵引机，小尺寸简单形状制品可以采用履带式牵引机。

根据制品截面形状设计模具，画出图纸，确定模具材质，进行加工制造。树脂在模具内固化后有一定的收缩率，能脱离模具表面并顺利被拉出，不饱和聚酯树脂制品的收缩率为 2%～4%，环氧树脂制品的收缩率为 0.5%～2%，模具设计时应考虑树脂的收缩率，以保证制品的尺寸准确度。根据制品截面形状设计分型面及内部尺寸，型面的表面粗糙度是其中的重要参数，一般在 Ra0.2 以下，通常为 Ra0.025～Ra0.1，根据制品要求和原材料确定，黏附力较高的树脂如环氧树脂通常要求较低的表面粗糙度。合模面要求合模紧密，不能有漏胶，表面粗糙度需要在 Ra0.2 左右，对模具外表面没有太高的粗糙度要求，Ra1.6～Ra12.5 均可。上下模具的固定螺栓须用沉头螺栓，不能突出于模具平面之上，防止影响加热板的安放；在模具的前后应有定位销，以防止上下模具的错位；模具出入口应为光滑圆角，以免损伤纤维和制品。

（3）增强材料选择及用量计算

在拉挤成型制品中，增强材料的含量有一定的范围，体积含量在 60%～65% 之间，过高和过低的纤维含量都会严重影响工艺稳定性和制品质量，甚至产生堵模现象，导致工艺失败。拉挤工艺中的纤维含量按体积含量计算较为适宜，因为体积含量较为固定，而不同纤维的密度不同，导致质量含量相差较大。对于玻璃纤维拉挤制品，相应的纤维质量含量约为 75%～80%，而对于碳纤维质量含量约为 70%～74%。

纤维体积含量的计算方法可以用纤维的线密度除以体密度计算出每束纤维的实际截面积，再结合制品截面积计算。

$$纤维用量（束）＝制品截面积×0.65/（纤维线密度/纤维体密度）$$

如果使用了辅助增强材料，如纤维布、纤维毡等，需要将辅助增强材料的体积计算进去，相应减少主增强纤维的用量。

（4）树脂基体配方设计

拉挤树脂基体的配方设计是拉挤成型工程中的重要过程，设计中要考虑的主要因素有与纤维的匹配性、黏度、适用期、固化温度、脱模性。

选用的基体树脂要与增强纤维有良好的匹配性。玻璃纤维可以与不饱和聚酯树脂、环氧树脂等绝大部分树脂都有良好的匹配性，制品界面性能良好；碳纤维表面一般采用的是环氧树脂上胶剂，与环氧树脂基体匹配性好，但与不饱和聚酯树脂等制备的复合材料界面性能差，不能充分发挥碳纤维的力学性能；芳纶的表面惰性较大，与大部分树脂的匹配性都不好，如果用于拉挤成型工艺，需要用特殊的改性树脂。

树脂体系的黏度一般要求在 2Pa·s 以下，不饱和聚酯树脂、乙烯基酯树脂都能满足黏度要求，加入引发剂后可以直接使用；部分环氧树脂的黏度较大，需要配合低黏度固化剂或加入活性稀释剂，例如 E51 环氧树脂在配合液体甲基四氢苯酐固化剂时，黏度可以有效降低，而采用芳香胺固化剂时，整体黏度较大，需加入活性稀释剂。

树脂适用期和固化温度有一定相关性，一般适用期越长的树脂体系固化温度越高。为了使树脂体系有较长的适用期和快速固化，拉挤工艺需要中高温固化。在不饱和聚酯树脂体系中，采用中高温引发剂引发固化，一般不能加入促进剂；环氧树脂的固化速度较慢，在树脂配方中一般需要加入促进剂。

内脱模剂是拉挤配方中的必需助剂，可根据树脂体系选用商用的内脱模剂，如不饱和聚酯体系的 INT-PS125、环氧体系的 INT-1890M 等。内脱模剂用量在 1～3 份左右，制品比表面积越大，内脱模剂用量应越多。

（5）拉挤工艺参数设计

工艺参数主要是模具温度，其次是拉挤速度。模具温度根据树脂体系的固化温度确定，在常规固化温度基础上适当提高 10～20℃。模具温度一般分三段，即凝胶区、固化区、脱模区，根据树脂特点和工艺情况，温度设置顺序提高，或在固化区最高、脱模区略降低。

拉挤速度同样根据固化情况确定，与模具温度相匹配。在固化速度快时，尽量提高拉挤速度，固化不充分时应降低拉挤速度。不饱和聚酯树脂固化反应快，拉挤速度可以达到 1m/min 甚至以上；环氧树脂反应较慢，拉挤速度往往在 0.1～0.5m/min 左右。

（6）环境安全评价、经济性分析

复合材料成型工程的设计不但要有技术方案，还要有管理方案，涉及原材料管理、工艺过程的安全防护与控制、产品成本核算等。这些因素与技术方案设计密切相关，当设计的技术方案无法满足安全管理、成本控制等要求时，工程过程无法实施，需要修改技术方案。

拉挤成型工程设计中对环境安全的评价主要有原材料的存储及使用、生产过程的污染因素和废弃物排放、重点工艺过程的安全管理等。有机过氧化物引发剂等危险化学品、易燃易爆的原材料化学品要按照相关法律法规的要求进行储存和使用；高温工艺点、暴露的运动机械处要有相应的安全防护措施；在浸胶槽及模具处要分析是否有挥发性气体排放，制定相应的废气处理措施；纤维碎屑是否会引起职业健康问题及设备安全问题，应有相关评价和措施。

经济性分析主要是原材料成本和生产成本分析，关系到原材料选择、设备方案、生产管理等所有工程过程。追求制品的高性能容易导致制品的成本过高，而过分降低成本容易导致制品质量下降，应在保证制品性能基础上合理协调各影响因素，达到性能和成本的平衡。

10.5　拉挤成型设计案例

油田采油用的传统抽油杆为金属杆，每节10m，采用螺栓连接。在使用时金属杆腐蚀严重、检修作业频繁，而且金属杆自重大，抽油机能耗高。因树脂基复合材料耐腐蚀性好、强度高，希望开发制备复合材料连续抽油杆，整根抽油杆无接头，长度 2000～3000m，有较高的拉伸强度和弹性模量。下面以碳纤维连续抽油杆的拉挤成型为例说明设计过程。

（1）制品分析

因为制备连续复合材料，成型工艺采用拉挤成型；要求有较高的强度和模量，增强材料采用碳纤维；油井下腐蚀较严重，需要采用环氧树脂为基体材料；制品长度非常长，成型后需要卷绕存储。

（2）制品形态确定及强度计算

根据 $\phi 22$ 钢质抽油杆的载荷 23 吨、碳纤维抽油杆截面积不低于 $130mm^2$，初步确定截面形状为 32mm×4.2mm 的圆角矩形。矩形截面便于卷绕和安装接头。

T300-12K 碳纤维的拉伸强度为 3500MPa，拉挤制品纤维体积含量约 65%，理论强度为 3500×65%＝2275MPa，按 0.8 系数，许用强度为 2275×0.8＝1820MPa，按截面积计算载荷为 24 吨，超过正常使用的 $\phi 22$ 钢质抽油杆载荷，可以采用 T300 碳纤维。

T300-12K 碳纤维单丝直径 $7\mu m$，每束丝截面积 $0.46158mm^2$，需要的碳纤维丝束量为：

$$32mm × 4.2mm × 65\% / 0.46158mm^2 = 189 \text{ 束}$$

（3）设备及模具设计

采用拉挤成型生产设备，对部分部件进行设计改造。丝架应适用于碳纤维，纤维轴数 200 个以上，间距要考虑碳纤维卷的大小，同时带有简单的张力控制措施；制品为扁平形式，可以使用履带式牵引机；制品为连续形式，需要设计制造同步卷绕装置。纤维丝架和卷绕装置如图 10-8 所示。

图 10-8   碳纤维连续抽油杆的轴式丝架和卷绕装置

进行拉挤成型模具设计，画出模具图纸并进行加工。因为增强材料为碳纤维，模量较高，对模具的磨损较大，模具材料应采用合金钢。模具长度 900mm，由上下两部分组成，合模面设计在制品中线，上模设计两排各 9 个内六角螺栓孔，下模在相应位置有丝孔，两端对角位置各 1 个 $\phi 8mm$ 的定位孔，以放置定位销。上模具图纸的简要示意图如图 10-9 所示。

（4）树脂配方设计

拉挤成型树脂要求树脂黏度较低、中高温固化，设计树脂配方如下：

环氧树脂 E51：   100

甲基六氢苯酐：   96

促进剂 DMP-30：   2

脱模剂 INT-1890M：2

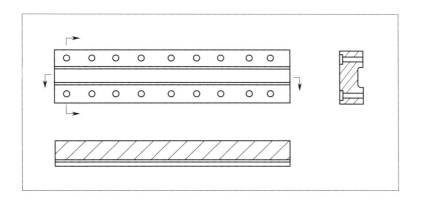

图 10-9　上模具图纸的简要示意图

树脂和固化剂初始混合黏度为 600～1100mPa·s，150℃下凝胶时间 50～80s；浇注体拉伸强度 65MPa，拉伸模量 2.7GPa，断裂伸长率 3%，玻璃化转变温度 T_g 为 105℃。

（5）工艺过程

首先将所有碳纤维丝束通过集束板、预成型板，穿过模具，固定到牵引机上。

根据树脂配方确定固化温度，使模具升温，设置三段温度 125℃、160℃、180℃。

按配方配制树脂，倒入浸胶槽。每次配少量，现配现用，防止凝胶变质。

待模具温度达到设置温度后，将碳纤维压入浸胶槽浸胶，启动牵引机，设置拉挤速度 30cm/min；固化的树脂拉出模具出口，观察制品表面情况，根据固化情况微调温度和拉挤速度。制品牵引到卷绕盘，端头固定并使卷绕速度与拉挤速度匹配。

（6）试验及迭代

截取部分成型后的碳纤维连续抽油杆进行力学性能测试，拉伸性能测试参考 GB/T 1447—2005《纤维增强塑料拉伸性能试验方法》，弯曲性能测试参考 GB/T 1449—2005《纤维增强塑料弯曲性能试验方法》，层间剪切强度可参考 JC/T 773—2010《纤维增强塑料 短梁法测定层间剪切强度》，玻璃化转变温度可采用动态热机械分析（DMTA）测试。另外，还需要进行疲劳性能测试，计算经过 10^6 次拉-拉疲劳后的力学性能保留率。

碳纤维抽油杆安装钢质接头后进行下井实况验证，分析作业参数及使用中出现的问题，针对问题进行升级迭代，改进截面形状、工艺方法等。

10.6　拉挤成型技术进展

拉挤成型只能制备等截面的连续复合材料制品，材料横向强度较低，对树脂的反应特性也有一定要求，一定程度上限制了一些要求特殊性能的制品开发。为解决这些问题，逐渐发展起来了多种新型拉挤成型技术，在制品形状、性能和原材料使用等方面有了突破。

（1）拉挤缠绕成型

拉挤缠绕成型又叫拉绕成型，是将拉挤和缠绕结合起来制备复合材料的方法。

表面要求有螺纹突起的连续制品，如制备锚杆的复合材料筋，无法采用常规拉挤技术一次成型，可采用在制品表面缠绕纤维丝束的方法形成表面螺纹突起形状，这种制备方法为拉绕成型。但是如果在已经固化的复合材料上缠绕浸胶的纤维丝束再次固化，会产生界面结合不好的问题；如果在纤维进模具前缠绕，则不能形成螺纹突起。目前拉绕成型制备复合材料筋的方法一般为无模具固化，纵向纤维浸渍树脂后经预成型板，形成基本圆形，然后用缠绕纤维缠在纵向纤维束上，经过烘箱固化，最后裁断为要求长度。

图 10-10　拉绕成型的玻纤复合材料

这种拉绕成型可以获得不平整表面的连续复合材料，可以用于混凝土加强筋、锚杆等制品（图 10-10），但是树脂含量相对较高，纤维密实度低，力学性能相对低，横向强度提高不明显。

（2）拉绕-模压成型

拉绕成型制备的复合材料筋纤维密实度低，力学性能不足，在要求制品有较高的尺寸精度和准确的螺纹表面时，这种成型方式难以达到制品要求。由此发展了拉挤-缠绕-模压三者结合的成型技术。

浸渍树脂的纵向纤维通过一个预成型模具，挤出多余的树脂并适当加热，使树脂充分浸渍，纤维拉出模具后缠绕纤维丝束，如果缠绕量较多，缠绕纤维需要单独浸渍树脂。缠绕后的制件进入一个履带式连续模压装置，模压模具内的花纹与缠绕的纤维丝束相匹配，在模压模具中固化，形成纤维密实、尺寸稳定、螺纹精确的复合材料制品。拉绕-模压成型的设备较复杂，工艺要求比较高，应用相对较少。

（3）拉挤-编织成型

为有效提高拉挤制品的横向强度，出现了将拉挤和编织结合的成型工艺，称为拉挤-编织成型。

纵向纤维穿过拉挤模具，编织机在纵向纤维上编织，纤维的编织角度可以调整，形成纤维预制体一起进入模具，在模具的前端加装树脂浸渍模块，采用连续注射树脂的方式使树脂浸渍纤维，在模具中固化后拉出制品。用拉编方式制造的复合材料棒材有良好的横向强度，制品表面光滑。

另外，不使用纵向纤维，仅使用编织纤维，采用带芯模的拉挤模具，可以制备连续管材。圆棒形芯模延长到编织机后面并固定，纤维编织到芯模上，纤维预制体在芯模上滑动并拉进模具，同样采用注射树脂的方式使纤维浸渍树脂，在模具内固化成型。图 10-11 是拉挤-编织工艺示意图及编织形态。

（4）双组分注射拉挤成型

传统的拉挤工艺是开放式浸胶，配制单组分的基体树脂，纤维在浸胶槽中浸渍树脂。开放式浸胶要求树脂有较长的适用期，树脂在常温下反应要慢。这样很多反应速度较快的

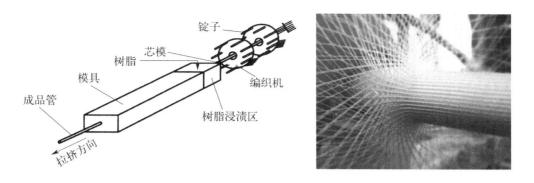

图 10-11 拉挤-编织工艺示意图及编织形态

树脂无法用于常规拉挤成型制备复合材料。

聚氨酯树脂具有良好的强度和韧性，制备的复合材料抗冲击强度非常好，但异氰酸酯和多元醇的反应速度很快，无法用于常规拉挤成型。采用双组分树脂注射方式可以解决这个问题：在常规拉挤模具的前端加装一段树脂浸渍区，双组分树脂分别通过计量泵准确计量后，经过静态混合器混合均匀，注射到模具的树脂浸渍区，在模具内固化并拉出制品。由于聚氨酯的反应速度快，注射拉挤可以有较高的成型速度，可达 1～5m/min。图 10-12是双组分注射拉挤工艺示意图。

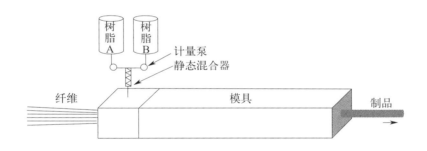

图 10-12 双组分注射拉挤工艺

（5）弯曲拉挤成型

常规拉挤成型制品都是直线形的，无法制备弯曲形状的制品。拱形桥梁、汽车保险杠等带弧形的复合材料制品如果能采用拉挤成型将极大提高生产效率、降低制造成本。弯曲拉挤成型技术针对弧形制品制造而开发，与传统拉挤工艺很相似，但模具和牵引轨道有较大不同。拉挤模具的模腔为弧形结构，从模具出口到牵引设备是相同曲率的弧形轨道，固化后的制品沿弧形轨道运动，制品内部不会产生应力不均匀的现象。弯曲拉挤成型已经在过街天桥的复合材料拱梁上得到应用（图 10-13）。

（6）预浸料拉挤成型

采用预浸料通过铺层结构设计，通过模压成型或热压罐成型可以制备性能优异的复合材料，但在常规拉挤成型技术中使用预浸料，会存在纤维变形、无法脱模等问题。为了以预浸料制备连续化的高性能复合材料制品，开发了预浸料拉挤成型技术。

图 10-13　弯曲拉挤成型的玻璃纤维复合材料拱梁

　　预浸料拉挤成型是拉挤成型和模压成型相结合的半间歇式成型方法。一定宽度的预浸料铺层为连续形式，经过多个预成型装置逐渐变形，接近制品形状，之后进入模压模具，合模后加热固化，这时预浸料的运动处于停止状态。固化完成后，打开模压模具，将制品和预浸料向前拉动一段距离，使固化的材料拉出模压模具，后面的预浸料进入模具，停止拉动，合模固化。这样逐段进行模压固化，形成连续复合材料制品。工艺流程如图 10-14 所示。

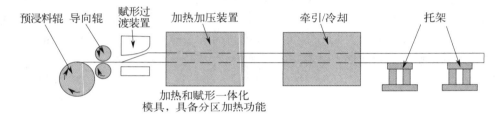

图 10-14　预浸料拉挤工艺流程

　　预浸料拉挤成型技术解决了模压成型和热压罐成型不能制备连续的超长复合材料制品的难题，在航天航空领域已经得到应用。

 ## 设计题

　　一种农用棚膜复合材料支撑杆，外观白色，截面实心圆形，直径 10mm，每根长度 10m，拉伸强度要求 800MPa 以上，有一定的耐候性，要求成本在 2.00 元/m 以下。请设计该制品生产过程。

　　设计要求：

① 分析制品要求，确定成型工艺；
② 确定原材料并设计树脂基体配方；
③ 增强材料选择及用量计算；
④ 设计成型模具，画出标准模具图纸，并进行说明；
⑤ 设备组成及生产过程设计，确定成型工艺参数；
⑥ 成本核算；
⑦ 生产过程的质量控制与管理、安全要求等。

11 热塑性树脂基复合材料

所有高分子材料都可以用于制备纤维增强聚合物基复合材料，树脂基体虽然以热固性树脂为主，但是热塑性树脂韧性好、制品成型速度快，制备的复合材料有其独特的性能。1956 年 Fiberfil 公司首先生产了玻璃纤维增强尼龙，从 20 世纪 70 年代后玻纤增强的 PP、PA、ABS、PC 等热塑性树脂基复合材料快速发展，以通用工程塑料和高性能工程塑料为基体的复合材料越来越受到关注，应用领域不断扩大，在电子电气、能源交通、国防军工等领域已经得到广泛的应用。新型热塑性树脂基复合材料的研发应用是树脂基复合材料的一个重要发展方向。

11.1 热塑性树脂基复合材料的性能特点

由于热固性树脂为具有反应活性的小分子或低聚物，对纤维有良好的浸润性，成型工艺简单，树脂固化后力学性能高、耐热性好，因此热固性树脂成为制备高性能复合材料的首选树脂。但是热固性树脂固化物的脆性较大，复合材料的冲击强度相对较差，制品的冲击损伤容限较小，在受到冲击作用时易发生破坏。热塑性树脂为长链高分子，韧性相对较好，有较高的冲击强度，以热塑性树脂为基体制备复合材料有利于提高复合材料的抗冲击性能，而且大量的塑料制品也有提高强度的需求，因而纤维增强热塑性树脂基复合材料有广阔的需求背景。

热塑性树脂在常温下为固体状态，无法与增强纤维均匀混合，只能在高温熔融后浸润纤维。热塑性树脂达到黏流态需要有高温条件，在一定的压力和剪切力下树脂熔体才能流动，与增强纤维混合，但树脂熔体的黏度非常大，与纤维的浸润性很差，需要设计特殊的设备和工艺。原材料特性的不同使得热塑性树脂基复合材料与热固性树脂基复合材料的成型工艺有较大差别。

根据复合材料中增强纤维长度的不同，热塑性树脂基复合材料分为三类：短纤维增强热塑性复合材料、长纤维增强热塑性复合材料、连续纤维增强热塑性复合材料。

短纤维增强热塑性复合材料：纤维长度＜5mm，一般＜1mm；

长纤维增强热塑性复合材料：纤维长度 5～50mm；

连续纤维增强热塑性复合材料：纤维为连续长丝。

需要指出的是，这三类复合材料并非采用不同长度的纤维直接制备的复合材料，而是由不同的生产工艺使热塑性树脂与增强纤维复合，制备纤维增强粒料、预浸料等中间材料，再由中间材料制备成复合材料制品。由于设备和加工方法的不同，中间材料产生了不同的纤维长度。

根据加工设备及工艺方法的不同，中间材料分为：短纤维增强塑料、长纤维增强塑料、热塑性预浸料。

复合材料的力学性能主要由增强纤维体现，为提高复合材料力学性能，需要：①尽量提高纤维含量，②尽量使纤维保持较大的长度或连续，③使纤维与树脂有良好的界面结合。热塑性树脂基复合材料的工艺设计与加工过程要在保证工艺顺利实施的同时尽量达到以上三个要求。

11.2 短纤维增强塑料

热塑性树脂与纤维复合的直接方法是采用塑料挤出造粒的工艺方法，主要设备为塑料挤出机，在塑料熔融的过程中同时与纤维混合，挤出造粒，形成短纤维增强塑料的粒料。纤维增强粒料通过注塑成型或模压成型，制备成最终制品。这种纤维增强粒料以及制备成的塑料制品，都可以称为短纤维增强塑料。

11.2.1 原材料及设备

大部分的热塑性树脂都可用于制备短纤维增强塑料，比较常用的品种有聚丙烯（PP）、丙烯腈-丁二烯-苯乙烯共聚物（ABS）、尼龙（PA）、聚酯（PET/PBT）、聚碳酸酯（PC）、聚甲醛（POM）等。

增强纤维主要采用连续玻璃纤维粗纱，部分采用连续碳纤维。

助剂主要有防玻纤外露剂，起到分散玻纤、润滑、提高制品表面光洁度的作用。如果对复合材料制品有其他的功能性要求，可根据要求选择添加相应的助剂。

制备短纤维增强塑料的设备主要为双螺杆挤出机。双螺杆挤出机是塑料加工的重要设备，同向平行双螺杆挤出机的混合能力强，主要用于塑料的混料、造粒、反应挤出等。双螺杆挤出机中有两根螺杆，一般分为输送段、熔融段（排气口）、塑化段（真空口）、排料段4个功能区段。螺杆由不同形状的单元串在中心轴上组合而成，可以随意改变组合，获得不同的剪切功能。图 11-1 是双螺杆挤出机。

图 11-1 双螺杆挤出机

11.2.2 工艺过程

制备短纤维增强塑料的工艺过程与常规的塑料共混造粒基本相同，只增加了增强纤维加入的过程。

　　常规的塑料共混造粒是将所有原料初步混合后加入料斗，经螺杆输送、熔融后从模头的圆形小孔挤出为长条状，经过水槽冷却后，在切粒机上切成塑料颗粒。

　　制备短纤维增强塑料时，如果将短切纤维与塑料混合从料斗同时加入，纤维在进料口易形成架空，原料无法进入螺杆，原料也难以均匀进入挤出机。一种工艺是采用侧向喂料的方式，在进料口的侧前方开纤维加料口，用螺杆进料器将短切纤维强制加入到双螺杆挤出机，控制进料器的螺杆转速可以调整短切纤维加入量。这种工艺可以保证纤维与树脂受到充分的剪切力从而混合均匀，但纤维长时间受到极大的剪切力，纤维严重粉碎化，纤维的长径比较小，纤维仅对塑料起到填充作用，增强效果不明显。

　　为使被螺杆剪切力粉碎的纤维尽量保留较大的长径比，同时要保证纤维与树脂混合均匀，目前的主流工艺是增强纤维从螺杆的中前部加入，即在树脂的熔融段或塑化段加入纤维。双螺杆挤出机以中前部开口作为纤维进料口，连续纤维在螺杆带动下自动进料，纤维含量通过纤维纱束的数量控制。图 11-2 是短纤维增强塑料的设备及加工过程。

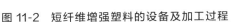

图 11-2　短纤维增强塑料的设备及加工过程

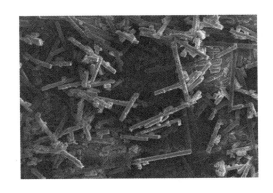

图 11-3　短纤维增强塑料的电镜照片

　　连续纤维进入双螺杆挤出机后，在剪切力作用下断裂成极短的纤维，长度在 0.2～1mm。图 11-3 是短纤维增强塑料的电镜照片，纤维断裂后保持一定的长径比，均匀分散在热塑性树脂中，起到一定的增强作用。短纤维增强塑料的纤维含量一般在 30% 以下，通常为 15%～30%。纤维含量过少难以起到增强作用；过多的纤维含量会导致加工困难，复合材料界面性能差，力学性能反而下降。

11.2.3　短纤维增强塑料的性能和应用

　　在短纤维增强塑料的制造过程中，纤维在挤出机中与树脂混炼时，由于螺杆和机筒之间的剪切，纤维会受到损伤。在粒料中的纤维长度一般小于 0.3mm，大多数纤维小于临界长度（这些纤维起不到增强作用），由于增强塑料的性能与纤维长度密切相关，所以短纤维的增强效果受到一定的限制，复合材料的性能无法得到充分的发挥。表 11-1 和表 11-2 分别列出了短切玻纤和短切碳纤维增强不同热塑性塑料的性能。

表 11-1　短切玻纤增强热塑性塑料的性能

塑料类型		相对密度	拉伸强度/MPa	拉伸模量/GPa	悬臂梁缺口冲击强度/(J/m)(5.4mm厚度)	热变形温度/℃(1.82MPa)
PP	未增强塑料	0.9～0.91	29	1.55	27	54
	30%玻纤增强	1.14	93	5.52	102	149
PA66	未增强塑料	1.14	83	2.89	53	75
	30%玻纤增强	1.38	179	8.96	107	254
PBT	未增强塑料	1.29～1.4	38	1.93～2.76	27～53	21～85
	30%玻纤增强	1.5	131	10	80	218
PPS	未增强塑料	1.35	7.59	3.31	<27	240
	30%玻纤增强	1.56	138	11	75	260
PEEK	未增强塑料	1.3～1.32	—	3.1～3.86	85～150	160～166
	30%玻纤增强	1.47～1.54	176	9.65	128.2	299

表 11-2　短切碳纤维增强热塑性塑料的性能

性能	基体									
	PA6	PA66	PA610	PA612	PBT	PET	PC	PPS	PEEK	ASTM标准
CF含量/%	30	30	30	30	30	30	30	30	30	
拉伸强度/MPa	240	270	192	199	151	198	175	160	215	D638
断裂伸长率/%	1.8	1.8	2.0	2.0	2.0	2.0	2.0	2.5	3.0	D638
弯曲强度/MPa	280	300	225	235	245	275	245	210	248	D790
弯曲模量/GPa	20.0	22.0	15.1	15.8	15.8	17.2	13.8	24.0	12.5	D790
Izod缺口冲击强度/(J/m)	60	55	90	95	65	80	85	50	150	D256
热变形温度/℃(1.82MPa)	257	260	218	216	221	238	147	260	300	D648

短纤维增强塑料与常规塑料的加工特性相同，可以按照塑料加工的常规方法，如注塑成型、模压成型等制备各种塑料制品。增强纤维通常采用的是玻璃纤维或碳纤维，玻纤增强 PA、ABS、PET 等工程塑料已经广泛用于汽车零件、电子电器和家用器具外壳等工业和民用制品，碳纤维增强塑料已经用于手机/电脑外壳、体育器材、航空航天等领域。

11.3　长纤维增强塑料

纤维与热塑性树脂在双螺杆内直接混合会导致纤维断裂严重，纤维对树脂的增强效果不理想。为了提高纤维的增强效果，就要使纤维长度尽量大、含量尽量高，需要设计新的制备方法，于是出现了长纤维增强塑料（long fiber reinforced thermoplastic，LFT）。

11.3.1　原材料及设备

长纤维增强塑料的增强材料以玻璃纤维为主，部分品种采用碳纤维或其他纤维。长纤维增强塑料对热塑性树脂的要求较高，仅部分满足工艺要求的树脂可以采用。

塑料熔体的黏度非常大，流动性和对纤维表面的铺展性较差，很难浸渍到纤维的每根单丝之间，树脂容易仅包覆在纤维束外层，内部有大量的孔隙和纤维聚集，进一步制备的复合材料制品力学性能较差，表观形态不好。为提高树脂浸渍效果，要从原材料和工艺两方面进行改进，原料选择低熔体黏度即高熔体指数的树脂，工艺上优化机头模具，提高模腔内压力。但是，高熔体指数的热塑性树脂往往耐热性和力学性能相对较低，难以满足最终复合材料制品的性能要求，模具结构的优化程度有限，这就造成了长纤维增强塑料制备中工艺与性能的矛盾。

常规的挤出及注塑用塑料品种在长纤维增强塑料工艺中的直接适用性不是很好，一般需要开发专用的热塑性树脂体系，以共聚、共混、接枝、特种聚合物及配合加工助剂等方式在提高熔体指数、提高浸润性的同时，不降低力学性能和耐热性。目前长玻纤增强塑料以聚丙烯和尼龙为主，其他塑料品种也在不断进行开发应用。以等规度较低的聚丙烯与高等规度聚丙烯共混改性可以提高树脂流动性，对力学性能影响不大；以马来酸酐接枝改性聚丙烯可以提高树脂对纤维的浸润性。杜邦、巴斯夫等世界各大公司都开发生产了长玻纤增强尼龙颗粒，浸润性和力学性能良好。

图 11-4　长纤维增强塑料熔融浸渍模具

制备长纤维增强塑料的设备主要是单螺杆挤出机或双螺杆挤出机，早期曾用电缆式包覆法，以单螺杆挤出机加 T 形机头的组合制备。但随着纤维浸渍头数、纤维含量和生产产量的不断提高，熔融浸渍法成为国内外普遍采用的新工艺，熔融浸渍模具如图 11-4 所示。

11.3.2　工艺过程

长纤维增强塑料的制备工艺首先是纤维的预热和分散，使玻璃纤维丝束通过特殊的 T 形模头，从模头侧方向通过挤出机向模头挤出热塑性塑料，塑料熔体在模腔内形成高压，强制浸渍纤维丝束，控制熔体挤出量和纤维的牵引速度，每根纤维都包覆树脂，形成连续的纤维/树脂复合料，冷却后切成长粒状，长度 10～25mm，成为长纤维增强热塑性塑料颗粒（long fiber reinforced thermoplastic granules，LFT-G）。工艺过程如图 11-5 所示。

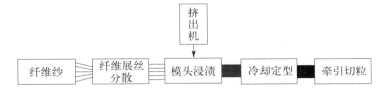

图 11-5　长纤维增强塑料工艺过程

纤维束进入模具后要尽量分散成单丝状态，这对纤维表面的浸润剂有较高要求，不但要满足拉丝成型工艺集束性要求，也要满足 LFT-G 造粒工艺要求。纤维集束性差，纤维束进入模具较易分散，但在成型及造粒过程中易产生毛丝；若集束太好，纤维束进入模具后难以分散成单丝。

LFT-G 生产工艺对成型模具有较高要求。模具结构要有利于纤维束的分散，在塑料熔体作用力下促进纤维束的散开，树脂熔体能充分浸渍纤维，并防止作用力过大使纤维磨损断裂或毛丝堵塞；模具结构还应提高生产效率，使多根料条同时挤出，这就要求各处压力和流速尽可能均匀，以使每根料条中树脂含量一致。

除上述之外，快速穿纱和断纱续接技术以及连续批量生产技术，也是设备、模具和工艺过程需要重点关注的问题。

11.3.3　长纤维增强塑料的性能及应用

长纤维增强塑料切粒后呈短棒状，长度 10～25mm，如图 11-6 所示。再进一步通过模压或注塑成型制备复合材料制品。一般用于模压成型的长度为 25mm，用于注塑成型的长度为 10mm。纤维沿轴向平行排列，纤维含量可以达到 40%～60%。

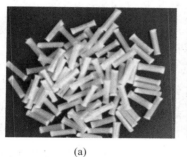

(a)　　　　　　　　　　　(b)

图 11-6　长玻纤增强 PP（a）和长碳纤增强 PA 塑料颗粒（b）

LFT 中的纤维长度较长，而且纤维长度分布更好，可以提高制品的力学性能和耐热性，特别是冲击强度提高显著；刚度与质量比高，变形小；抗蠕变性能好，尺寸稳定；耐疲劳性能优良；模塑成型性能比短纤维增强塑料更好，纤维以更长的形态在成型物件中移动，纤维损伤少。表 11-3 列出了玻璃纤维和碳纤维制备的 LFT 粒料的性能。

表 11-3　部分 LFT 性能

性能	GF/PP	GF/PP	GF/PP	CF/PA66
纤维含量（质量分数）/%	30	40	50	50
拉伸强度/MPa	100	135	142	230
拉伸模量/GPa	6.7	9.0	11	27
弯曲应力/MPa	150	180	200	418
弯曲模量/GPa	5.7	8.2	9.5	26
缺口冲击强度/(kJ/m²)	20	25	36	50
热变形温度/℃	157	161	166	225

长纤维增强塑料在汽车工业、机械电气、石油化工等领域应用广泛，如汽车的保险杠骨架、座椅骨架、仪表板骨架、发动机罩壳等多采用 LFT 制造，电机过滤器罩、风扇叶片、仪表罩壳等对强度要求较高的塑料制品也大量采用 LFT。

11.4　热塑性预浸料

以连续纤维为增强材料制备热塑性树脂基复合材料可以获得更高的力学性能。以连续纤维为增强体、热塑性树脂为基体，制备热塑性预浸料，进一步通过模压或热压罐成型方法制备复合材料，可以充分发挥纤维的增强作用，并体现热塑性树脂的韧性和抗冲击性能，制备高性能树脂基复合材料。

11.4.1　热塑性预浸料的原料及特点

热塑性预浸料的增强纤维可选范围宽，与制备热固性树脂预浸料相同，可以采用玻璃纤维、碳纤维、芳纶等连续纤维，树脂基体从通用塑料到特种工程塑料都可以采用。常用的通用热塑性树脂有聚丙烯（PP）、丙烯腈-丁二烯-苯乙烯共聚物（ABS）、聚酰胺（PA）、聚对苯二甲酸乙二醇酯（PET）、聚对苯二甲酸丁二醇酯（PBT）、聚甲基丙烯酸甲酯（PMMA）、聚碳酸酯（PC）等；高性能热塑性树脂有聚醚砜（PES）、聚醚醚酮（PEEK）、聚醚酮酮（PEKK）、聚醚酰亚胺（PEI）、聚酰胺酰亚胺（PAI）、聚苯硫醚（PPS）、聚芳基砜（PAS）和液晶聚合物（LCP）等。常用热塑性树脂的特性如表 11-4 所示。

表 11-4　常用热塑性树脂性能

热塑性树脂	结晶形态	玻璃化转变温度/℃	熔点/℃	加工温度/℃
PP	半结晶	−4	170	190～230
PMMA	结晶	100	—	200～240
PA6	半结晶	60	216	240～280
PA12	半结晶	46	178	200～240
PBT	半结晶	56	223	250～270
PEEK	半结晶	143	345	380～400
PEKK	半结晶	156	310	320～360
PEI	结晶	218	—	320～390
PES	无定形	225	—	320～350
PPS	半结晶	88	285	330～350

热塑性预浸料与热固性预浸料相比，在储存性和加工性方面有明显优势：①热塑性预浸料可以在室温下长期存放，不需要冷冻存放；而大部分热固性预浸料在室温下长时间存放后，树脂会发生固化反应而失效，必须冷冻储存。②热塑性预浸料制备复合材料制品的加工速度快，效率高；热固性预浸料制备复合材料制品的成型速度相对较慢，效率低。

但是，热塑性预浸料的缺点也很明显：热塑性树脂对纤维的浸润性差，难以充分浸润纤维；热塑性树脂与纤维的结合力低，界面强度相对较低，在复合材料受力时往往不能充分发挥纤维的力学性能。

11.4.2　热塑性预浸料的制备方法

制备热塑性预浸料的工艺方法就是根据原材料特点，尽量使热塑性树脂与纤维充分浸

11

润。常用的制备方法有：溶液法、薄膜层叠法、纤维混编法、流延膜热压法、粉末淤浆法、挤出成型法、原位聚合法等。

（1）溶液法

将热塑性树脂溶解在有机溶剂中，制备成低黏度的聚合物溶液，通过刮涂或含浸方法使树脂溶液浸润纤维单向布或编织布，溶剂挥发后得到热塑性预浸料，这种制备方法为溶液法。

纤维丝束放置在丝架上，引出后均匀排布平整，纤维束之间无离缝无重叠，排布的纤维单向布进入树脂溶液槽，通过含浸或刮涂使树脂溶液浸润纤维，通过干燥箱脱除溶剂。在溶液浓度较低时可以多次含浸烘干。脱除溶剂的预浸料经过压辊压实，排除内部孔隙和缺陷，并控制厚度均匀性，收卷后成为热塑性预浸料成品。工艺过程如图 11-7 所示。

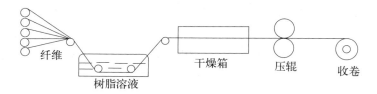

纤维　　　　　　　树脂溶液　　　干燥箱　　　压辊　　　收卷

图 11-7　溶液法制备热塑性预浸料工艺过程

热塑性树脂溶液的黏度较低，很容易渗透到纤维单丝之间，可以对纤维充分浸润，树脂在纤维内的分布达到最优的效果。但是该工艺方法的缺点也很多：①很多热塑性树脂没有合适的溶剂，溶剂毒性大或者需要在高温等苛刻条件下溶解的树脂不宜采用该方法；②低黏度的高分子溶液固含量一般较低，一次含浸一般难以达到预浸料的树脂含量要求，需要多次含浸烘干，增加了设备和工艺的复杂性；③溶剂的挥发脱除困难，预浸料中不可避免地残留有溶剂，对后续复合材料制品的环保性有影响；④溶剂回收困难，需要建设完备的气体回收装置；⑤整个工艺过程的环保性、安全性较差，需要建立完善的安全管理体系。

（2）薄膜层叠法

薄膜层叠法制备热塑性预浸料，是将已经加工好的热塑性塑料薄膜与纤维布逐层铺叠，通过热压使薄膜熔融，树脂熔体渗透到纤维布的缝隙内，成为热塑性预浸料。铺叠形式如图 11-8 所示。

薄膜层叠法制备热塑性预浸料的优点是工艺简单，无需复杂设备，通过几道加热辊压工序即可以完成主要工艺过程，树脂含量可通过薄膜和纤维布的厚度控制。但是，由于热塑性树脂熔体黏度极高，对纤维的浸润性较差，树脂难以充分渗透到纤维单丝之间，纤维聚集较多，内部孔隙率高，而且内部缺陷受工艺条件的影响较大。

（3）纤维混编法

为使热塑性树脂熔融后能更均匀地浸润增强纤维，将热塑性树脂先制备成纤维形式，与增强纤维混编成为编织布（图 11-9），再通过加热使热塑性纤维熔融，与增强纤维复合成热塑性预浸料。

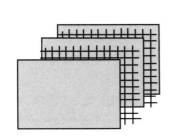 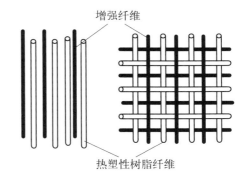

图 11-8　薄膜层叠法制备热塑性预浸料　　　图 11-9　纤维混编法制备热塑性预浸料

纤维混编法中采用的纤维越细，相互混合会越均匀，树脂浸润性相对较好，通过两种纤维的比例调整可以控制树脂含量。混编布经过高温熔融和辊压，可以较方便地制备连续预浸料。但是热塑性树脂纺丝为极细的纤维（直径＜10μm）较困难，编织过程中易造成纤维损伤。

（4）流延膜热压法

通过塑料挤出机将热塑性树脂熔融，以宽口模流延机头挤出薄膜熔体，与纤维布复合，再采用压辊将树脂熔体压进纤维中，冷却成为预浸料。

流延膜热压法工艺简单，预浸料均匀度相对较好。但是同样存在树脂浸润不充分的问题。

（5）粉末淤浆法

将热塑性树脂制备成微细粉末，混合于水中，在少量表面活性剂作用下，制备成悬浮浆液。排布的单向纤维束浸渍于浆液中，在充分振动下树脂微粉进入纤维束内，在每根纤维单丝上较均匀附着。初步烘干水分后，经过高温烘道将树脂微粉熔融，并经过压辊压实，使树脂熔体相互粘连，冷却后成为热塑性预浸料。

粉末淤浆法避免了溶液法中的有机溶剂使用，环保性大大提高；树脂在纤维束内的分散性好，可以做到树脂对纤维的较充分浸润，整体均匀性好，是目前制备热塑性预浸料的主要方法之一。

但是该方法的局限性在于非常多的热塑性树脂难以制备极细微的粉末，粉末粒径对树脂分散均匀度有很大影响。

（6）挤出成型法

挤出成型法制备热塑性预浸料的工艺方法与制备长纤维增强塑料的工艺相似，都是采用螺杆挤出机将塑料熔融后与纤维在模具内复合。从丝架将纤维束引出，排布为均匀的单向布，通过一个扁平的模具，挤出机从模具的上方或下方将塑料熔体挤进模具，在模具内对纤维强制浸润，从模具挤出后已经成为均一的复合体，冷却后卷取成为热塑性预浸料。

这种方法通过模具结构设计，可以增大模具内压力，树脂浸润效果相对较好，树脂分布均匀。挤出成型法是目前制备热塑性预浸料的主要方法之一。

（7）原位聚合法

原位聚合法是热塑性预浸料制备技术的重要发展方向。以反应性单体化合物浸渍纤维布，在一定条件下化合物在纤维布上原位聚合，形成热塑性树脂，同时得到热塑性预浸料。这种方法与制备热固性预浸料相似，由于树脂单体为小分子化合物，可以充分浸润纤维，聚合后成为均一整体，纤维与树脂的界面性能良好。

能在较温和条件下聚合成线型高分子的单体较少，纤维的阻聚作用往往使树脂难以达到较高的分子量，部分易聚合的单体其聚合物性能往往达不到复合材料的使用要求，这些难点使原位聚合法目前尚未得到工业化应用。

11.4.3　热塑性预浸料的性能和应用

以热塑性预浸料制备的复合材料，具有较低的密度和较高的强度，同时具有良好的韧性和抗冲击性能，力学性能可以达到碳钢的水平。表 11-5 列举了目前几种主要的热塑性预浸料品种性能。

表 11-5　热塑性预浸料的性能

性能指标	玻纤/PE	玻纤/PP	碳纤/PP	碳纤/PPS	碳纤/PEEK
厚度/mm	0.35	0.35	—	—	—
纤维含量/%	50	50	45	45	45
拉伸强度/MPa	500	680	1200	1300	1400
拉伸模量/GPa	22	25	85	95	103
弯曲强度/MPa	350	430	900	990	1000
弯曲模量/GPa	20	24	87	93	97

热塑性预浸料的优点是储存时间长，可反复多次成型，产品可回收利用，符合碳中和的可持续发展政策。热塑性预浸料在航天航空、军工电子以及汽车轻量化等领域的应用越来越广泛，可以采用模压成型、热压罐成型、缠绕成型制备连续纤维增强热塑性复合材料。

以热塑性预浸料制备的连续纤维增强复合材料具有良好的抗冲击韧性，主要应用方向是有较高冲击损伤容限的产品，如火箭、卫星中对冲击要求高的部件，飞机部分零件，装甲车、排雷车的护板，高铁、汽车的部分外层件，骨科医疗器械，等等。

热塑性复合材料在航空航天领域已经广泛应用，空客 A380 的龙骨梁和 A340-600 副翼使用了大量碳纤维/PPS 肋和支架。波音 787 系列每架飞机需要 10000 至 15000 个碳纤维/PPS 角片和加强板，而空客 A350WXB 每架飞机大约需要 8000 个。荷兰 Stork Fokker AESP 公司为湾流 G550 公务机提供了 CF/PEI 地板，G650 飞机尾部使用了 CF/PPS 方向舵和升降舵。AgustaWestland AW169 旋翼机上应用了 CF/PPS 水平尾翼、飞机座椅靠背和地板梁。在运动鞋、矫形器和医用假肢等体育和医疗领域，以及汽车进气歧管、举升门和发动机罩下零件等零部件中，热塑性复合材料也有大量应用。

虽然连续纤维热塑性复合材料有着良好的发展前景，但目前仍处在发展初期阶段，技术成熟度和标准化程度不高。国内对于短纤维和长纤维增强热塑性复合材料的技术已经比较成熟，但市场上大部分塑料制品用热塑性树脂不能满足热塑性预浸料的加工要求，高性能热塑性预浸料生产厂家大多在欧美各国，封锁禁运政策制约了我国高性能热塑性复合材料的发展。因此，发展拥有自主知识产权的热塑性预浸料制备技术是目前我国复合材料领域亟待解决的难题之一。

 思考题

从热固性预浸料和热塑性预浸料的制备方法、复合材料成型方法以及复合材料性能方面，分析以这两类预浸料制备复合材料的优缺点。

12

复合材料成型技术进展

复合材料成型技术涵盖了原材料、工艺、设备、检测等方面，技术进展重点体现在原材料的发展、成型方法进展、树脂固化理论及方法进展、检测技术进展等方面。原材料主要是增强纤维和树脂基体两大主体：高性能（高强度/高模量）和低成本（大丝束）纤维的制备是提升复合材料整体性能的前提；特种树脂的合成与制备，比如高韧性/高模量/高耐热，以及低温固化和快速成型的树脂体系，也是提升复合材料中纤维强度和模量发挥效率的关键。原材料的发展在前述已有涉及，本章重点介绍复合材料成型方法、固化技术和检测技术的进展。

12.1　复合材料成型方法进展

随着自动化技术的发展，复合材料成型技术不断与自动化技术相结合，逐渐发展出多种新型成型方法和成型设备。自动控制与精密设备已成为复合材料成型技术的重要因素，复合材料成型融合了机械、自动化、计算机、数学等多学科的知识，其中数学算法与计算机编程在复合材料成型中占有越来越重要的地位。

12.1.1　3D打印

3D打印技术从20世纪90年代发展起来后，在金属材料、陶瓷材料、高分子材料的成型中得到了快速应用。3D打印是一种增材制造技术，以数字模型文件为基础，采用粉末状金属或塑料等可黏合材料，通过逐层打印的方式来构造物体。在模具制造、工业设计等领域被用于制造模型，后来逐渐用于一些产品的直接制造，在工业设计、建筑、汽车、医疗器材、航空航天、军工制品等领域都有所应用。

高分子材料的3D打印技术主要有熔融沉积成型（fused deposition modeling，FDM）和光固化成型两种。FDM方法是以热塑性树脂为原材料，将树脂加热熔融后逐层精准成型；光固化成型方法是以具有反应活性的光敏树脂为原材料，通过对光源区域形状的控制，使树脂在光照下逐层固化，积累出目标形状。光固化成型的打印精度高，模型表面细腻，但是制造成本相对较高；FDM方法的原材料可选范围宽，制造成本相对较低，应用较为广泛。

FDM 方法的 3D 打印耗材主要是热塑性树脂，常用的有 ABS、聚乳酸（PLA）、尼龙（PA）、聚氨酯（TPU）、聚醚醚酮（PEEK）等，将树脂与颜料等助剂进行挤出加工，制备成细长的条状塑料耗材（图 12-1），耗材直径有 1.75mm 和 3mm 两种规格。

图 12-1　3D 打印耗材

3D 打印的原理是可控路径下的塑料熔融挤出并冷却成型，其主要过程有：

① 通过计算机软件建立 3D 模型；

② 通过切片软件根据模型形成多层路径，并将路径转换为 G 代码；

③ 打印机解析并执行 G 代码，驱动三个方向的步进电机或伺服电机准确动作，带动挤出嘴按规划的路径移动，同时控制挤出嘴的电机将熔融的耗材挤出。

G 代码（G-code）属于数控编程语言，是一种最为广泛使用的数控程序指令，主要在计算机辅助制造中用于控制数控机床。在各种数控设备中使用 G 代码可以非常方便地控制操作部件的启停、移动，实现快速定位、直线运动、弧线运动等功能。

目前已经开发了多种 3D 打印制备纤维增强复合材料的方法，根据所使用耗材形式的不同，主要有如下几种：

① 短纤维增强热塑性树脂耗材。在常规 FDM 打印中，由于路径是非连续化的，无法使用连续纤维制作的耗材进行打印，需要将连续纤维（通常采用碳纤维）切成极短的纤维，与热塑性树脂混合加工成线材，与常规塑料耗材的使用方法相同，可以打印短纤维增强复合材料制品。由于短纤维的长径比小，在打印过程中不影响熔融挤出时的中断，但是短纤维的增强作用比较低。

② 双工位铺敷纤维法。为了提高 3D 打印复合材料的强度，尽量使用连续纤维进行增强。3D 打印机中采用 2 个移动头，一个移动头先铺敷连续碳纤维，另一个移动头采用常规塑料耗材，挤出塑料熔体覆盖在纤维上，逐层打印成为复合材料制品。这种打印方法虽然使用了连续碳纤维，但塑料熔体对纤维几乎没有浸润，材料性能较差。如果路径是非连续的，则会出现很多未与树脂复合的纤维。

③ 连续碳纤维增强热塑性树脂耗材。为提高连续纤维与热塑性树脂的浸润性，采用长纤维增强热塑性树脂的制备工艺，将连续碳纤维与热塑性树脂挤出卷绕成为连续纤维线材，采用 FDM 方式进行打印。由于连续纤维在打印机挤出嘴处无法随时断开，只能用于连续路径打印，对于制品形状有一定的要求，层间不能出现中断，同时对于路径规划算法有一定要求。

④ 热固性预浸纱。以热固性预浸料制备的复合材料有良好的力学性能，采用单束碳纤维制备预浸纱，可以通过 FDM、缠绕等各种方式进行成型，然后加热固化制备复合材料制品。在以 FDM 逐层打印时，同样存在路径不能中断的问题，对制品形状和路径规划算法有一定要求。逐层打印的缺点是连续纤维仅分布在平面上，垂直方向力学性能较低，制备的复杂形状制品的力学性能不均匀。对于力学性能要求较高的 3D 打印复合材料制

品，先采用塑料耗材以 FDM 方法打印一个支撑体，然后以机械臂带动预浸纱逐层缠绕在支撑体上，制备复杂形状的制品。这种方法是 3D 打印与缠绕成型结合的新型成型技术方法。

3D 打印技术的关键是操作部件按计算机规划路径的自动控制，这种技术方法可以用于多种材料加工设备，预浸料自动裁剪设备就是一种自动化技术的应用形式。

在复合材料模压成型、热压罐成型中，纤维预浸料需要精确裁剪以便铺敷出准确的复合材料形状，手工裁剪的误差较大且工作量巨大，需要精密自动裁剪设备。自动裁剪机的刀头为高频振动刀或激光头，由 XY 方向上的两个伺服电机带动，可在平面上任意移动。刀头移动的路径就是要裁剪预浸料的形状。首先通过软件（如 AutoCAD）设计裁剪的形状和尺寸，生成矢量路径，转换为 G 代码，驱动伺服电机二维运动，带动刀头裁剪预浸料（图 12-2）。

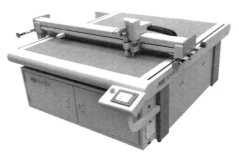

图 12-2　预浸料自动裁剪机

12.1.2　自动铺带

自动铺带技术是指纤维预浸带的自动铺敷技术，是利用自动化设备将预浸带铺敷在模具上的成型过程。

在使用热压罐成型制备高性能复合材料制品时，所采用的原材料主要为预浸料，将预浸料按设计要求铺敷在模具上，然后固化成型。铺敷过程大多为手工完成，靠人工方法将预浸料逐层铺敷。对于大型制品和精密度要求高的制品，人工铺敷的准确度较低，微小的缺陷都会严重影响制品性能，甚至导致制品报废。

自动铺带技术在 20 世纪 60 年代由美国开发并用于制造 F-16 战斗机的复合材料机翼部件，80 年代后，各数控设备制造商（如美国 Cincinnati、法国 Forest-Line、西班牙 MTorres 公司等）纷纷设计制造多坐标自动铺带设备，先后投入大中型飞机复合材料构件的制造中。

自动铺带技术采用带离型纸的单向预浸带，工程常用的规格有 300mm、150mm 和 75mm 宽三种，由多轴龙门式机械臂带动预浸带移动，按照程序设计自动完成预浸带的定位、铺叠、辊压、剪裁等所有过程。单向预浸带在成型模具上沿任意方向连续全自动铺放，并适应零件表面曲率变化，可制造大型复杂的材料构件（图 12-3）。

图 12-3　自动铺带机及单向预浸带

自动铺带机一般有多坐标铺带头，由高速移动横梁、龙门式定位平台等部分组成。除了传统数控机床 XYZ 三坐标定位以外，还有绕 Z 轴方向的转动轴 C 轴和绕 X 轴方向摆动的 A 轴，构成五轴联动，以满足曲面铺带的基本运动要求。

铺带头上装有预浸带输送和预浸带切割系统，根据待铺放构件边界轮廓自动完成预浸带特定形状的切割，预浸带在压辊作用下沿设定轨迹铺放到模具表面。自动铺带具有表面平整、位置准确、精度高、速度快、质量稳定性高等优点，特别适用于手工铺叠困难的大中型尺寸、变截面厚蒙皮的制造。

自动铺带系统可分为一步法和两步法两种工作方式。一步法是指预浸带的切割和铺叠在同一铺带头上完成；两步法是指预浸带的切割和铺叠分开实施，即不在同一头上完成。这两种方法都能满足一般产品的加工要求，但对于复杂形状铺层，两步法比一步法更容易实施，且铺放效率较高，但采用两步法的设备一般比一步法的设备价格昂贵。

根据所铺构件的几何特征，自动铺带工艺又分为平面铺带和曲面铺带两类。平面铺带方法简单、高效，一般采用 300mm 和 150mm 宽预浸带，主要用于平板铺放。曲面铺带一般采用 150mm 和 75mm 宽预浸带，也可以根据实际情况选择更窄的带宽，适于小曲率大尺寸翼面类结构的铺放，如机翼蒙皮等。相对于手工铺叠，自动铺带技术无论在生产效率还是产品质量上都领先于前者。据统计，国外自动铺带的生产效率达到手工铺叠的 10 倍以上，自动铺带的定位精度高于手工定位精度两个量级以上。

12.1.3 自动铺丝

自动铺丝是指纤维预浸纱的自动铺敷，是利用自动化设备将预浸纱以铺放或缠绕等形式制备复合材料构件的成型过程。

自动铺丝与自动铺带的区别在于：自动铺丝的原材料采用预浸纱，设备自由度更高，可以多向层叠、缠绕等方式制备复杂形状的制品。预浸纱的 3D 打印实际就是一种自动铺丝的过程。

自动铺丝设备一般由丝束铺放头、支座、预浸纱架等部分组成，典型的自动铺丝设备系统包括 7 个运动轴和 12～32 个预浸纱丝束，根据丝束铺放支座形式的不同，丝束铺放设备可分为悬臂式和龙门式两种（图 12-4）。

图 12-4   悬臂式和龙门式自动铺丝设备

自动铺丝设备的核心部件是铺丝头（图 12-5），铺丝头在机械臂带动下做多维度运动，把缠绕技术中不同预浸纱丝束的独立输送功能和自动铺带技术的压实、切割、重送功能结合在一起，由铺丝头将数根预浸纱在压辊下集束成为一条宽度可变的预浸带，宽度变化通过程序控制预浸纱丝束根数自动调整，然后铺放在芯模表面，适当加热软化预浸纱并压实定型。

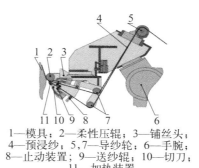

1—模具；2—柔性压辊；3—铺丝头；
4—预浸纱；5,7—导纱轮；6—手腕；
8—止动装置；9—送纱辊；10—切刀；
11—加热装置

图 12-5　自动铺丝设备的铺丝头形式及结构

自动铺丝技术可以在铺敷时切割预浸纱及增减预浸纱根数，对铺层进行剪裁以适应局部加厚、混杂、铺层递减及开口铺层等多方面的需要，结合了纤维缠绕和自动铺带技术的优点。由于各预浸纱独立输送，其铺放轨迹自由度更大，对制品的适应性更强，既可以实现凸面也可以满足凹面等大曲率复杂型面结构的铺叠，能够满足各种设计要求，实现低成本、高性能要求和设计制造一体化。新型战斗机（如 F-35、F-22）的翼身融合成型、进气道蒙皮、侧壁板和其他覆盖件都采用了自动铺丝技术制造，部分运载火箭防护罩、卫星结构件等也采用了自动铺丝技术。自动铺丝技术越来越多地应用于高精度、高性能复合材料制品。

12.2　复合材料新型固化方法

热固性树脂基复合材料的固化方法除了传统的加热固化外，还出现了光固化、电子束固化、微波及超声波固化、X 射线固化等多种固化技术。这些新型固化方法各有其特点，在不同的应用场合下可发挥其独特的优势。新型固化技术普遍具有固化时间短、所需能量少、对模具要求低等优点，使复合材料生产效率得到提高，生产成本降低，是低成本制造技术的重要内容，在航空航天及民用复合材料制品中有越来越多的应用。

12.2.1　光固化

光固化是指热固性树脂在光引发剂作用下的交联聚合反应。凡经光照能产生活性种并进一步引发聚合的物质统称为光引发剂，光引发剂在紫外光区（250～420nm）或可见光区（400～800nm）吸收一定波长的能量，产生自由基、阳离子等，从而引发反应性单体交联聚合。由于紫外光的能量较高，光固化以紫外照射固化为主。

与化学引发的聚合反应相比，光固化所需的活化能低，可以在很大的温度范围内发生，特别是易于进行低温聚合，具有快速、环保、节能的特点。光固化按光解机理分为自由基型光固化和阳离子型光固化两大类，其中自由基型光固化应用最为广泛。

12.2.1.1 自由基型光固化

自由基型光固化是引发剂在光照射下产生自由基来引发热固性树脂固化的过程。要产生自由基，光引发剂首先要吸收光源的能量，后续将吸收的能量转化形成激发物，形成自由基，有代表性的是芳酮类化合物。

$$R_1 \!-\!\!\!\bigcirc\!\!\!-\!\overset{\displaystyle O}{\overset{\|}{C}}\!-\!R_2$$

R_2 上的取代基会影响自由基形成的机制，R_2 为烷基将发生 Norrish I 型裂解，R_2 为芳基将发生 Norrish II 型夺氢过程。R_1 上的取代基将影响这两种类型的机制中光引发剂所吸收光的波长。

Norrish I 型裂解的特点是羰基和 α-碳之间的键断裂，形成酰基自由基和烷基自由基。例如，光引发剂 2-羟基-2-甲基-1-苯基丙酮的光解反应如下：

$$\bigcirc\!-\!\overset{O}{\overset{\|}{C}}\!-\!\overset{CH_3}{\underset{CH_3}{\overset{|}{C}}}\!-\!OH \xrightarrow{h\nu} \bigcirc\!-\!\overset{O^*}{\overset{\|}{C}}\!-\!\overset{CH_3}{\underset{CH_3}{\overset{|}{C}}}\!-\!OH \longrightarrow \bigcirc\!-\!\overset{O}{\overset{\|}{C}}\!\cdot \; + \; \cdot\overset{CH_3}{\underset{CH_3}{\overset{|}{C}}}\!-\!OH$$

紫外光被光引发剂吸收，首先形成受激三重态，之后通过裂解 CO—键形成两个活性自由基。要想达到最大的转换效率，烷基需要是被完全取代的季碳结构。芳基上的取代基团 R_1 和烷基的取代结构 R_2 会分别影响吸收光的波长和裂解过程的效率，R_1 为 S 或 N 将使吸收红移至较长的波长，烷基上加一个杂原子，如 O 或 N，将大大增加裂解的速度。

当 R_2 为烷基时，CO—键的能量为 65～70kcal/mol，紫外光可以提供约 70～80kcal/mol 的能量，使得 CO—键裂解产生两个自由基。但是当 R_2 为芳基时，CO—键能量较高，为 80～90kcal/mol，吸收的紫外光能量不足以分裂这个键。在这种情况下，光引发剂吸收紫外光能量后仍处于激发的三重态状态，直到它接近并与一个合适的氢供体反应，夺取一个氢原子生成一个反应性低的羰基自由基和一个反应性高的供体自由基，这是 Norrish II 型夺氢机理。氢供体是指具有活性氢的分子，如叔胺、醚类、酯类、硫醇等。

P*（三重态）＋HD（氢供体）$\longrightarrow$ P $\cdot$ H（羰基自由基）＋D $\cdot$（供体自由基）

二苯甲酮及其衍生物按照 Norrish II 型机理产生自由基，其反应过程如下：

$$\bigcirc\!-\!\overset{O}{\overset{\|}{C}}\!-\!\bigcirc \xrightarrow{h\nu} \bigcirc\!-\!\overset{O^*}{\overset{\|}{C}}\!-\!\bigcirc \xrightarrow{CH_3CH_2D} \bigcirc\!-\!\overset{O}{\overset{\|}{\underset{\cdot}{C}}}\!-\!\bigcirc \; + CH_3\dot{C}HD$$

引发剂吸收光能量后处于的激发三重态是一个瞬态，激发态可以通过上述两种机理继续产生自由基，也能散发磷光衰变回基态，还可以与单体、氧碰撞导致淬灭等。

Norrish I 型光引发剂裂解前的三重态寿命非常短，对竞争性淬灭过程基本无影响，Norrish II 型光引发剂具有较长的三重态寿命，使自由基产生过程受淬灭的影响较大。苯乙烯和不饱和聚酯等单体是很强的三重态淬灭剂，Norrish II 型光引发剂不适合。因此，对于不饱和聚酯树脂以及乙烯基酯树脂的光固化，应尽量选用三重态寿命短的 Norrish I 型光引发剂。自由基型光引发剂主要种类及部分品种如表 12-1 所示。

表 12-1 自由基型光引发剂主要种类及部分品种

类型	名称	商品牌号
苯偶姻类	安息香(2-羟基-2-苯基苯乙酮)	
	安息香双甲醚(2,2-二甲氧基-2-苯基苯乙酮)	651
苯偶酰类	二苯基乙二酮	
烷基苯酮类	二乙氧基苯乙酮	DEAP
	2-羟基-2-甲基-1-苯基丙酮	1173
	1-羟基环己基苯基甲酮	184
	2-甲基-2-(4-吗啉基)-1-[4-(甲硫基)苯基]-1-丙酮	907
	苯甲酰甲酸甲酯	MBF
酰基磷氧化物	2,4,6-三甲基苯甲酰基-二苯基氧化膦	TPO
	2,4,6-三甲基苯甲酰基苯基膦酸乙酯	TPO-L
二苯甲酮类	4-甲基二苯甲酮	MBZ
	4-苯基二苯甲酮	PBZ
	2,4-二羟基二苯甲酮	BP-1
	2-羟基-2-甲基-1-[4-(2-羟基乙氧基)苯基]-1-丙酮	2959
硫杂蒽酮类	硫代丙氧基硫杂蒽酮	ITX
	异丙基硫杂蒽酮	

12.2.1.2 阳离子型光固化

阳离子型光固化是引发剂在光照射下产生阳离子来引发热固性树脂固化的过程。阳离子型光引发剂在吸收光能量后形成激发态，发生分解反应，最终产生超强质子酸，作为阳离子聚合的活性种而引发环氧化合物、乙烯基醚、内酯、缩醛、环醚等聚合，在复合材料中主要用于环氧树脂的固化。

阳离子型光固化的引发剂主要有鎓盐类、金属有机物类、有机硅烷类，其中以芳香重氮盐、二芳基碘鎓盐、三芳基硫鎓盐和茂铁盐化合物最具代表性。

（1）芳香重氮盐

芳香重氮盐是最早开发并应用的紫外光阳离子引发剂，其通式为：$Ar_2N_2^+ M_tXn^-$（$M_tXn^- = SbF_6^-$、AsF_6^-、PF_6^-、$CF_3SO_3^-$ 等），芳香重氮盐主要用于环氧树脂的光引发阳离子聚合。芳香重氮盐类引发速度较快，但光解时有氮气产生，以至于在聚合成膜过程中形成气泡或针眼，影响涂层固化质量，而且贮存稳定性较差，应用受到限制。

（2）二芳基碘鎓盐

二芳基碘鎓盐是一种高效的阳离子光聚合和固化的光引发剂，该类引发剂克服了芳香重氮盐的缺点，具有良好的热稳定性和光引发活性，吸收波长一般在 200～400nm 范围内。二芳基碘鎓盐是由有机阳离子与无机阴离子配对而成的离子化合物，分子表达式为 $Ar_2I^+ M_tX_n^-$。有机阳离子是吸光组分，其结构控制了紫外光的吸收特性、感光性、量子产率等。阴离子中 X_n^- 的性质及其稳定性决定了光解过程中形成的酸的强度及其相应的引发效率，主要有 BF_4^-、PF_6^-、AsF_6^- 和 SbF_6^- 等，不同的阴离子具有不同的反应性，一般来讲 $SbF_6^- > AsF_6^- > PF_6^- > BF_4^-$。二芳基碘鎓盐在紫外光的照射下分解生成强质子酸和游离基，生成的强质子酸能够引发单体进行阳离子聚合。最常用的二芳基碘鎓盐 I-250（4-异丁基苯基-4'-甲基苯基碘鎓六氟磷酸盐）光解可同时发生均裂和异裂，既产生超强酸又产生活性自由基，因此碘鎓盐既可引发阳离子光聚合，还可以同时引发自由基聚合，这是碘鎓盐与硫鎓盐的共同特点。

（3）三芳基硫鎓盐

三芳基硫鎓盐是目前应用广泛、性能较好的阳离子型光引发剂，其光引发机理与二芳基碘鎓盐相似，对紫外光的吸收波长、热稳定性、引发活性等方面都优于二芳基碘鎓盐。与碘鎓盐相比，硫鎓盐分子中硫原子与三个芳环相连，正电荷得到分散，降低了分子的极性，与聚合单体的互溶性增大。三芳基硫鎓盐热稳定性相当好，加热至300℃不分解，与单体混合加热也不会引发聚合。

结构简单的三苯基硫鎓盐的紫外光吸收波长一般小于300nm，不能有效地利用中压汞灯的几个主要发射谱线，对三苯基硫鎓盐的苯环进行适当取代，可显著增加吸收波长，提高固化性能；此外也可以通过添加适量的光敏剂，利用光敏剂的电子转移来激发光引发剂，以达到拓宽吸收波长的目的。较常用的引发剂有：4-（苯硫基）苯基二苯基硫鎓六氟磷酸盐、4-（苯硫基）苯基二苯基硫鎓六氟锑酸盐。

（4）茂铁盐化合物

芳茂铁盐是继二芳基碘鎓盐和三芳基硫鎓盐后的一类较新的阳离子型光引发剂。通常芳茂铁盐的紫外主吸收峰最大波长大于360nm，甚至可延伸至可见光区，能够与工业化的汞灯相匹配，有效地吸收紫外光，提高固化体系的固化速度。这类引发剂可以用于环氧树脂体系的开环聚合，或在光解时能有效地产生不饱和离子中心的环氧单体。该类引发剂的代表品种有：6-异丙苯茂铁（Ⅱ）六氟磷酸盐。

该引发聚合过程包括两个基本反应：引发剂光解产物与单体的配合反应和在该配合物中单体的开环反应。这两个反应具有相反的温度效应，升高温度有利于后者，而不利于前者，所以温度对聚合过程有一定的影响。

阳离子用光固化树脂最常见的是脂环族环氧树脂、乙烯基醚树脂和氧杂环丁烷类单体树脂。脂环族环氧树脂具有黏度低、韧性好、透明度高的特点，但与胺类固化剂的反应活性非常低，无法采用常规的胺类固化剂进行固化，而采用光引发的阳离子固化剂可以快速固化，非常适用于制备高透明材料。

光引发剂的发展方向是混杂型、可见光型、大分子型、双重固化型等。将自由基与阳离子型光引发剂配成混杂体系，既可发生自由基聚合又可发生阳离子聚合，能提高固化速度且降低阻聚效应；氟化二苯基钛茂和双（五氟苯基）钛茂的吸收波长已延伸至500nm，在可见光区有较大的吸收，可用于丙烯酸酯的可见光引发聚合；大分子光引发剂将普通的光引发剂引入大分子链上，与树脂相容性好，固化后不迁移、不易挥发；潜伏型光热固化剂在加热和光照条件下都可以引发环氧树脂固化，扩大了树脂的使用范围。

12.2.2　电子束固化

复合材料的电子束固化技术是利用电子加速器产生的高能电子束引发树脂聚合交联的工艺技术。20世纪70年代末，法国就开始了用电子束固化复合材料以降低制造成本的研究，并于 1990 年开始用该技术制造全尺寸火箭发动机的衬套。美国在 20 世纪 90 年代中期启动了两个主要的研究计划：一个是由美国国防高级研究计划局（DARPA）资助的电子束固化技术可行性和制造航天构件低成本潜力的研究计划；另一个是美国橡树岭国家实验室和几家公司共同参与的为发展完善电子束固化工艺而实施的合作研究与发展协议（CRADA）。这两个项目的开展以及意大利、加拿大等国家在这一领域的介入，使电子束固化技术的研究取得了长足的进步。电子束固化设备、工艺有了很大的发展，树脂体系的研究也取得了丰硕的成果，特别是环氧系列的树脂已得到几百种不同的配方，在航空航天领域有重要应用的双马来酰亚胺系列树脂的电子束固化研究也取得了积极的进展。

12.2.2.1 电子加速器的种类及原理

电子加速器是一种使用人工方法产生高能量的装置，其原理是使电子在真空中受到磁场力控制、电场力加速而产生高能量。

（1）电子加速器的种类

电子加速器根据能量等级可分为四类，各能量等级所对应的应用领域也不同，超高能多应用于医疗与工业无损探测领域，低能至高能则主要应用于辐照加工领域。

低能加速器：能量等级在 0.3MeV 以下，一般是直流高压型。特点是无加速管与扫描装置，主要机型为电子帘加速器，其体积小、结构简单。应用领域为涂层固化、薄膜和片材的辐照加工领域。

中能加速器：能量等级为 0.3～5MeV，为高压/高频型。主机为圆柱形扫描加速器，主要用于电线电缆、发泡材料、热缩材料、橡胶的辐照加工领域。

高能加速器：能量等级为 5～10MeV，为高频型。类型主要为电子直线加速器，应用范围广，主要用于医疗用辐射消毒放射性治疗、食品保鲜、食品检验检疫、复合材料固化、环境保护领域。

超高能加速器：能量等级在 10MeV 以上，为正弦波型。射线穿透性较强，主要用于工业无损探测、放射性治疗、核医药制药等领域。

除以能量等级分类外，电子加速器还可根据机型分为 DD 型（高频高压型加速器）、DG 型（谐振变压器型加速器）、DZ 型（行波和驻波电子直线加速器）、Rhodotron 型（梅花瓣型加速器）、DZL 型（电子帘加速器）。

（2）电子加速器的原理

电子加速器的基本原理是用交变电场励磁产生交变磁场，再由交变磁场激励起交变的涡旋电场，电子沿平衡轨道旋转并加速，从而获得能量。其原理如图 12-6 所示，上下为电磁铁的两个磁极，磁极之间为环形真空室，电磁铁线圈电流按图示方向逐渐增大，在电磁场的作用下，垂直于粒子运动方向的磁场产生洛伦兹力，电场力将粒子势能转换为动能产生顺时针方向的感生电场，使电子沿逆时针方向加速运动。

12.2.2.2 电子束固化的特点

（1）能量特点

电子束固化与光固化都属于辐照固化，其区别首先在于能量的不同。大部分 UV 光固

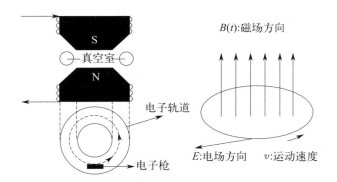

图 12-6　电子加速器原理

化是采用波长在 250~450nm 的光，350nm 的 UV 光子能量约为 3.54eV，相当于在 110kV 电压加速下的电子能量。电子的能量是由电子加速的电压决定的，通常用于电子束固化的电子能量范围是 70~300kV。当加速电子通过电子窗，抵达基材表面的空气层时会被减速，但抵达基材表面时电子束平均能量依然达到 70000eV，也就意味着电子束能量是 UV 光能量的 20000 倍。C—H 和 C—C 键能为 4~5eV，电子束能以电离自由基的形式使化合物断链，而 UV 是非电离状态。

另外一个重要差异是电子束和 UV 对于材料的穿透性。材料的透明性对光固化有较大影响，对于光密度很高的不透明材料，能量衰减非常快，底层无法固化。而材料的光密度对于电子束的穿透没有影响。但材料的质量密度对于电子束有较大的影响，对于不同密度的材料，需要通过不同的加速电压来使电子束在一定深度的材料中达到足够的能量。因此，材料的密度和固化的深度是电子束固化设备选型的重要参数。

（2）工艺特点

复合材料采用电子束固化有诸多的优点：

① 固化温度低，可以在室温固化，能耗少，复合材料制造成本大幅度降低，仅是热压罐工艺的 1/20~1/10；

② 固化速度快，几分钟即可完成，成型速度比热固化快 7 倍以上，根据制造结构的不同可节约制造成本 20%~60%；

③ 对模具材质要求不高，可用木模、泡沫塑料模、树脂模等，节约模具成本；

④ 可以局部固化，有利于复合材料修补；

⑤ 可以与 RTM、拉挤、缠绕等自动化工艺结合，提高生产效率。

但是，电子束固化设备较复杂，设备成本较高，在固化过程中需要有良好的防辐射安全措施。

12.2.2.3　电子束固化复合材料机理及性能

电子束进入树脂后与树脂基体发生相互作用，在非常短的时间之内将能量传递给树脂分子，使其发生电离或激发，生成离子、次级电子、激发分子、自由基等活性中间体，引发树脂交联反应。

可实现电子束固化的树脂根据固化机理的不同可分为两类：一类按自由基固化机理固化，主要是含双键的树脂单体，如不饱和聚酯树脂、丙烯酸类树脂，这类树脂在电子束固化后的使用温度和断裂韧性较低，固化收缩率高并且固化过程受到氧的阻抑，所以在高性能复合材料中一般不用这类树脂；另一类按阳离子固化机理固化的树脂，主要为环氧树脂，是电子束固化的主要树脂种类。

环氧树脂的电子束固化机理为阳离子固化机理，阳离子固化环氧树脂的速度快、固化温度低、制品综合性能较好，但树脂中必须添加少量的光引发剂才能在电子束作用下固化。

大部分环氧树脂品种在引入光引发剂后都可以实现电子束固化。几种环氧树脂基复合材料进行电子束固化后的性能如表 12-2。

表 12-2　电子束固化复合材料性能

项目		M7/977-2[①]	IM7/EB1[②]	IM7/EB4[②]	IM7/EB5[②]	AS4/C612[③]	AS4/C612P[③]
固化工艺	方法	热压罐	电子束	电子束	电子束	电子束	电子束
	规范	177℃×6h	250kGy	150kGy	150kGy		
孔隙率/%		/	1.77	0.64	1.18		
玻璃化转变温度/℃		200	396	212	212	191	
弯曲强度/MPa		1641	1986	1765	1710	1370	1736
层间剪切强度/MPa		110	77	89	77	44	72

① 热固化复合材料单向板，碳纤维体积含量 62%；
② 美国橡树岭国家实验室（ORNL）的电子束固化复合材料单向板，碳纤维体积含量为 62%；
③ 北京航空材料研究院的电子束固化复合材料。

从表 12-2 看出，电子束固化的环氧树脂基复合材料层间剪切强度较低，这可能有两方面原因：一是电子束固化太快，树脂在固化过程中没有充分流动及浸润纤维，使碳纤维与树脂的界面粘接强度比热固化时的界面粘接强度差；二是纤维表面状态与树脂不匹配导致了二者之间界面粘接较弱。一般的市售碳纤维均为已进行表面上浆的产品，其表面具有有利于环氧树脂热固化的反应基团，但这些基团可能会使电子束固化的光引发剂"中毒"，影响界面上的交联反应，使界面结合变差。

虽然电子束固化环氧树脂基复合材料的层剪性能有降低的可能，但在调整树脂体系及工艺条件下，综合性能可以接近热固化工艺方法，而且其固化速度快、能耗低的优势使电子束固化仍具有较大的应用前景。

12.2.3　微波固化

微波是频率为 0.3～300GHz 的电磁波，其波长较大（1mm～1m），有较高的穿透性。材料在吸收微波后会产生热量，使温度升高，同时还会发生化学反应。依靠吸收微波能量将其转换成热能，使自身整体同时升温的加热方式完全区别于常规加热方式。传统加热方式是根据热传导、对流和辐射原理使热量从外部传至物料，热量总是由表及里进行传递，物料中不可避免地存在温度梯度，加热的物料不均匀，致使物料出现局部过热。微波加热技术与传统加热方式不同，它是通过被加热体内部偶极分子高频往复运动，产生"内摩擦热"而使被加热物料温度升高，不需任何热传导过程，就能使物料内外部同时加热、同时升温，加热速度快且均匀，仅需传统加热方式的能耗的几分之一或几十分之一就可达到加热目的。物质在微波场中所产生的热量大小与物质种类及其介电特性有很大关系，即微波对物质具有选择性加热的特性。

复合材料的微波固化，是采用微波加热使树脂发生交联反应的过程。多数传统的热固性树脂均可采用微波固化技术进行固化，固化过程具有加热速度快、传热均匀、热量损失小、操作方便等特点，既可以缩短工艺时间、提高生产率、降低成本，又可以提高产品质量。

树脂吸收微波的能力，主要由其介质损耗因数来决定。介质损耗因数大的物质对微波吸收能力强，介质损耗因数小的物质吸收微波的能力弱。因此，微波固化研究主要针对环氧树脂、聚氨酯、不饱和聚酯树脂等介质损耗因数较大的热固化树脂体系，利用微波可使树脂受热均衡化，加快固化速度。另外，这些体系在热交联过程中没有挥发性物质存在或产生，保证了微波固化的安全性。

微波固化体系的研究主要涉及自由基聚合（如丙烯酸树脂、不饱和聚酯/苯乙烯体系）、内酯开环聚合、环氧树脂的逐步聚合等。相对于传统的热固化，微波固化可以明显加快固化速度，能改善固化产物的物理性能。例如，环氧树脂与4,4-二氨基二苯基甲烷（DDM）固化产物的化学结构与传统热固化相同，但固化效率远大于热固化。用微波辐射30分钟后固化物的弹性模量为1100MPa，而120℃下加热固化6小时才能达到相同性能。甲基丙烯酸进行微波辐射本体聚合，4~10min即可达到高于90%的转化率，而传统本体聚合要达到相同的转化率需3~5小时。

12.3　复合材料性能测试与质量检测

复合材料及其原材料的性能测试皆按照标准进行。性能测试包括树脂性能、纤维性能、预浸料性能、复合材料性能的测试，常规测试方法都有国家标准。复合材料制品的质量检测方法不断发展，出现了大量无损检测方法，部分方法已经形成了国家标准，未形成国家标准的按照行业标准或企业标准执行。

12.3.1　性能测试标准

为了测试数据的统一性和准确性，复合材料及其原材料的性能测试要求按照国家标准进行。国家标准不断更新，在采用标准时要注意标准是否现行，不能采用废止标准。个别测试项目可能有多项国标规定，一般采用相关性较近的行业内常用标准。

在复合材料用的树脂性能测试中，重点关注的性能通常为树脂黏度、凝胶时间、浇注体性能，这是评价树脂性能的基本指标，其他性能根据树脂评价要求采用不同的国标进行测试。例如，环氧树脂的黏度测试可以按照 GB/T 22314—2008《塑料 环氧树脂 黏度测定方法》进行测试，但是在 GB/T 41929—2022《塑料 环氧树脂 试验方法》中也同时规定了树脂黏度的测试方法，这两个标准对树脂黏度测试方法的规定是相同的，在 GB/T 41929—

2022 中引用了 GB/T 22314—2008 的方法，可以任意采用其中一个标准，在试验中一般倾向于采用原始标准。树脂凝胶时间是评价树脂操作工艺性的重要指标，环氧树脂凝胶时间按照 GB/T 12007.7—1989《环氧树脂凝胶时间测定方法》进行，不饱和聚酯树脂按照 GB/T 24148.7—2014《塑料 不饱和聚酯树脂（UP-R）第 7 部分：室温条件下凝胶时间的测定》进行，酚醛树脂按照 GB/T 33315—2016《塑料 酚醛树脂 凝胶时间的测定》进行，没有国家标准及行业标准规定的树脂，可以按照反应机理，参照相关的标准进行测试。树脂浇注体性能是评价树脂固化后性能的重要依据，统一按照 GB/T 2567—2021《树脂浇铸体性能试验方法》进行。

增强纤维的性能测试主要有碳纤维和玻璃纤维的测试标准，在复合材料成型中重点关注的是纤维强度、密度和上浆剂。GB/T 3362—2017《碳纤维复丝拉伸性能试验方法》、GB/T 31290—2022《碳纤维 单丝拉伸性能的测定》分别规定了碳纤维复丝和单丝的强度测试方法，GB/T 30019—2013《碳纤维 密度的测定》规定了碳纤维密度的测试方法，GB/T 29761—2022《碳纤维 上浆剂含量的测定》规定了碳纤维上浆剂含量的测试方法。玻璃纤维的相关测试标准较多，GB/T 7690.1—2013《增强材料 纱线试验方法 第 1 部分：线密度的测定》规定了玻璃纤维线密度测试方法，GB/T 7690.3—2013《增强材料 纱线试验方法 第 3 部分：玻璃纤维断裂强力和断裂伸长的测定》规定了玻璃纤维强度测试方法，其他性能测试都有相关标准。

纤维预浸料的标准主要有 GB/T 28461—2012《碳纤维预浸料》、GB/T 32788 系列标准中规定的各项性能测试。最近制定了纤维预浸纱和热塑性预浸料的标准，即 GB/T 26749—2022《碳纤维 浸胶纱拉伸性能的测定》、GB/T 43308—2023《玻璃纤维增强热塑性单向预浸料》。

复合材料性能测试标准较多，常用的国标有 50 多项，另外还有很多行业标准，规定了各种不同形式复合材料的力学性能、热性能、老化性能、阻燃性能、电性能等测试方法。附录中列出了常用的相关国标。

12.3.2　无损检测

无损检测（NDT）是一类对复合材料制品或试件质量检测的方法，可以在不破坏制品的情况下检测复合材料是否有质量缺陷。由于复合材料中纤维、树脂及界面组成的多相结构，以及在工艺过程中的操作不确定性，复合材料制品中往往会出现孔隙、分层、裂纹、树脂不均匀等各种质量缺陷，影响制品的质量。无损检测利用声、光、电、热、磁等技术手段，可以探测并判断复合材料中各种缺陷的大小、位置、形状、种类，以确定产品是否能达到使用要求。随着技术发展，新的无损检测方法不断出现，准确度不断提高，复合材料常用的检测方法有激光错位散斑检测、声发射检测、超声检测、X 射线检测、计算机层析成像（CT）检测、红外检测、涡流检测、微波检测等多种。

12.3.2.1　激光错位散斑检测

内部有缺陷的复合材料部件，当受到外力载荷时，由于应力集中的影响会在缺陷所在的表面产生微小非均匀变形。激光器发出的相干光经过扩束照射被检测物体，其漫反射表面产生散斑场。采集加载前后两个变形状态下的散斑图做数字相减，得到包含表面离面位移信息的干涉条纹图。采用相移技术，多次移动相移镜，采集变形前后具有特定相移量的多幅图像，计算后得到相位图。如果有缺陷则表面会产生异常的离面位移，在图像对应位置处也会出现异常的条纹图或相位图。通过条纹异常区的特征可识别缺陷的位置和大小。

由于激光错位散斑检测系统通过测量表面离面位移来判断内部的缺陷，其灵敏度随着缺陷深度的增加而逐渐降低。因此，激光错位散斑检测技术特别适合检测复合材料层压板的分层及泡沫或蜂窝等夹层结构的脱黏缺陷。激光错位散斑检测技术测量离面位移的范围理论上可达到 $10nm \sim 500\mu m$，受环境影响和不同硬件性能的影响，实际检测中离面位移的测量范围通常在 $0.1\mu m \sim 100\mu m$。对于复合材料结构，可检测的缺陷大小和深度与蒙皮材料/厚度、芯材材料以及加载方法等密切相关。

GB/T 34886—2017《无损检测 复合材料激光错位散斑检测方法》规定了具体的检测方法，适用于检测复合材料层压板、蜂窝夹芯胶接构件、泡沫夹芯胶接构件，可检测的缺陷类型包括脱黏、分层、冲击损伤等。其他材料的胶接缺陷检测可参照使用。

12.3.2.2 超声检测

超声检测（UT）是指利用频率在 $20kHz \sim 103MHz$ 之间的超声波在材料内部缺陷区域和正常区域的反射、衰减与共振的差异，通过超声波换能器把从任何界面散射、反射或透射的脉冲与发射传输的超声波脉冲进行显示和比较，从而探测出缺陷的位置和大小。超声检测不仅能检测先进复合材料构件中的分层、孔隙、裂纹和夹杂物等缺陷，而且对于判断材料在疏密、密度、纤维取向、曲率、弹性模量、厚度等特性和几何形状等方面的变化也有一定的作用。按探伤工作原理的不同，超声检测可分为脉冲反射法、穿透法、反射板法、共振法、阻抗法、多次反射法、相位分析法、声谱分析法等。

目前对复合材料超声检测的主要手段是超声 C 扫描技术。这种方法可以显示缺陷的平面图形，显示直观，检测速度快，并且检测分层可以把频带选在 $10 \sim 20MHz$ 的范围内，对垂直于超声波束的分层、孔隙或裂纹相当灵敏，已成为飞行器零件等大型复合材料构件普遍采用的检测技术。不过在上述频率下，对平行于声束的裂纹或任何其他类型的小缺陷都不大可能检测出来。超声 C 扫描采用特定的频率，可以观察到纤维并判断是否准直。这是由于采用了特殊的手段，纤维隆起或声波围绕着纤维束衍射等特征才有可能被观察到。理论上，超声能探测出的孔隙大小，最小约为波长的一半。实际上只有孔隙尺寸大于检测声波的波长时才能可靠地检测到。ICI Fiberite 公司采用 9 轴式 C 扫描对蜂窝泡沫夹芯等复杂结构的复合材料构件进行了无损检测，麦道公司专门为复合材料曲面构件设计了第五代自动超声扫描系统，利用该系统可确定大型复合材料构件内的缺陷尺寸。

GB/T 38537—2020《纤维增强树脂基复合材料超声检测方法 C 扫描法》规定了复合材料超声 C 扫描检测方法。

12.3.2.3 声发射检测

材料在发生损伤时会释放能量并产生应力波，该过程被称为声发射（AE）现象。通过采集材料损伤时释放的声发射信号实现材料状态的无损检测即为声发射检测技术，该方法具有动态实时检测、信号敏感等特点，无需外部激励，能够实时地将材料中的不同损伤信号反映出来。

声发射是以被动检测的方式用于动态监测，而超声检测是主动发射信号并接收反射信号。利用声发射技术可以对航空器壳体和主要构件进行检测和结构完整性评价，包括构件的时效试验、疲劳试验在线连续监测等。首先研究裂纹扩展与声发射信号参数之间的关系，对数据进行处理，建立声发射数据统计参数与裂纹扩展之间的关系，利用波形分析技术进行信号识别和分析，从而获得与损伤有关的声源（裂纹扩展）信息，识别声发射信号与噪声，完成对复合材料构件的声发射检测。

GB/T 42870—2023《无损检测 纤维增强聚合物的声发射检测方法和评价准则》描述了纤维增强聚合物材料部件和结构的声发射检测一般原则，用于复合材料的材料性能表征和验证试验、部件和结构的制造质量控制和服役性能在线检测以及健康监测等。采用声发射技术可以评估纤维增强聚合物部件或结构的完整性，或识别加载过程中严重累积损伤或损伤加剧的主要区域。该标准描述了通用复合材料声发射检测评价准则，并给出了建立评价准则的程序，提供了用于在线检测和事后分析的声发射测试数据的定性评价准则格式，给不同测试地点和测试机构获得的声发射测试结果进行简化比对带来方便。

12.3.2.4　X射线检测

X射线检测又称X射线探伤，是利用X射线穿透物质和在物质中有衰减的特性来发现其中缺陷的一种无损检测方法。X射线检测特别适合于检测复合材料中的孔隙和夹杂物等体积型缺陷，对垂直于材料表面的裂纹、富胶区与贫胶区、纤维弯曲等缺陷也具有一定的检测灵敏度和可靠性，但对复合材料中最为常见的分层缺陷以及平行于材料表面的裂纹检测比较困难。

随着计算机技术的发展，射线实时成像检测技术（real-time X-ray，RTX）开始应用于结构的无损检测，RTX技术是利用图像增强器将穿透材料后的射线信息进行光电转换为可视图像，在显示器屏幕上显示出材料内部缺陷的形状、大小、位置等性质。其在检测过程的实时性和检测效率上具有优越性，可用于复合材料产品的在线实时快速检测。

12.3.2.5　计算机层析成像检测

计算机层析成像（CT）检测是在X射线检测法的基础上发展而来的，应用于复合材料无损检测的研究已有十多年历史。CT成像检测的原理是：用线状或面状X射线扫描束从不同的角度对复合材料进行扫描，并经计算机分析处理，得到某一个断面的实时三维图像，即复合材料的密度变化分布图像，进一步结合相关数据和其他无损检测技术，分析复合材料的内部结构缺陷，如裂纹、夹杂物、气孔和分层等。

CT检测研究最初利用的是医学CT扫描装置，由于其不适合检测大尺寸、高密度的制品，20世纪80年代初，美国ARACOR公司率先研制出用于检测大型固体火箭发动机和小型精密铸件的工业CT，这一技术已被公认为20世纪后期最实用的科技成果之一，并被国际无损检测界称为最佳的无损检测手段。我国在20世纪90年代后期成功地将工业CT技术应用于碳-碳复合材料、碳-酚醛复合材料的检测，解决了一些关键性的无损检测技术难题。相比医学 CT，工业 CT 具有如下优点：小于 0.5% 的高空间分辨率和密度分辨率；1～106Hz 的高检测动态范围；成像尺寸精度高，约为 0.1%；图像上一般不会出现不相干结构的叠加现象，并且在有足够的穿透能量时不受试件几何结构的限制等。不过，CT 检测效率低、成本高，不适于平面薄板构件的检测以及大型构件的现场检测。

由全国无损检测标准化技术委员会提出并归口的 GB/T 37166—2018《无损检测 复合材料工业计算机层析成像（CT）检测方法》，规定了复合材料 X 射线工业计算机层析成像（CT）检测的一般要求、工业 CT 系统要求、检测过程、检测评定、检测记录与报告。适用于树脂基、陶瓷基、金属基等复合材料密度分布、材质均匀性的检测及气孔/孔隙、裂纹、夹杂、分层、折叠和褶皱等缺陷的检测。

由中国建筑材料联合会提出、全国纤维增强塑料标准化技术委员会归口的 GB/T 38535—2020《纤维增强树脂基复合材料工业计算机层析成像（CT）检测方法》，规定了纤维增强树脂基复合材料工业计算机层析成像检测的检测原理、一般要求、检测系统、对比试样、检测程序、结果评定、记录与报告等。适用于纤维增强树脂基复合材料分层、裂纹、气孔、夹杂等内部缺陷的工业计算机层析成像检测。

12.3.2.6　红外检测

红外检测（IRT）是利用红外辐射原理对材料表面进行检测的方法，其实质是扫描记录被检材料表面上由于缺陷或材料不同的热性质所引起的温度变化。红外检测能在大面积上实时高效扫描，并且属于非接触式测量，已成为先进复合材料无损检测的手段之一，特别适于检测复合材料薄板与金属粘接结构中的脱黏类缺陷。

红外检测技术主要有两种工作模式：主动模式和被动模式。主动模式测量通过使用外部热源（如光辐射、电磁刺激或机械超声波）来刺激目标物体，并通过红外摄像机收集温度破坏数据进行损伤分析。被动模式则通过测量试件耗散的能量来检测和确定损伤的位置。红外检测受外界环境的影响较大，检测灵敏度受到表面发射率、面板热导率和面板厚度等诸多方面的影响，并且由于复合材料的各向异性极强，在不同方向具有不同的热导率，给缺陷的识别带来了复杂性，在应用上有一定的限制。

12.3.2.7　涡流检测

涡流检测（ECT）是利用电磁感应原理，通过测量被检工件内感生涡流的变化来无损地评定导电材料及其工件的某些性能，或发现缺陷的无损检测方法。在工业生产中，涡流检测是控制各种金属材料及少数石墨、碳纤维复合材料等非金属导电材料及其产品品质的主要手段之一，在无损检测技术领域占有重要的地位。

涡流检测的基本原理是：涡流探头中线圈通以交变电流后，线圈阻抗因周围检测试样的缺陷而发生涡流及交变磁场的变化，通过测定电导率、磁导率就可以判断试样内部缺陷的信息。这种技术仅适用于导电复合材料，例如碳纤维增强复合材料，而不适用于玻璃纤维增强复合材料和芳纶增强复合材料等不导电复合材料。利用涡流检测技术可检测出碳纤维增强复合材料中的纤维含量与缺陷，配合特定形状和方向的探头后，可用以检测纤维的取向，并且对复合材料与金属粘接结构中金属材料的翘曲变形也具有较高的检测灵敏度。

　　涡流检测已被证明是一种实用的无损检测和评估方法。然而，在使用涡流检测技术对碳纤维复合结构进行无损检测过程中仍面临一些挑战。例如，对测量信号的解释存在困难，如层间裂纹分层的判断等问题。在大多数情况下，其探测深度不足以检测表面和次表面的大部分缺陷。此外，在实际工业领域中，由于涡流检测容易受到周围任何导电部件的影响，因此其应用受到了诸多限制。

12.3.2.8　微波检测

　　微波检测（MT）是利用频率为 300kHz～300MHz 的微波与复合材料相互作用，微波受到材料中的电磁参数和几何参数的影响，在材料内部不连续面（包括缺陷处）发生反射、散射或透射，从而通过测量微波信号参数的改变，达到检测材料内部缺陷的目的。微波检测复合材料是在检测金属材料的基础上改进而来的，其比超声探伤更为有利，不使用接触媒介，就能探测出复合材料的内部分层、孔隙、外来杂物和氧化等缺陷，灵敏度很高，可满足在线检测的要求。

　　微波检测系统包括振荡器、网络分析仪、天线以及定向耦合器等组件，定制设计的设备可以做到小型化、模块化的特定频率，且具备相对较高的性价比。根据复合材料和涉及的物料类型，基于微波传输线（MTL）传感器的微波检测技术，可以将被检测的样本当作微波电路的导电材料。样本中的任何缺陷都会导致材料介电常数的改变，直接反映在信号响应的测量中。这些变化可以用来揭示被检测样品的异常情况，如缺陷的位置、大小和样本层的变化。

　　运用微波检测技术对碳纤维复合材料进行无损检测至今仍局限于以检测碳纤维复合材料与其他材料间的剥离情况为主，对于复合材料自身的特性检测仍然存在不足之处。而且微波检测技术中也存在定向移动、空间图像质量不佳、数据复杂和最佳频率选择等问题，会导致微波无损检测在测量缺陷形状时出现模糊现象。

附录：

树脂基复合材料性能测试相关标准

1 树脂性能测试标准

GB/T 2567—2021 树脂浇铸体性能试验方法

GB/T 12007.3—1989 环氧树脂总氯含量测定方法

GB/T 12007.6—1989 环氧树脂软化点测定方法 环球法

GB/T 12007.7—1989 环氧树脂凝胶时间测定方法

GB/T 1630.2—2023 塑料 环氧树脂 第2部分：试样制备和交联环氧树脂的性能测定

GB/T 41928—2022 塑料 环氧树脂 差示扫描量热法（DSC）测定交联环氧树脂交联度

GB/T 41929—2022 塑料 环氧树脂 试验方法

GB/T 22314—2008 塑料 环氧树脂 黏度测定方法

GB/T 40280—2021 塑料 液态或乳液态或分散体系的树脂 用单筒旋转黏度计测定表观黏度

GB/T 7193—2008 不饱和聚酯树脂试验方法

GB/T 2895—2008 塑料 聚酯树脂 部分酸值和总酸值的测定

GB/T 19466.2—2004 塑料 差示扫描量热法（DSC）第2部分：玻璃化转变温度的测定

GB/T 24148.2—2009 塑料 不饱和聚酯树脂（UP-R）第2部分：试样制备和性能测定

GB/T 24148.4—2009 塑料 不饱和聚酯树脂（UP-R）第4部分：黏度的测定

GB/T 24148.6—2009 塑料 不饱和聚酯树脂（UP-R）第6部分：130℃反应活性测定

GB/T 24148.7—2014 塑料 不饱和聚酯树脂（UP-R）第7部分：室温条件下凝胶时间的测定

GB/T 24148.9—2014 塑料 不饱和聚酯树脂（UP-R）第9部分：总体积收缩率测定

GB/T 33315—2016 塑料 酚醛树脂 凝胶时间的测定

GB/T 32681—2016 塑料 酚醛树脂 用差示扫描量热计法测定反应热和反应温度

GB/T 32364—2015 塑料 酚醛树脂 pH值的测定

GB/T 30772—2014 酚醛模塑料用酚醛树脂

2 纤维性能测试标准

GB/T 29761—2022 碳纤维 上浆剂含量的测定

GB/T 29762—2013 碳纤维 纤维直径和横截面积的测定

GB/T 30019—2013 碳纤维 密度的测定

GB/T 31290—2022 碳纤维 单丝拉伸性能的测定

GB/T 31292—2014 碳纤维 碳含量的测定 燃烧吸收法

GB/T 31959—2015 碳纤维热稳定性的测定

GB/T 32993—2016 碳纤维体积电阻率的测定

GB/T 3362—2017 碳纤维复丝拉伸性能试验方法

GB/T 3364—2008 碳纤维直径和根数试验方法

GB/T 7690.1—2013 增强材料 纱线试验方法 第1部分：线密度的测定

GB/T 7690.3—2013 增强材料 纱线试验方法 第3部分：玻璃纤维断裂强力和断裂伸长的测定

GB/T 7690.5—2013 增强材料 纱线试验方法 第5部分：玻璃纤维纤维直径的测定

GB/T 20309—2006 玻璃纤维毡和织物覆模性的测定

GB/T 20310—2006 玻璃纤维无捻粗纱 浸胶纱试样的制作和拉伸强度的测定

GB/T 26734—2011 玻璃纤维无捻粗纱 浸润剂溶解度的测定

GB/T 31957—2015 玻璃纤维耐化学介质分析方法

GB/T 33832—2017 玻璃纤维耐水性的测定

GB/T 41063—2021 玻璃纤维 密度的测定

GB/T 42923—2023 玻璃纤维增强塑料制品 纤维长度的测定

GB/T 6006.2—2013 玻璃纤维毡试验方法 第2部分：拉伸断裂强力的测定

3　预浸料性能测试标准

GB/T 28461—2012 碳纤维预浸料

GB/T 26749—2022 碳纤维 浸胶纱拉伸性能的测定

GB/T 32788.1—2016 预浸料性能试验方法 第1部分：凝胶时间的测定

GB/T 32788.2—2016 预浸料性能试验方法 第2部分：树脂流动度的测定

GB/T 32788.3—2016 预浸料性能试验方法 第3部分：挥发物含量的测定

GB/T 32788.4—2016 预浸料性能试验方法 第4部分：拉伸强度的测定

GB/T 32788.5—2016 预浸料性能试验方法 第5部分：树脂含量的测定

GB/T 32788.6—2016 预浸料性能试验方法 第6部分：单位面积质量的测定

GB/T 36532—2018 纤维增强塑料 热固性模塑料和预浸料 固化特性测定

GB/T 43308—2023 玻璃纤维增强热塑性单向预浸料

4　复合材料性能测试标准

GB/T 1446—2005 纤维增强塑料性能试验方法总则

GB/T 1447—2005 纤维增强塑料拉伸性能试验方法

GB/T 1448—2005 纤维增强塑料压缩性能试验方法

GB/T 1449—2005 纤维增强塑料弯曲性能试验方法

GB/T 1450.1—2005 纤维增强塑料层间剪切强度试验方法

GB/T 1450.2—2005 纤维增强塑料冲压式剪切强度试验方法

GB/T 1451—2005 纤维增强塑料简支梁式冲击韧性 试验方法

GB/T 1458—2023 纤维缠绕增强复合材料环形试样力学性能试验方法

GB/T 1462—2005 纤维增强塑料吸水性试验方法

GB/T 1463—2005 纤维增强塑料密度和相对密度试验方法

GB/T 2572—2005 纤维增强塑料平均线膨胀系数试验方法

GB/T 2573—2008 玻璃纤维增强塑料老化性能试验方法

GB/T 2576—2005 纤维增强塑料树脂不可溶分含量试验方法

GB/T 2577—2005 玻璃纤维增强塑料树脂含量试验方法

GB/T 3139—2005 纤维增强塑料导热系数试验方法

GB/T 3140—2005 纤维增强塑料平均比热容试验方法

GB/T 3354—2014 定向纤维增强聚合物基复合材料拉伸性能试验方法

GB/T 3355—2014 聚合物基复合材料纵横剪切试验方法

GB/T 3356—2014 定向纤维增强聚合物基复合材料弯曲性能试验方法

GB/T 3365—2008 碳纤维增强塑料孔隙含量和纤维体积含量试验方法

GB/T 3854—2017 增强塑料巴柯尔硬度试验方法

GB/T 3855—2005 碳纤维增强塑料树脂含量试验方法

GB/T 3857—2017 玻璃纤维增强热固性塑料耐化学介质性能试验方法

GB/T 4944—2005 玻璃纤维增强塑料层合板层间拉伸强度 试验方法

GB/T 5258—2008 纤维增强塑料面内压缩性能试验方法

GB/T 6011—2005 纤维增强塑料燃烧性能试验方法 炽热棒法

GB/T 7559—2005 纤维增强塑料层合板 螺栓连接挤压强度试验方法

GB/T 8924—2005 纤维增强塑料燃烧性能试验方法 氧指数法

GB/T 9979—2005 纤维增强塑料高低温力学性能 试验准则

GB/T 13096—2008 拉挤玻璃纤维增强塑料杆力学性能试验方法

GB/T 14208.1—2009 纺织玻璃纤维增强塑料 无捻粗纱增强树脂棒机械性能的测定 第1部分：通则和棒的制备

GB/T 14208.2—2009 纺织玻璃纤维增强塑料 无捻粗纱增强树脂棒机械性能的测定 第2部分：弯曲强度的测定

GB/T 14208.3—2009 纺织玻璃纤维增强塑料 无捻粗纱增强树脂棒机械性能的测定 第3部分：压缩强度的测定

GB/T 15738—2008 导电和抗静电纤维增强塑料电阻率试验方法

GB/T 15928—2008 不饱和聚酯树脂基增强塑料中残留苯乙烯单体含量的测定

GB/T 21239—2022 纤维增强塑料层合板冲击后压缩性能试验方法

GB/T 27797.4—2013 纤维增强塑料 试验板制备方法 第4部分：预浸料模塑

GB/T 28891—2012 纤维增强塑料复合材料 单向增强材料 I 型层间断裂韧性 G_{IC} 的测定

GB/T 32491—2016 玻璃纤维增强热固性树脂管及管件长期静水压试验方法

GB/T 33613—2017 三维编织物及其树脂基复合材料拉伸性能试验方法

GB/T 33614—2017 三维编织物及其树脂基复合材料压缩性能试验方法

GB/T 33621—2017 三维编织物及其树脂基复合材料弯曲性能试验方法

GB/T 36532—2018 纤维增强塑料 热固性模塑料和预浸料 固化特性测定

GB/T 37897—2019 纤维增强塑料复合材料 平板扭曲法测定面内剪切模量

GB/T 38515—2020 石英纤维织物增强树脂基复合材料高温力学性能试验方法

GB/T 39490—2020 纤维增强塑料液体冲击抗侵蚀性试验方法 旋转装置法

GB/T 39484—2020 纤维增强塑料复合材料 用校准端载荷分裂试验（C-ELS）和有效裂纹长度法测定单向增强材料的Ⅱ型断裂韧性

GB/T 41061—2021 纤维增强塑料蠕变性能试验方法

GB/T 41498—2022 纤维增强塑料复合材料 用剪切框测定面内剪切应力/剪切应变响应和剪切模量的试验方法

GB/T 41501—2022 纤维增强塑料复合材料 双梁法测定层间剪切强度和模量

GB/T 41709—2022 碳纤维增强塑料 粉碎料尺寸和长宽比的测定

GB/T 41762.2—2022 纤维增强塑料复合材料 层合板厚度方向性能的测定 第2部分：弯曲试验测定碳纤维单向层合板的弹性模量、强度和威布尔尺寸效应

GB/T 43113—2023 碳纤维增强复合材料耐湿热性能评价方法

5 复合材料无损检测标准

GB/T 34886—2017 无损检测 复合材料激光错位散斑检测方法

GB/T 42870—2023 无损检测 纤维增强聚合物的声发射检测方法和评价准则

GB/T 37166—2018 无损检测 复合材料工业计算机层析成像（CT）检测方法

GB/T 38535—2020 纤维增强树脂基复合材料工业计算机层析成像（CT）检测方法

GB/T 38537—2020 纤维增强树脂基复合材料超声检测方法 C扫描法

参考文献

[1] 徐竹. 复合材料成型工艺及应用 [M]. 北京：国防工业出版社，2017.

[2] 黄家康. 复合材料成型技术及应用 [M]. 北京：化学工业出版社，2011.

[3] 肖力光，赵洪凯. 复合材料 [M]. 北京：化学工业出版社，2016.

[4] T. G. 古托夫斯基. 先进复合材料制造技术 [M]. 李宏运，等译. 北京：化学工业出版社，2004.

[5] 张凤翻，于华，张雯婷. 热固性树脂基复合材料预浸料使用手册 [M]. 北京：中国建材工业出版社，2019.

[6] 肇研，曹正华，郝建伟. 碳纤维及其聚合物基复合材料界面性能 [M]. 北京：北京航空航天大学出版社，2023.

[7] 杜善义，赵彤，周恒. 高性能热固性树脂 [M]. 北京：中国铁道出版社，2020.

[8] 陈平，熊需海. 特种双马来酰亚胺树脂 [M]. 北京：化学工业出版社，2023.

[9] 祝保林. 氰酸酯树脂应用研究 [M]. 北京：科学出版社，2017.

[10] 陈平，刘胜平，王德中. 环氧树脂及其应用 [M]. 北京：化学工业出版社，2011.

[11] 丁孟贤. 聚酰亚胺：化学结构与性能的关系及材料 [M]. 2 版. 北京：科学出版社，2012.

[12] 陈祥宝. 高性能树脂基体 [M]. 北京：化学工业出版社，1999.

[13] 赵渠森. 先进复合材料手册 [M]. 北京：机械工业出版社，2003.